21世纪普通高校计算机公共课程规划教材

Access
数据库基础案例教程

张 欣 编著

清华大学出版社
北京

内 容 简 介

本书以 Access 数据库管理系统的对象为主线，以"操作案例"为驱动，构建了完整的数据库知识体系。针对教学中容易出现的理论与实践脱节的情况，通过悉心设计的案例来衔接理论与实践，为学生提供了良好的模仿、拓展和创新的虚拟环境。本书主要内容包括：数据库应用基础知识、数据表、查询、窗体、报表、数据访问页、宏、模块与 VBA 程序设计基础。

本书章节内容安排循序渐进，操作方法翔实具体，最终形成了一个完整的数据库管理系统，为学生创建了一个系统直观的学习过程，有利于学生在解决实际应用问题的同时巩固基本理论知识，为在今后的工作中使用数据库打下良好的基础。本书在案例的设置上格外注重与经管类专业需求的呼应，是经管类计算机技术基础课程教材建设的有益尝试。本书配有课后习题，是课堂教学内容的有益延伸。本书配有电子教案，便于使用本教材的教师组织教学。

图书在版编目(CIP)数据

Access 数据库基础案例教程/张欣编著. —北京：清华大学出版社，2010.12
(21 世纪普通高校计算机公共课程规划教材)
ISBN 978-7-302-23989-5

Ⅰ. ①A… Ⅱ. ①张… Ⅲ. ①关系数据库—数据库管理系统，Access—高等学校—教材
Ⅳ. ①TP311.138

中国版本图书馆 CIP 数据核字(2010)第 207128 号

责任编辑：郑寅堃 柴文强
责任校对：白 蕾
责任印制：李红英
出版发行：清华大学出版社
http://www.tup.com.cn
社 总 机：010-62770175
地 址：北京清华大学学研大厦 A 座
邮 编：100084
邮 购：010-62786544
投稿与读者服务：010-62795954，jsjjc@tup.tsinghua.edu.cn
质 量 反 馈：010-62772015，zhiliang@tup.tsinghua.edu.cn
印 装 者：北京市清华园胶印厂
经 销：全国新华书店
开 本：185×260 **印 张**：12 **字 数**：291 千字
版 次：2010 年 12 月第 1 版 **印 次**：2010 年 12 月第 1 次印刷
印 数：1～4000
定 价：19.50 元

产品编号：039242-01

出版说明

随着我国改革开放的进一步深化，高等教育也得到了快速发展，各地高校紧密结合地方经济建设发展需要，科学运用市场调节机制，加大了使用信息科学等现代科学技术提升、改造传统学科专业的投入力度，通过教育改革合理调整和配置了教育资源，优化了传统学科专业，积极为地方经济建设输送人才，为我国经济社会的快速、健康和可持续发展以及高等教育自身的改革发展做出了巨大贡献。但是，高等教育质量还需要进一步提高以适应经济社会发展的需要，不少高校的专业设置和结构不尽合理，教师队伍整体素质亟待提高，人才培养模式、教学内容和方法需要进一步转变，学生的实践能力和创新精神亟待加强。

教育部一直十分重视高等教育质量工作。2007 年 1 月，教育部下发了《关于实施高等学校本科教学质量与教学改革工程的意见》，计划实施“高等学校本科教学质量与教学改革工程(简称‘质量工程’)”，通过专业结构调整、课程教材建设、实践教学改革、教学团队建设等多项内容，进一步深化高等学校教学改革，提高人才培养的能力和水平，更好地满足经济社会发展对高素质人才的需要。在贯彻和落实教育部“质量工程”的过程中，各地高校发挥师资力量强、办学经验丰富、教学资源充裕等优势，对其特色专业及特色课程(群)加以规划、整理和总结，更新教学内容、改革课程体系，建设了一大批内容新、体系新、方法新、手段新的特色课程。在此基础上，经教育部相关教学指导委员会专家的指导和建议，清华大学出版社在多个领域精选各高校的特色课程，分别规划出版系列教材，以配合“质量工程”的实施，满足各高校教学质量和教学改革的需要。

本系列教材立足于计算机公共课程领域，以公共基础课为主、专业基础课为辅，横向满足高校多层次教学的需要。在规划过程中体现了如下一些基本原则和特点。

(1) 面向多层次、多学科专业，强调计算机在各专业中的应用。教材内容坚持基本理论适度，反映各层次对基本理论和原理的需求，同时加强实践和应用环节。

(2) 反映教学需要，促进教学发展。教材要适应多样化的教学需要，正确把握教学内容和课程体系的改革方向，在选择教材内容和编写体系时注意体现素质教育、创新能力与实践能力的培养，为学生知识、能力、素质协调发展创造条件。

(3) 实施精品战略，突出重点，保证质量。规划教材把重点放在公共基础课和专业基础课的教材建设上；特别注意选择并安排一部分原来基础比较好的优秀教材或讲义修订再版，逐步形成精品教材；提倡并鼓励编写体现教学质量和教学改革成果的教材。

(4) 主张一纲多本，合理配套。基础课和专业基础课教材配套，同一门课程有针对不同层次、面向不同专业的多本具有各自内容特点的教材。处理好教材统一性与多样化，基本教材与辅助教材、教学参考书，文字教材与软件教材的关系，实现教材系列资源配套。

(5) 依靠专家，择优选用。在制定教材规划时要依靠各课程专家在调查研究本课程教材建设现状的基础上提出规划选题。在落实主编人选时，要引入竞争机制，通过申报、评审确定主题。书稿完成后要认真实行审稿程序，确保出书质量。

繁荣教材出版事业，提高教材质量的关键是教师。建立一支高水平教材编写梯队才能保证教材的编写质量和建设力度，希望有志于教材建设的教师能够加入到我们的编写队伍中来。

21 世纪普通高校计算机公共课程规划教材编委会

联系人：梁颖 liangying@tup.tsinghua.edu.cn

前　言

数据库应用技术是计算机应用的一个重要组成部分，目前已经成为高等学校非计算机专业大学计算机基础的重要后续课程。为了应对教育部提出的高等学校非计算机专业学生计算机素质三个层次的课程体系需要，同时配合全国计算机等级考试(NCER)二级 Access 数据库程序设计的考核内容，本书精心设计选取操作案例，把庞杂的理论知识融入具体问题，注重理论密切联系应用，不仅培养了学生实际解决问题的能力，而且启发学生进行自主学习，引导学生在应用开发时进行创新和研究。

本书是田俊忠教授主持的北方民族大学重点教学研究项目“大学计算机基础分类教学与分级教学的教学改革与实践”(项目编号：2008TR06—ZD)成果之一，根据计算机基础课教学改革内容和分类与分级教学模式，结合学生具体情况编写而成的。

本书以 Access 数据库管理系统的对象为主线，以“操作案例”为驱动，构建了完整的数据库知识体系。针对教学中容易出现的理论与实践脱节的情况，通过悉心设计的案例来衔接理论与实践，为学生提供了良好的模仿、拓展和创新的虚拟环境。本书以 Access 2003 为操作环境，按照《高等学校文科类专业大学计算机教学基本要求》和《全国计算机等级考试大纲》的要求并结合初学者的实际情况组织教学内容，全书共分为 8 章。

第 1 章数据库应用基础知识，主要介绍数据库基础知识，数据库的设计及 Access 数据库基本操作。

第 2 章数据表，主要介绍数据表的创建，数据表间关系及数据表的基本操作。

第 3 章查询，主要介绍各种查询条件的设置及查询的具体应用。

第 4 章窗体，主要介绍窗体的不同创建方法及美化。

第 5 章报表，主要介绍报表的创建、修改及应用。

第 6 章数据访问页，主要介绍数据访问页的创建及编辑。

第 7 章宏，主要介绍宏的创建及具体应用。

第 8 章模块与 VBA 程序设计基础，主要介绍模块基础知识，VBA 程序设计基础，VBA 流程控制语句和 VBA 程序调试等内容。

本书章节内容安排循序渐进，操作方法翔实具体，最终形成了一个完整的数据库管理系统，为学生创建了一个系统直观的学习过程，有利于学生在解决实际应用问题的同时巩固基本理论知识，为在今后的工作中使用数据库打下良好的基础。本书在案例的设置上格外注重与经管类专业需求的呼应，是经管类计算机技术基础课程教材建设的有益尝试。本书配有课后习题，是课堂教学内容的有益延伸。本书配有电子教案，便于使用本教材的教师组织教学。

本书适合作为应用型高等院校非计算机专业，尤其是经管类专业的数据库基础课程教材，也可以作为高校少数民族预科及经管类高职高专数据库课程教材。

在编写过程中王汝璞老师提供了鼎力支持和无私的帮助，在此表示深深的感谢！

本书还得到了北方民族大学基础部的支持以及田俊忠教授和武兆辉教授的关心和帮助，在此一并致谢。

由于作者水平有限，书中难免有疏漏之处，恳请各位专家、教师及读者提出宝贵意见。

张　欣

2010年10月于银川

目　录

第1章 数据库应用基础知识

数据库(Database)是按照数据结构来组织、存储和管理数据的仓库,随着信息技术和市场的发展,数据管理不再仅仅是存储和管理数据,而转变成用户所需要的各种数据管理的方式。在经济管理的日常工作中,常常需要把某些相关的数据放进这样的"仓库",并根据管理的需要进行相应的处理。

数据库是存储在一起的相关数据的集合,这些数据是结构化的,无有害的或不必要的冗余,并为多种应用服务。数据的存储独立于使用它的程序,对数据库插入新数据,修改和检索原有数据都可以按照一种公用的和可控制的方式进行。

数据库有很多种类型,从最简单的存储有各种数据的表格到能够进行海量数据存储的大型数据库系统都在各个方面得到了广泛的应用。

1.1 数据库基础

1.1.1 数据库发展

数据库的发展大致可划分为如下几个阶段。

1. 人工管理阶段

20世纪50年代中期之前,计算机的软硬件均不完善。硬件存储设备只有磁带、卡片和纸带,软件方面还没有操作系统,当时的计算机主要用于科学计算。这个阶段由于还没有软件系统对数据进行管理,程序员在程序中不仅要规定数据的逻辑结构,还要设计其物理结构,包括存储结构、存取方法、输入输出方式等。当数据的物理组织或存储设备改变时,用户程序就必须重新编制。由于数据的组织面向应用,不同的计算程序之间不能共享数据,使得不同的应用之间存在大量的重复数据,很难维护应用程序之间数据的一致性。

2. 文件系统阶段

这一阶段的主要标志是计算机中有了专门管理数据库的软件——操作系统(文件管理)。20世纪50年代中期到60年代中期,由于计算机大容量存储设备(如硬盘)的出现,推动了软件技术的发展,而操作系统的出现标志着数据管理步入一个新的阶段。在文件系统阶段,数据以文件为单位存储在外存,且由操作系统统一管理。操作系统为用户使用文件提供了友好界面。文件的逻辑结构与物理结构脱钩,程序和数据分离,使数据与程序有了一定的独立性。用户的程序与数据可分别存放在外存储器上,各个应用程序可以共享一组数据,实现了以文件为单位的数据共享。

但由于数据的组织仍然是面向程序,所以存在大量的数据冗余。而且数据的逻辑结构不能方便地修改和扩充,数据逻辑结构的每一微小改变都会影响到应用程序。同时由于文件之间互相独立，因而它们不能反映现实世界中事物之间的联系，操作系统不负责维护文件之间的联系信息。如果文件之间有内容上的联系，那也只能由应用程序去处理。

3. 数据库系统阶段

20 世纪 60 年代后，随着计算机在数据管理领域的普遍应用，人们对数据管理技术提出了更高的要求：希望面向企业或部门，以数据为中心组织数据，减少数据的冗余，提供更高的数据共享能力，同时要求程序和数据具有较高的独立性，当数据的逻辑结构改变时，不涉及数据的物理结构，也不影响应用程序，以降低应用程序研制与维护的费用。数据库技术正是在这样一个应用需求的基础上发展起来的。

此阶段数据库采用一定的数据模型。不同的应用程序根据处理要求，从数据库中获取需要的数据，这样就减少了数据的重复存储，也便于增加新的数据结构，便于维护数据的一致性。同时要求数据库具有良好的用户接口，用户可方便地开发和使用数据库。

从文件系统发展到数据库系统，这在信息领域中具有里程碑的意义。在文件系统阶段，人们在信息处理中关注的中心问题是系统功能的设计，因此程序设计占主导地位；而在数据库方式下，数据开始占据了中心位置，数据的结构设计成为信息系统首先关心的问题，而应用程序则以既定的数据结构为基础进行设计。

1.1.2 数据模型

数据模型是数据库系统的核心和基础，各种 DBMS(DataBase Management System，数据库管理系统)软件都是基于某种数据模型的。所以通常也按照数据模型的特点将传统数据库系统分成层次数据库、网状数据库和关系数据库三类。

1. 层次结构模型

层次结构模型实质上是一种有根结点的定向有序树。层次模型组织结构图像一棵树，由树根(称为根结点)和多个枝点(称为结点)构成，树根与枝点之间的联系称为边，树根只有一个，树枝有 N 个。

按照层次模型建立的数据库系统称为层次模型数据库系统。IMS(Information Management System，信息管理系统)是其典型代表。

2. 网状结构模型

按照网状数据结构建立的数据库系统称为网状数据库系统，DBTG(Data Base Task Group，数据库任务组)是其典型代表。用数学方法可将网状数据结构转化为层次数据结构。

3. 关系结构模型

关系式数据结构把一些复杂的数据结构归结为简单的二元关系(即二维表格形式)。由关系数据结构组成的数据库系统被称为关系数据库系统。

在关系数据库中，对数据的操作几乎全部建立在一个或多个关系表格上，通过对这些关系表格的分类、合并、连接或选取等运算来实现数据的管理。Access 就属于这类数据库管理系统。对于一个实际的应用问题(如一个商店库存管理问题)，有时需要多个关系才能实现。数据库系统可以派生出各种不同类型的辅助文件和建立它的应用系统。

1.1.3 关系数据库

在一个给定的应用领域中，所有实体及实体之间联系的关系的集合构成一个关系数据

库。一个关系的逻辑结构是一张二维表,关系数据库的主要概念有以下内容:

(1) 表:又称为关系,是一张二维表,表的每行对应一个元组,表的每列对应一个域。在 Access 中,一个表对象就是一个关系。

(2) 字段:又称为属性,关系中不同列可以对应相同的域,为了加以区分,必须对每列起一个名字,就是一个字段。

(3) 记录:又称为元组,二维表中的一行叫做一条记录。

(4) 域:一个字段的取值类型和范围。

(5) 值:又称为元组的一个分量,记录中对应的某个属性值。

(6) 关键字:又称为码。若关系中的某一属性组的值能唯一地标识一个元组,则称该属性组为候选码。若一个关系有多个候选码,则选定其中一个为主码(Primary Key),也称为主关键字。

(7) 外部关键字:当一张二维表(如 A1)的主关键字被包含到另外一张二维表(如 A2)中时,它就称为 A2 的外部关键字(Foreign Key)。

常用的关系操作包括查询和数据更新两个方面,主要有以下内容:

(1) 查询:选择、投影、连接、并、交、差。

(2) 数据更新:插入、删除、修改。

1.2 数据库的设计

数据库设计(Database Design)是指根据用户的需求,在某一具体的数据库管理系统上,设计数据库的结构和建立数据库的过程。

1.2.1 设计数据库

数据库的设计过程大致可分为 6 个步骤:

1. 需求分析

调查和分析用户的业务活动和数据的使用情况,确定用户对数据库系统的使用要求和各种约束条件等。

2. 概念设计

对用户要求描述的现实世界(可能是一个企业、一个商店或者一所学校等),通过对其中信息的分类和概括来建立抽象的概念数据模型。这个概念模型应反映实际工作中的信息结构、信息流动情况、信息间的互相制约关系以及实际工作对信息储存、查询和加工的要求等。

3. 逻辑设计

主要工作是将现实世界的概念数据模型设计成数据库的一种逻辑模式,也就是适应于某种特定数据库管理系统所支持的逻辑数据模式。

4. 物理设计

根据特定数据库管理系统所提供的多种存储结构和存取方法等依赖于具体计算机结构的各项物理设计措施,对具体的应用任务选定最合适的物理存储结构(包括文件类型、索引结构和数据的存放次序与位逻辑等)、存取方法和存取路径等。

5. 验证设计

在上述设计的基础上，收集数据并具体建立一个数据库，运行一些典型的应用任务来验证数据库设计的正确性和合理性。一般一个大型数据库的设计过程往往需要经过多次循环反复。

6. 运行与维护设计

在数据库系统投入运行的过程中，必须不断地对其进行评价调整与修改。

1.2.2 设计数据表

对数据表的设计是数据库设计过程中一项非常重要的工作，设计数据表要遵循以下原则：

(1) 消除数据冗余，即任何字段不能由其他字段派生出来，要求字段没有冗余。

(2) 表中每一字段数据类型必须相同，并且可按照需要对每个字段定义相应属性。

(3) 要求记录有惟一标识，即实体的惟一性。

(4) 表里的列都与主键列直接相关，而非间接相关。

1.3 Access 基本操作

1.3.1 Access 简介

Access 数据库是美国 Microsoft 公司于 1994 年推出的微机数据库管理系统。它具有界面友好、易学易用、开发简单、接口灵活等特点，是典型的新一代桌面数据库管理系统。其主要特点如下：

(1) 完善地管理各种数据库对象，具有强大的数据组织、用户管理、安全检查等功能。

(2) 强大的数据处理功能，在一个工作组级别的网络环境中，使用 Access 开发的多用户数据库管理系统具有传统的 XBASE(DBASE、FoxBASE 的统称)数据库系统所无法实现的客户服务器(Client/Server)结构和相应的数据库安全机制，Access 具备了许多先进的大型数据库管理系统所具备的特征。

(3) 可以方便地生成各种数据对象，利用存储的数据建立窗体和报表，可视性好。

(4) 作为 Office 组件的一部分，可以与 Office 集成，实现无缝连接。

(5) 能够利用 Web 检索和发布数据，实现与 Internet 的连接。Access 主要适用于中小型应用系统，或作为客户机/服务器系统中的客户端数据库。

1.3.2 Access 数据库构成

Access 数据库中包含 7 种数据库对象，分别是表、查询、窗体、报表、页、宏和模块。在打开的数据库窗口左侧“对象”项目中可以看到这 7 个对象(图 1-1)，并可在选中具体对象后对其进行创建和管理的相应操作。

Access 数据库还提供了不同对象的向导、生成器、设计器及 Office 助手等系列工具，极大地方便了用户使用。

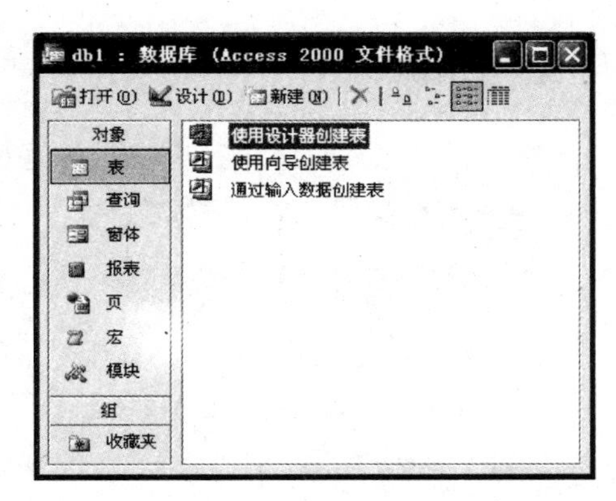

图 1-1　打开的数据库窗口

图 1-2　新建文件　任务窗格

1.3.3　新建数据库

如果要创建一个数据库，通常可以选择执行“文件”菜单“新建”命令，此时在数据库窗口右侧出现“新建文件”任务窗格(图 1-2)。

选择其中“空数据库”项目，可以创建一个空数据库，后期根据需要在数据库中添加对象；还可以选择“本机上的模板”项目，在打开的“模板”对话框(图 1-3)中选择一个模板，然后根据向导提示能够快速创建一个数据库。Access 数据库文件扩展名为 .mdb。

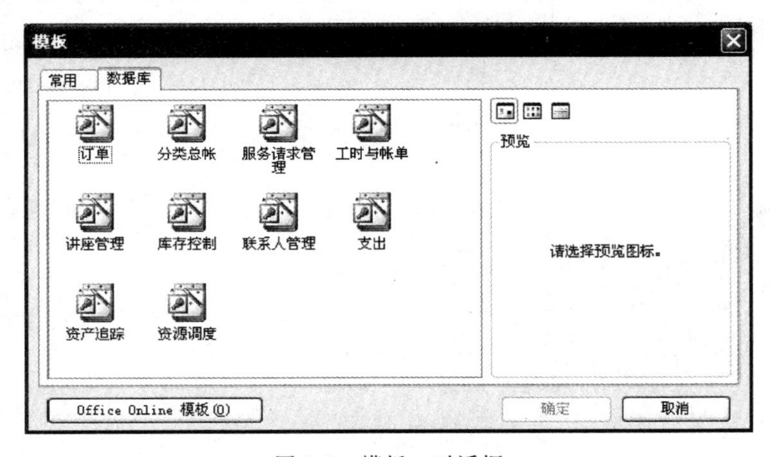

图 1-3　模板　对话框

1.3.4　使用帮助

在使用 Access 的过程中，可以通过使用“帮助”菜单中的各相关选项获取一些帮助信息。单击“帮助”菜单选择“Microsoft Office Access 帮助”命令(图 1-4)，或者按“F1”键都可弹出“Access 帮助”任务窗格(图 1-5)。

在“Access 帮助”任务窗格“搜索：”中可输入需要帮助的文本关键字进行帮助信息检索，也可以单击“目录”，根据帮助目录类别(图 1-6)进行帮助信息检索。

图 1-4　帮助　菜单

图 1-5　Access 帮助　任务窗格

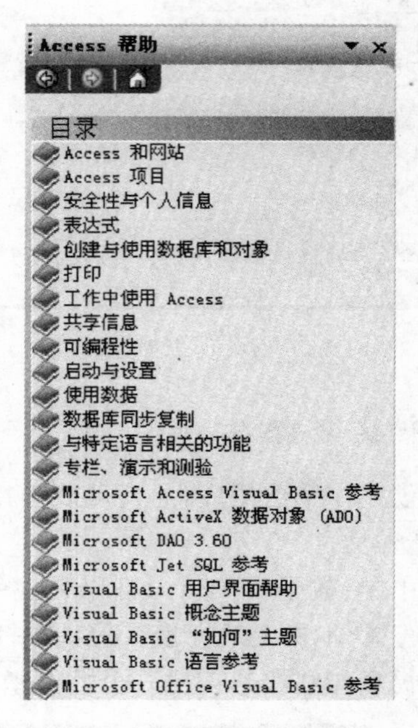

图 1-6　帮助　目录

习　题　1

一、填空题

1. 常用的结构数据模型有________、________和________。

2. 二维表中的一行称为关系的________,二维表中的一列称为关系的________。

3. 关系中能够惟一标识某个记录的字段称为________字段。

4. 在设计数据表时要求,表里的列都与主键列________相关。

5. Access 数据库中包含 7 种数据库对象,分别是________、________、________、________、________、________和________。

二、选择题

1. 数据库系统中,最早出现的数据模型是(　　)。

A. 语义模型　　B. 层次模型　　C. 网状模型　　D. 关系模型

2. 计算机在人工管理数据阶段,能够用来存取数据的是(　　)。

A. 软盘　　B. 硬盘　　C. 纸带　　D. 光盘

3. Access 的数据库类型是(　　)。

A. 层次数据库　　B. 网状数据库

C. 关系数据库　　D. 面向对象数据库

4. Access 数据库文件的格式是(　　)。

A. txt 文件　　B. mdb 文件　　C. doc 文件　　D. xls 文件

5. 在 Access 中,用来表示实体的是(　　)。

A. 域　　B. 字段　　C. 记录　　D. 表

6. 某学校欲建立一个“教学管理”的数据库,由教师表、学生表、课程表、选课成绩表组成,教师表中有教师编号、姓名、性别、工作时间、职称、学历、系别等字段,试确认该表的主关键字是(　　)。

A. 姓名　　B. 教师编号　　C. 系别　　D. 职称

7. 可以采用除(　　)之外的方法建立 Access 数据库。

A. 建立空数据库　　B. 用模板建立

C. 复制原有的数据库　　D. 用 Word 创建

8. 启动 Access 后,如果需要获得某些帮助,可以按(　　)功能键。

A. F1　　B. F4　　C. F8　　D. F9

三、操作题

1. 在 U 盘中创建一个名为“学号姓名 Access”的文件夹(如:20051118 张沐宽 Access),在文件夹中创建一个名为“商店管理”的数据库。

2. 使用帮助功能,浏览帮助目录,查看 Access 提供了哪些类别的帮助信息,以便在今后的学习中使用。

3. 通过搜索引擎查找 Access 数据库中有关字段属性的内容,并做简要记录。

第2章 数 据 表

数据表(或称表)是数据库最重要的组成部分之一。数据库只是一个框架,数据表才具有本质内容。根据信息的分类情况,一个数据库中可能包含若干个数据表,这些各自独立的数据表可以通过建立关系而被联接起来,实现数据的有机整合。

2.1 创建数据表

为了能使数据库高效工作,并减少数据错误,在数据库中设计数据表时应按照一定原则对信息进行分类。每个表应该只包含一个主题信息,使表易于维护。同时还要对表结构进行规范化设计,以消除表中存在的数据冗余。

Access 提供了 4 种方法创建数据表:使用设计器创建表、使用向导创建表、通过输入数据创建表、导入其他数据库或程序中的数据表。数据库表的字段名最长为 128 个字符。

2.1.1 建立表结构

数据表结构是数据表的核心框架,表的结构确定之后,向数据表中输入数据就变得非常清晰直观。一个数据表应该包含哪些基本信息,在表的结构中以字段名来体现。数据表名、字段名与字段属性构成了数据表的结构。

1. 数据表名

数据表名是数据库中用户访问数据的唯一标识,选择表名时应考虑能够充分反映当前数据记录集合的内容,以便用户访问数据时能够快速识别。

2. 字段

在数据库中,数据表的列称为字段。每个字段由若干按照某种界限划分的相同属性的数据项组成。Access 支持的字段名最长为 64 个字符。

3. 字段属性

字段属性是表中每个字段的具体组织形式,通过字段属性可以控制数据的存储及显示方式,字段属性的设置在表的设计视图中进行。在设计视图中单击字段每个属性进行设置的同时,属性区域右侧显示对当前属性的基本提示信息,操作时可加以参照。

有关字段属性的使用说明详见表 2-1。

表 2-1 字段属性说明

字段属性	说　明
字段大小	使用字段大小属性可以设置文本数据类型、数字数据类型、自动编号数据类型的字段中存储的数据大小
格式	使用格式属性可以定义数字、日期、时间及文本等数据显示和打印方式。格式属性仅控制在字段中信息的显示方式
输入法模式	输入法模式仅对文本数据类型有效，表示进入该字段输入域时汉字输入法是否开启
输入掩码	若要使数据输入更容易，并控制用户可以在文本框控件中输入的值，可以使用输入掩码属性。有效的输入掩码字符见表 2-5
标题	该字段用于窗体的标签，如果没有输入，则用字段名作为标签
默认值	可以指定一个值，创建一个新记录时自动输入该字段中
有效性规则	使用有效性规则属性可以指定记录中在一个字段或控件中输入数据的要求
有效性文本	当输入的数据违反了有效性规则设置时，可以使用有效性文本属性来指定想要显示此冲突发生时的消息
必填字段	可以使用必填属性以指定在字段中是否需要一个值
允许空字符串	使用允许空字符串属性可以指定零长度字符串("")是字段中的有效条目
索引	使用索引属性可以设置单字段索引。索引可加快查询操作、排序操作和分组操作
Unicode 压缩	Access 2000 及更高版本的使用 Unicode 字符编码方案，将文本数据字段、备注字段或超链接字段中的每个字符表示为两个字节。Access 97 和更早版本则将每个字符表示为一个字节
智能标记	在 Access 2003 中可以使用智能标记属性将可用的智能标记添加到域。如果智能标记添加到字段，将被识别为该字段指定值
小数位数	使用"小数位数"属性可以指定需要显示数值的小数位数数字，数字类型小数位数详见表 2-3
新值	使用新值属性可以指定自动编号字段的表添加新记录时的增量，只有自动编号字段可以使用新值属性

2.1.2 数据类型

Access 支持的数据类型有 10 种，包括"文本"、"备注"、"数字"、"日期/时间"、"货币"、"自动编号"、"是/否"、"OLE 对象"、"超级链接"、"查阅向导"。有关数据类型的信息详见表 2-2。

表 2-2 Access 支持的数据类型

数据类型	适　用　于	字 段 长 度
文本	文本或文本和数字的组合。不需要计算的数字，如电话号码、零件编号或邮政编码	最长可达 255 个字符
备注	长文本，例如注释或说明的数字	最多支持 65 536 个字符
数字	可用于数学计算的数值数据	见表 2-3
日期/时间	日期和时间	8 个字节
货币	货币值	8 个字节
自动编号	唯一顺序（递增 1）或添加记录时自动插入的随机编号	4 个字节。同步复制 ID（GUID）N/A 16 个字节
是/否	包含两个值之一，例如：是/否、真/假、开/关的字段	1 个字节

续表

数据类型	适　用　于	字段长度
OLE 对象	Object Linking and Embedding，对象链接与嵌入。满足用户在一个文档中加入不同格式数据的需要（如文本、图像、声音等），即解决建立复合文档问题。在窗体或报表中必须使用绑定对象框显示 OLE 对象	最多为 1GB（受磁盘空间限制）
超链接	UNC 路径或 URL 路径	最多 64 000 个字符
查阅向导	一个允许通过使用组合框中选取值来自另一个表或值的列表中的字段。向导中列出的选项可以来自其他表，也可以是事先输入好的一组固定的值	与查阅字段（通常 4 个字节）的大小相同

在创建表结构时，要根据具体字段意义来选择不同数据类型，数据类型决定了数据存储和表示的方式，几种数据类型都可使用的情况下通常选择占用磁盘空间小的类型。常用的数据类型是文本和数字，其中，数字类型的字段大小又可进行细分，参见表 2-3。

表 2-3　数字类型细分

数字类型	取值范围	小数位数	字段长度
字节	0～255	无	1B
整型	－32 768～32 767	无	2B
长整型	－2 147 483 648～2 147 483 647	无	4B
单精度型	负数时 －3.402 823E38～－1.401 298E-45；正数时 1.401 298E-45～3.402 823E38	7	4B
双精度型	负数时－1.797 693 134 862 31E308～－4.940 656 458 412 47E-324；正数时 4.940 656 458 412 47E-324～1.797 693 134 862 32E308	15	8B
同步复制 ID	全球唯一标识符 GUID，用于建立同步复制唯一标识符	N/A	16B

2.1.3 使用向导创建数据表

Access 提供了数据库中常用的实例表结构，如果需要创建具有通用格式的数据表可以通过使用向导来完成创建。

【操作案例】1：使用向导创建"商品表"结构。

（1）激活数据库"表"对象，在如图 2-1 所示窗口中双击"使用向导创建表"选项，得到如图 2-2 所示"表向导"对话框。

（2）在"示例表"中选择"产品"，并选取所需字段。

（3）如图 2-3 所示，指定表名称为"产品表"，并按要求设置主键。主键用于保证表内数据的唯一性，避免重复，也就是说主键能够唯一地标识数据表中的记录。

（4）如图 2-4 设置"产品 ID"为主键。

（5）如图 2-5 选择向导创建完表之后的动作。

（6）完成表结构的创建，并得到数据表视图下的"产品表"空表，如图 2-6 所示。

db1 : 数据库 (Access 2000 文件格式)
打开(O)
设计(D)
新建(N)
对象
表
查询
窗体
报表
页
宏
模块
组
收藏夹
使用设计器创建表
使用向导创建表
通过输入数据创建表

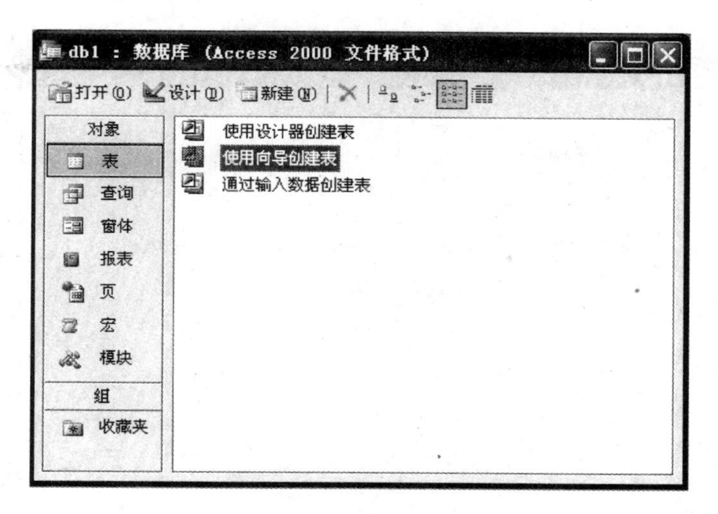

图 2-1 选择 使用向导创建表

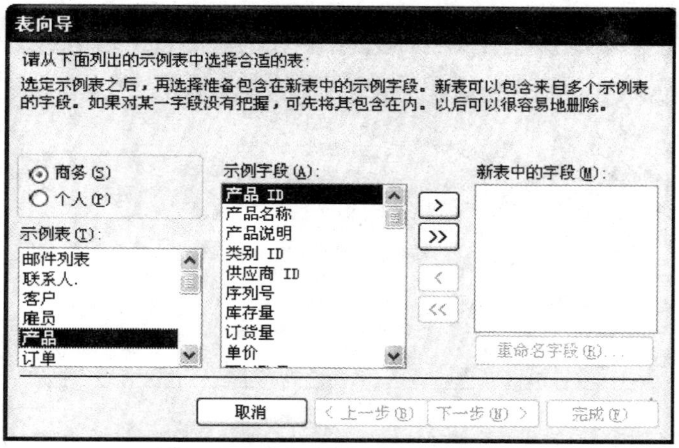

表向导
请从下面列出的示例表中选择合适的表:
选定示例表之后，再选择准备包含在新表中的示例字段。新表可以包含来自多个示例表的字段。如果对某一字段没有把握，可先将其包含在内。以后可以很容易地删除。
商务(S)
个人(P)
示例表(T):
邮件列表
联系人
客户
雇员
产品
订单
示例字段(A):
产品 ID
产品名称
产品说明
类别 ID
供应商 ID
序列号
库存量
订货量
单价
新表中的字段(N):
重命名字段(R)...
取消
< 上一步(B)
下一步(N) >
完成(F)

图 2-2 表向导-1

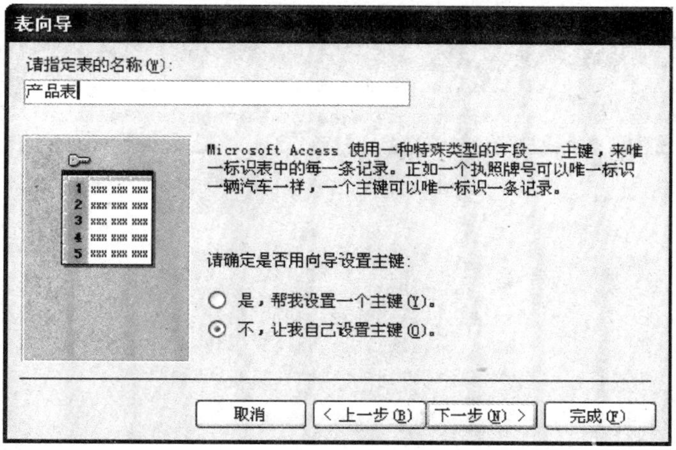

表向导
请指定表的名称(W):
产品表
Microsoft Access 使用一种特殊类型的字段——主键，来唯一标识表中的每一条记录。正如一个执照牌号可以唯一标识一辆汽车一样，一个主键可以唯一标识一条记录。
请确定是否用向导设置主键:
是，帮我设置一个主键(Y)。
不，让我自己设置主键(O)。
取消
< 上一步(B)
下一步(N) >
完成(F)

图 2-3 表向导-2

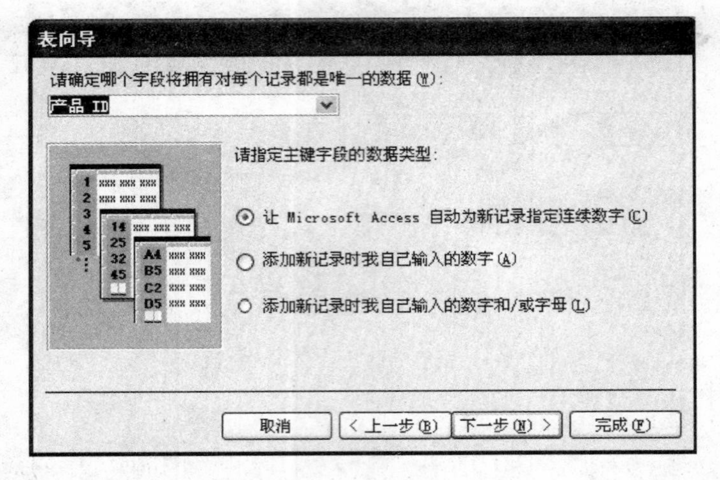

图 2-4　表向导-3

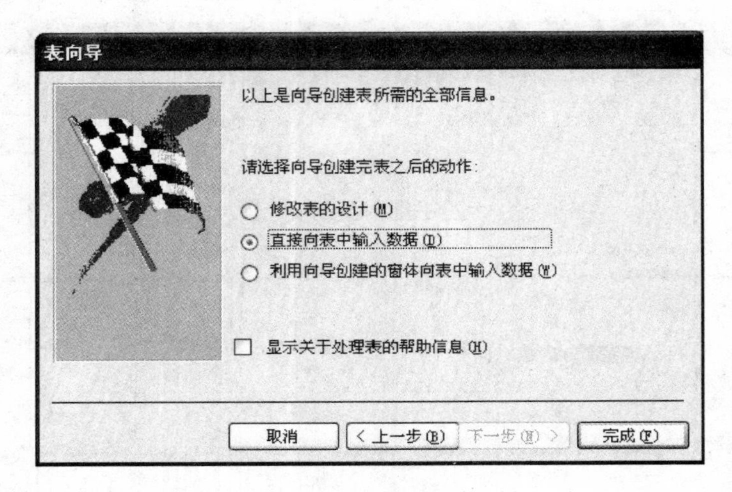

图 2-5　表向导-4

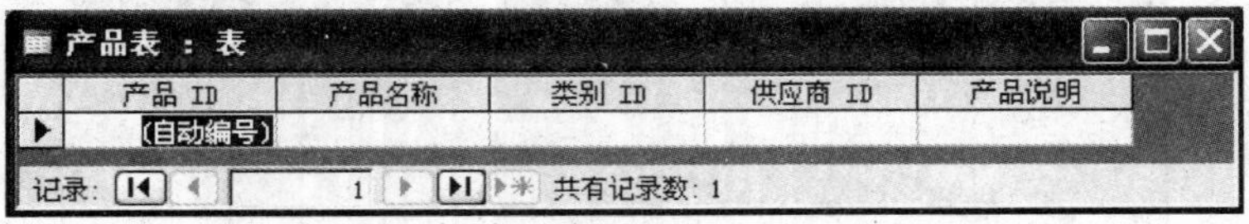

产品 ID	产品名称	类别 ID	供应商 ID	产品说明
(自动编号)				

产品表 : 表　记录: 1　共有记录数: 1

图 2-6　产品表　数据表视图

2.1.4　输入数据创建表

对于结构简单的数据表,用户可以通过输入数据创建表来直接生成。选用这种方法生成表时,系统会根据输入的数据自动设置相应的字段属性。

【操作案例】2:通过输入数据创建表生成“商品表”。

(1) 激活数据库“表”对象,在如图 2-1 所示窗口中双击“通过输入数据创建表”选项,得到如图 2-7 所示新建的数据表界面,系统默认提供 21 条记录行。

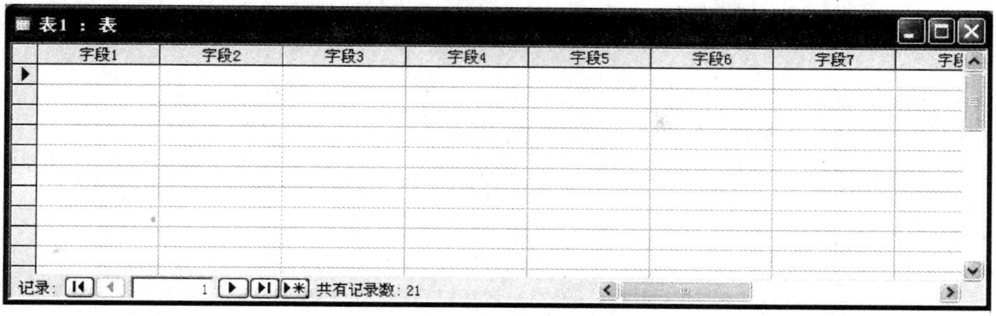

表1 : 表

	字段1	字段2	字段3	字段4	字段5	字段6	字段7	字段

记录: 1 共有记录数: 21

图 2-7　通过输入数据创建表

（2）如图 2-8 所示，双击新表字段名并输入更改后的字段名。

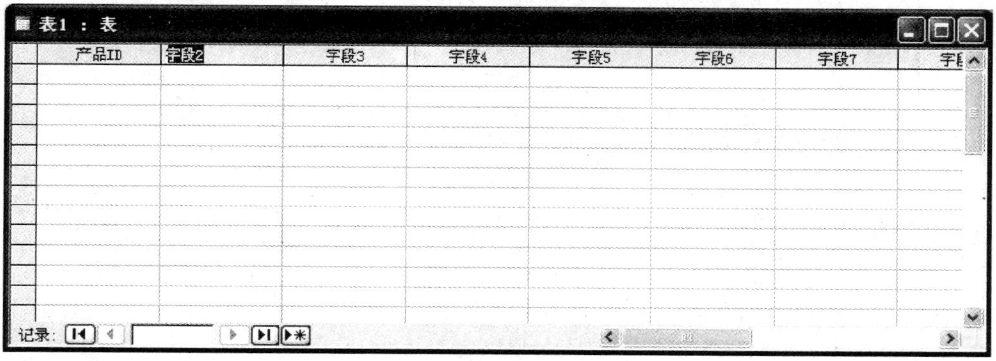

表1 : 表

	产品ID	字段2	字段3	字段4	字段5	字段6	字段7	字段

记录:

图 2-8　输入新表字段名

（3）所需字段名设置完毕后，保存表名为“产品 1”，并创建主键。

2.1.5　使用设计器创建数据表

在创建表结构时，如果需要对表中字段所使用的数据类型及其他相关属性进行细致的设置，就需要通过“使用设计器创建表”来完成。表的设计视图提供了不同类型数据对应的所有细节属性。

【操作案例】3：在“商店管理”数据库中创建“商品信息”表、“员工信息”表、“供应商信息”表、“销售记录”表和“采购记录”表共 5 张数据表，各表结构如表 2-4 所示。

表 2-4　各表结构

数据表名	字段名	数据类型	说明
商品信息表	商品号	文本	主键，3 个字符
	商品名	文本	商品全称，12 个字符
	产地	文本	8 个字符，默认产地为宁夏
	类别	文本	分为水果、蔬菜、粮食
	供应商	文本	使用供应商编号

续表

数据表名	字段名	数据类型	说明
员工信息表	工号	文本	主键,5 个字符
	姓名	文本	12 个字符
	性别	文本	1 个字符
	出生日期	日期/时间	
	岗位	文本	分为管理人员、采购人员、销售人员
	基本工资	数字	单精度,2 位小数
	电话	文本	
	照片	OLE 对象	员工 1 英寸彩色标准照
	是否党员	是/否	
	个人简历	备注	
供应商信息表	供应商编号	文本	主键,3 个字符
	联系人姓名	文本	12 个字符
	电话	文本	
	供应商主页	超链接	企业主页 URL 地址
采购记录表	采购单号	自动编号	主键
	商品号	文本	3 个字符
	进价	数字	单精度,货币格式,2 位小数
	数量	数字	单精度,2 位小数,单位为公斤
	采购日期	日期/时间	
	采购人	文本	使用员工工号
销售记录表	销售单号	自动编号	主键
	商品号	文本	3 个字符
	售价	数字	单精度,货币格式,2 位小数
	数量	数字	单精度,2 位小数,单位为公斤
	销售日期	日期/时间	
	销售人	文本	使用员工工号

(1) 激活数据库"表"对象,在如图 2-1 所示窗口中双击"使用设计器创建表"选项,得到如图 2-9 所示"表设计视图"对话框。

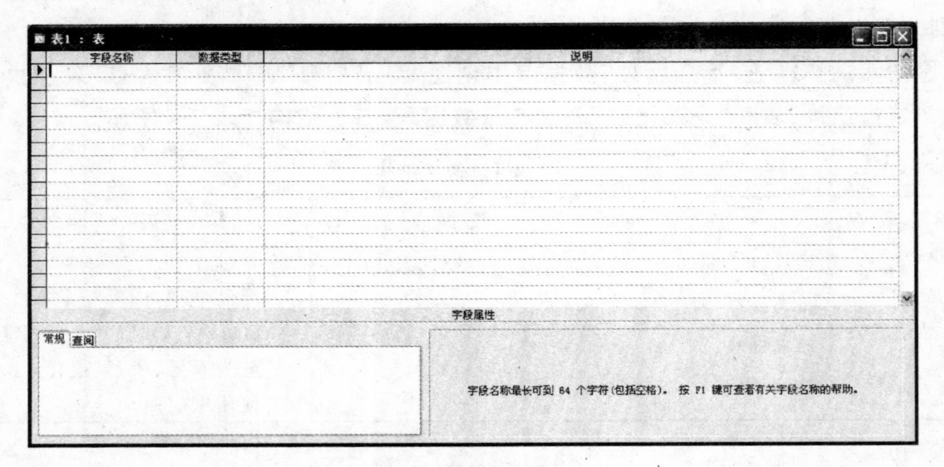

图 2-9　表设计视图

（2）在“字段名称”中输入字段名，在“数据类型”中选择恰当的数据类型，在“字段属性”中确定当前字段所需的全部细节属性。

（3）选中字段后，单击工具栏中“主键”按钮，或者右键单击字段选定区，在弹出的快捷菜单（图 2-10）中选择“主键”，确定该字段为主键。

（4）表结构创建完成后，单击工具栏中“保存”按钮，在弹出的对话框（图 2-11）中输入表的名称。

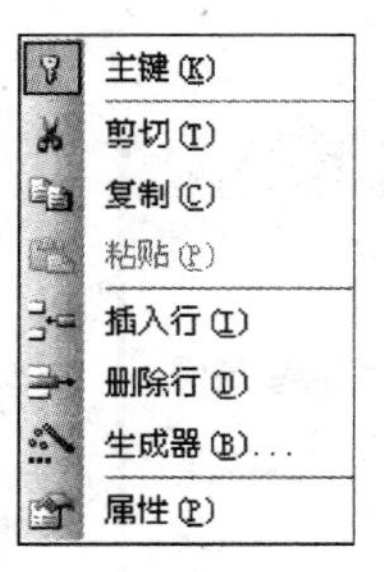

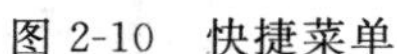

图 2-10　快捷菜单

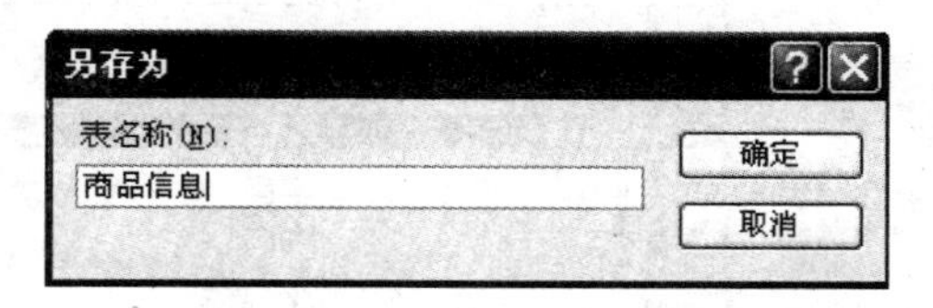

图 2-11　另存为　对话框

重复以上操作，分别得到“商店管理系统”中 5 张数据表的结构。在添加字段属性时，需要根据具体需要而进行不同的属性设置，下面详细介绍 Access 中不同字段细节属性含义及操作方法。

1. 字段大小

字段大小就是字段的宽度，可以控制字段使用的空间大小。字段大小设置只使用于“文本”或“数字”字段。“文本”字段大小取值范围是 1～255 字符，默认值为 50。“数字”字段可通过单击“字段大小”属性框，展开右侧下拉列表进行选择设置。

【操作案例】4：设置“采购记录”表中“进价”字段大小为单精度。

（1）激活“表”对象，单击“采购记录”表，单击“设计”按钮，得到“采购记录”表设计视图。

（2）在设计视图中选中“进价”字段，在字段属性区域单击“字段大小”属性框，展开右侧下拉列表（图 2-12）选中“单精度型”。

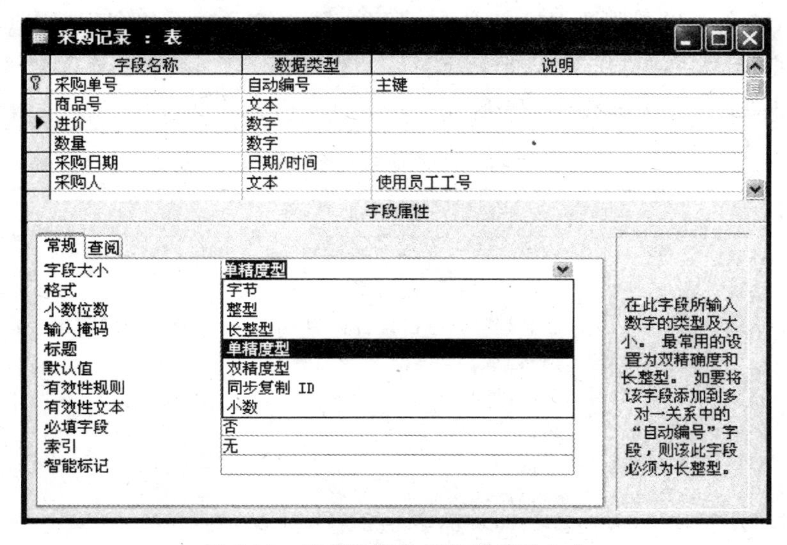

图 2-12　设置数字数据类型字段大小

2. 格式

格式属性用于定义数据显示及打印的格式，不同数据类型使用不同的设置。

【操作案例】5：设置“员工信息”表中“出生日期”字段为“长日期”格式。

(1) 激活“表”对象，单击“员工信息”表后，再单击“设计”按钮，得到“员工信息”表设计视图。

(2) 在设计视图中选中“出生日期”字段，在字段属性区域单击“格式”属性框，展开右侧下拉列表(图 2-13)选中“长日期”。

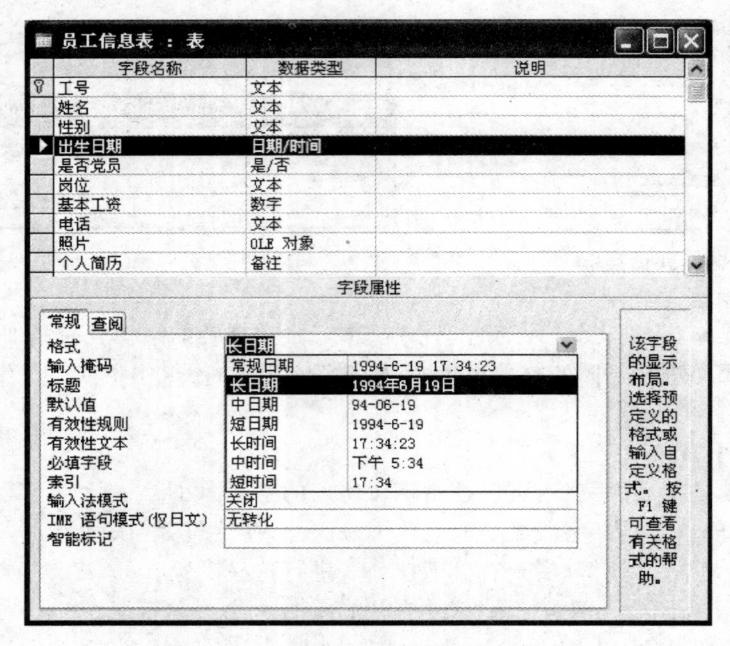

图 2-13　设置日期/时间数据类型格式

3. 输入掩码

通过输入掩码可以控制数据输入方式，还可以限制输入数据的宽度。Access 对“文本”和“日期/时间”类型字段提供“输入掩码向导”，方便用户选择输入掩码方式，对于其他类型字段可以使用如表 2-5 所示输入掩码属性字符进行所需要的创建。

表 2-5　有效的输入掩码字符

字符	说　明
0	数字(0 到 9，必选项；不允许使用加号［+］和减号［−］)
9	数字或空格(非必选项；不允许使用加号和减号)
#	数字或空格(非必选项；空白将转换为空格，允许使用加号和减号)
L	字母(A 到 Z，必选项)
?	字母(A 到 Z，可选项)
A	字母或数字(必选项)
a	字母或数字(可选项)
&	任一字符或空格(必选项)
C	任一字符或空格(可选项)

字符	说　明
. , : ; - /	十进制占位符和千位、日期和时间分隔符(实际使用的字符取决于 Microsoft Windows 控制面板中指定的区域设置)
<	使其后所有的字符转换为小写
>	使其后所有的字符转换为大写
!	使输入掩码从右到左显示,而不是从左到右显示。输入掩码中的字符始终都是从左到右填入。可以在输入掩码中的任何地方包括感叹号
\	使其后的字符显示为原义字符。可用于将该表中的任何字符显示为原义字符(例如,\A 显示为 A)

【操作案例】6:使用"输入掩码向导"设置"采购记录"表"采购日期"字段、"销售记录"表"销售日期"字段"输入掩码"属性为"短日期"。

(1) 激活"表"对象,单击"采购记录"表后,再单击"设计"按钮,得到"采购记录"表设计视图。

(2) 在设计视图中选中"采购日期"字段,在字段属性区域单击"输入掩码"属性框,单击右侧输入向导按钮[...],弹出"输入掩码向导"对话框(图 2-14)。

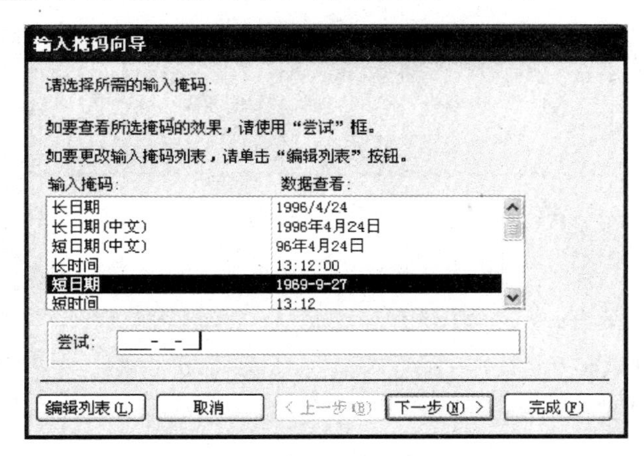

图 2-14　输入掩码向导

(3) 在"输入掩码向导"对话框中选择"短日期"。

(4) 如果要查看所选掩码的实际输入效果,可以在"尝试"框中输入数据加以测试。

【操作案例】7:"商品信息"表中"商品号"字段大小为 3 个字符,通过"输入掩码"属性设置其首字符为英文字母,后两位为数字。

(1) 激活"表"对象,单击"商品信息"表后,再单击"设计"按钮,得到"商品信息"表设计视图。

(2) 在设计视图中选中"商品号"字段,在字段属性区域 "输入掩码" 中填写"L00"(图 2-15),用于表示首字符为英文字母,后两位为数字,共 3 个字符。

(3) 单击视图按钮[视图],切换到数据表视图。在"商品号"字段中输入"h"(任意字符,做测试用,无意义),系统会弹出如图 2-16 所示的错误提示信息。

4. 标题

如果选择设置标题,在数据表视图下标题属性值将取代字段名称,数据表中原有字段名称不再显示。

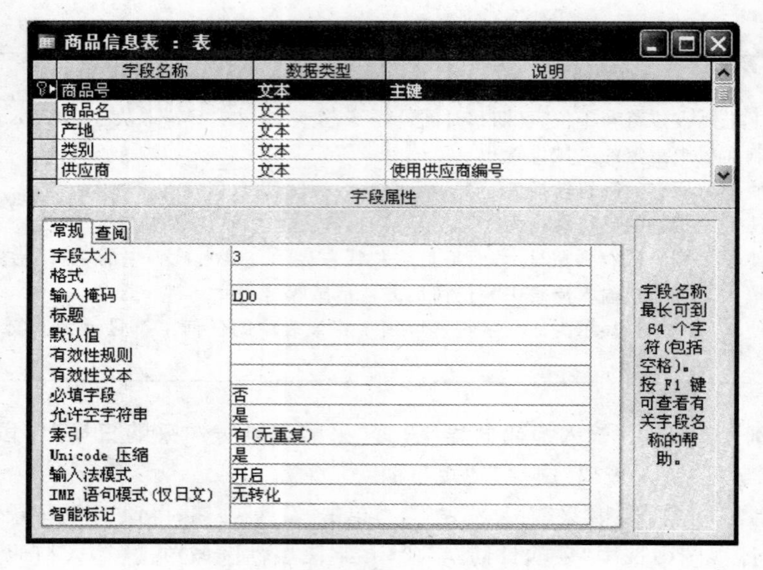

图 2-15　设置“商品号”字段掩码

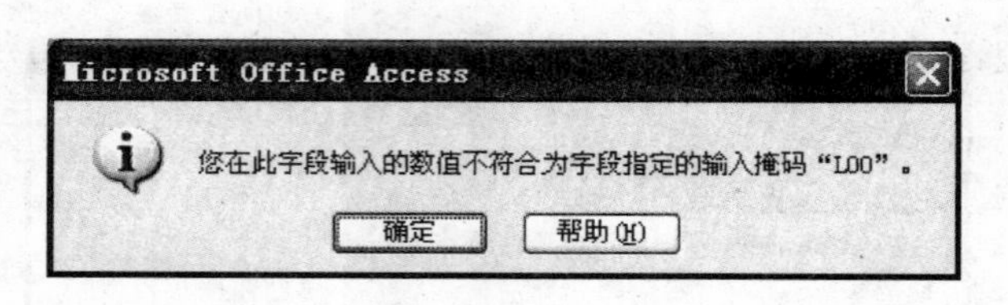

图 2-16　输入不符合掩码设置的内容会见到的错误信息

5. 输入法模式

输入法模式属性值对“文本”类型字段有效，输入法模式有如图 2-17 的选项，默认值为“开启”。输入记录时，根据已选择的模式类型，会自动切换到相应输入法状态。

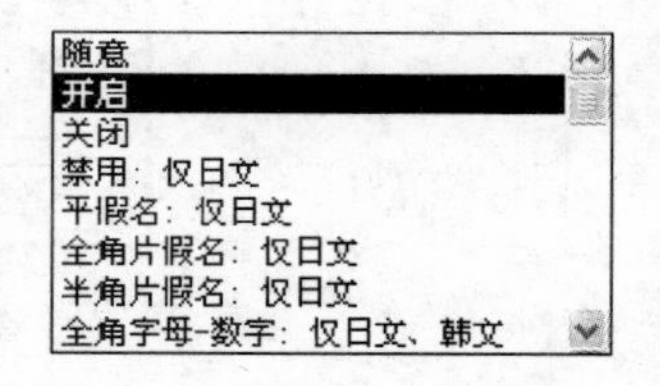

图 2-17　输入法模式属性值选项

6. 默认值

默认值是在数据表中添加新记录时自动出现的数据，在实际操作中经常使用。在数据表的不同记录中，往往会存在一些字段值相同的情况，为了提高输入工作效率，可以选择将出现频率较高的值作为当前字段的默认值。

【操作案例】8：将“商品信息”表中“产地”字段默认值设为“宁夏”。

(1) 激活“表”对象，单击“商品信息”表，单击“设计”按钮，得到“商品信息”表设计视图。

(2) 在设计视图中选中“产地”字段，在字段属性区域默认值中填写“宁夏”(图 2-18)。

(3) 单击视图按钮，切换到数据表视图(图 2-19)。看到在还未进行输入的空白记录中，商品产地信息已经被自动添加了“宁夏”内容。

7. 有效性规则和有效性文本

有效性规则和有效性文本在字段属性设置时经常被成对使用。有效性规则用来限制当前字段可以接受的内容，有效性文本用于设置当输入的数据违反有效性规则时，系统会弹出的提示信息内容。

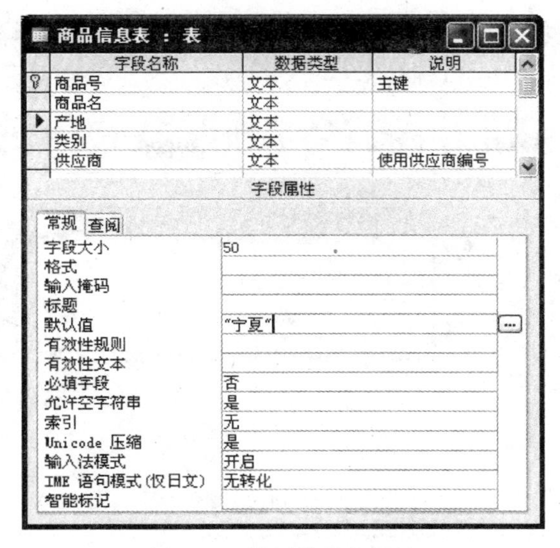

图 2-18　设置默认值属性

图 2-19　商品信息表产地默认值

【操作案例】9：设置"员工信息"表中"基本工资"字段取值范围为[2000,4000]，输入超出此范围数据时，系统弹出提示信息为"基本工资数据错误，请查证！"的消息框。

(1) 激活"表"对象，单击"员工信息"表，单击"设计"按钮，得到"员工信息"表设计视图。

(2) 在设计视图中选中"基本工资"字段，在字段属性区域设置有效性规则"＞＝2000 And ＜＝4000"，再设置有效性文本"基本工资数据错误，请查证！"(图 2-20)。

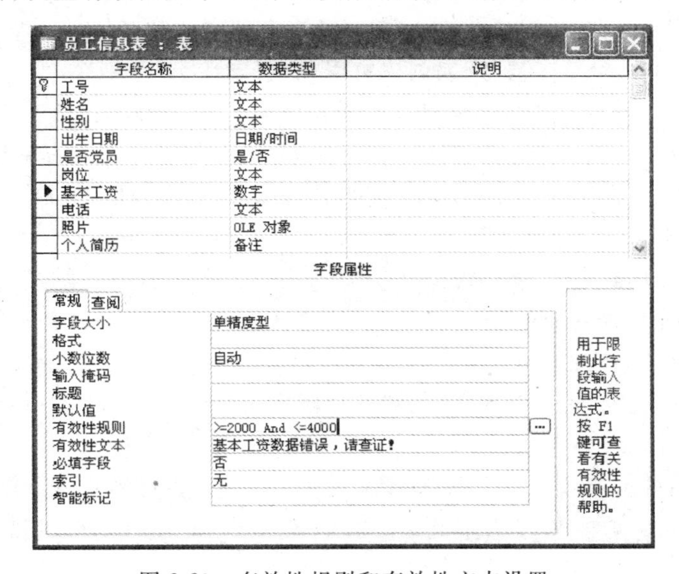

图 2-20　有效性规则和有效性文本设置

（3）单击视图按钮，切换到数据表视图，在“基本工资”字段中输入 100 并确认，系统会自动弹出如图 2-21 所示消息框。

图 2-21　输入错误后提示信息

如果只设置了“有效性规则”而没有设置“有效性文本”，当输入内容超出范围时，将弹出如图 2-22 所示的提示信息。

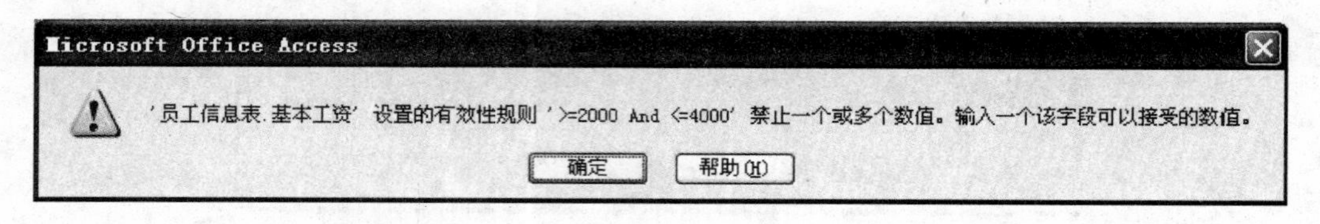

图 2-22　系统默认提示信息

8. 索引

对字段创建索引可以根据键值加速在表中查找和排序的速度，对一个较大的表来说，通过增加索引，一个通常要花费几个小时来完成的查询只要几分钟就可以完成。对经常搜索的字段、排序字段或查询中连接到其他表字段的字段，通常要设置索引。表的主关键字将自动设置索引，而对备注、超链接、OLE 对象等数据类型的字段则不能设置索引。Access 中可以基于单个字段或多个字段来创建索引，多字段索引能够区分开第一个字段值相同的记录。

【操作案例】10：为“员工信息”表创建索引，索引字段为“性别”。

（1）激活“表”对象，单击“员工信息”表，单击“设计”按钮，得到“员工信息”表设计视图。

（2）在设计视图时选中“性别”字段，在字段属性区域“索引”行的下拉列表中选择“有(有重复)”选项(参见图 2-23)。是否有重复取决于表中字段的值，表中“性别”字段的值必然会出现重复，因此选择“有重复”。

如果需要同时搜索或排序两个或两个以上字段，就要创建多字段索引。使用多字段索引进行排序时，首先使用在索引中定义的第一个字段，第一个字段值有重复时，再使用索引中定义的第二个字段，依此类推。

【操作案例】11：为“员工信息”表创建多字段索引，索引字段包括“工号”、“性别”与“出生日期”。

（1）激活“表”对象，单击“员工信息”表，单击“设计”按钮，得到“员工信息”表设计视图。

（2）单击工具栏“索引”按钮，得到“索引”对话框，并在对话框中进行如图 2-24 所示的设置。

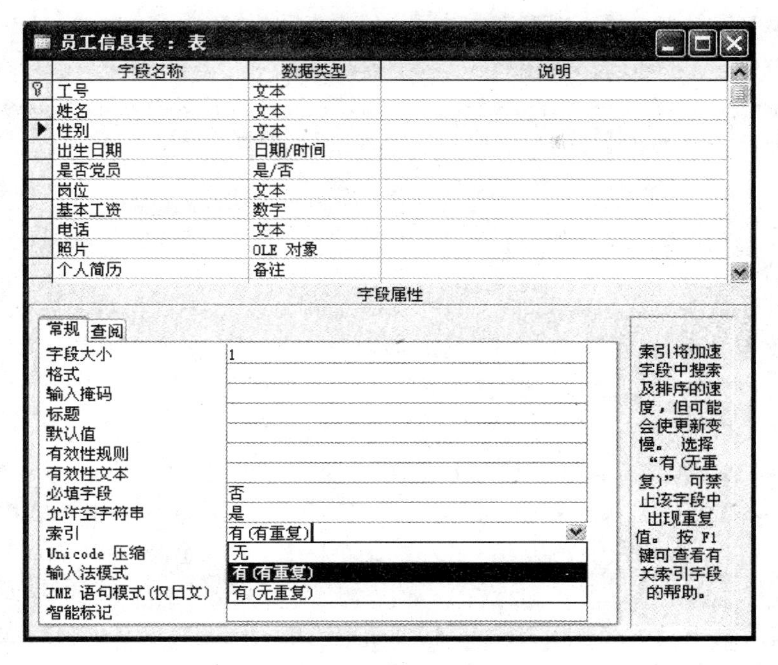

图 2-23　设置字段索引

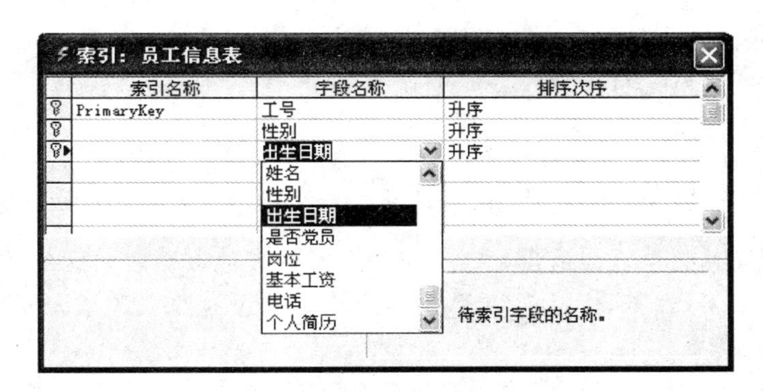

图 2-24　多字段索引设置

2.2　建立数据表之间的关系

在一个关系型数据库中，利用关系可以避免多余的数据。在 Access 数据库中，不同表中的数据之间都存在一种关系，这种关系将数据库里各张表中的每条数据记录都和数据库中唯一的主题相联系，使得对一个数据的操作都成为数据库的整体操作。

2.2.1　数据表间关系概念

Access 中表与表之间的关系可以分为一对一、一对多、多对多 3 种。假设有 A 表与 B 表两张表，如果 A 表中的一条记录与 B 表中的一条记录相匹配，B 表中的一条记录也与 A 表中的一条记录相匹配，那么 A 表与 B 表存在一对一的关系。如果 A 表中的一条记录与B表中的多条记录相匹配，且B表中的一条记录只与A表中的一条记录相匹配，那么A表与B表存在一对多的关系。如果A表中的多条记录与B表中的多条记录相匹配，B表中的多条记录也与A表中的多条记录相匹配，那么A表与B表存在多对多的关系。

通过表间的合并和拆分，Access数据表之间的关系都可以定义为一对多的关系。通常将一端表称为主表，多端表称为相关表或从表。建立关系双方数据类型必须相同。

2.2.2 参照完整性

参照完整性是一个规则系统，能确保相关表之间关系的有效性，并且确保不会在无意之中删除或更改相关数据。

当实施参照完整性时，必须遵守以下规则：

(1) 如果在相关表的主键中没有某个值，则不能在相关表的外部键列中输入该值。例如，不能将一项销售工作分配给一位没有包含在“员工信息”表中的雇员。

(2) 如果某主表记录在相关表中存在相匹配的记录，则不能从一个主表中删除该记录。例如，如果在“销售记录”表中表明某些商品的销售信息，则不能在“商品信息”表中删除该商品所对应的记录。

(3) 如果主表的记录具有相关记录，则不能更改主表中主关键字的值。如果在“销售记录”表中表明某些商品的销售信息，则不能在“商品信息”表中更改该商品所对应的记录。

当符合下列所有条件时，才可以设置参照完整性：

(1) 主表中的匹配列是一个主键或者具有唯一约束。

(2) 相关列具有相同的数据类型和大小。

(3) 两个表属于同一个数据库。

2.2.3 建立数据表间关系

使用向导创建的数据表会被自动定义与数据库中其他数据表之间的关系，如果不是使用向导创建的数据表，就需要手动建立数据表之间的关系。建立数据表间关系之前应关闭将要定义关系的表。

【操作案例】12：建立“商店管理系统”数据库中已有的“商品信息”表、“员工信息”表、“供应商信息”表、“进货记录”表、“采购记录”表5张表之间的关系。

(1) 单击工具栏中“关系”按钮，打开“关系”窗口，在右击关系窗口中空白区域弹出关系快捷菜单(图2-25)，选择其中“显示表”命令，得到“显示表”对话框(图2-26)。

显示表(T)...
全部显示(L)
保存布局(S)

图2-25 关系 快捷菜单

(2) 在“显示表”对话框中选择添加要设置关系的数据表，单击“添加”按钮，见到“关系”窗口中出现5张独立的数据表结构(图2-27)。

(3) 选定“商品信息”表中“商品号”字段拖动到“销售记录”表中“商品号”字段上，此时会出现如图2-28所示的“编辑关系”对话框。

(4) 在“编辑关系”对话框中选中“实施参照完整性”复选框，并选择“级联更新相关字段”和“级联删除相关记录”，然后单击“创建”按钮，得到如图2-29所示“商品信息”表和“采购记录”表间一对多的关系。

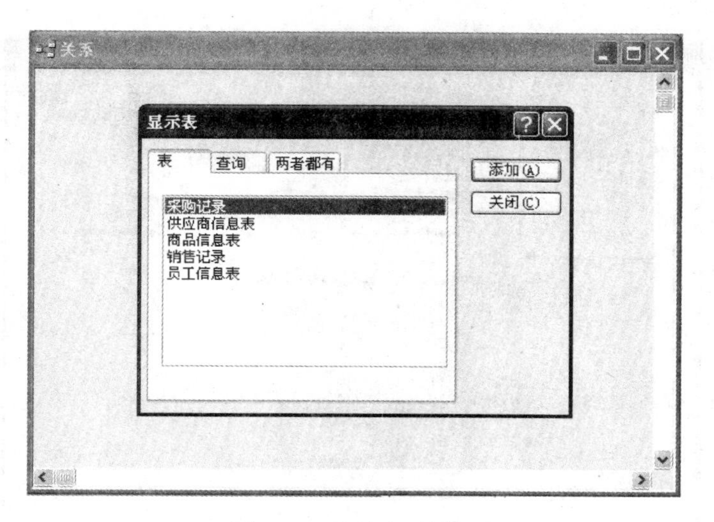

图 2-26　显示表对话框

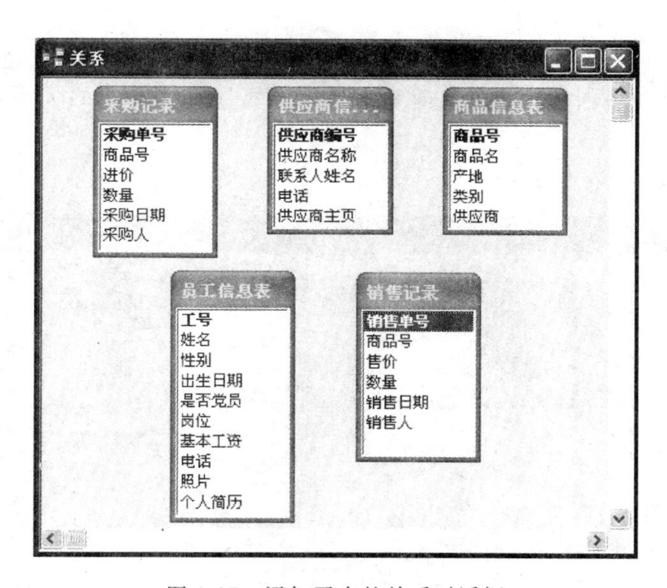

图 2-27　添加了表的关系对话框

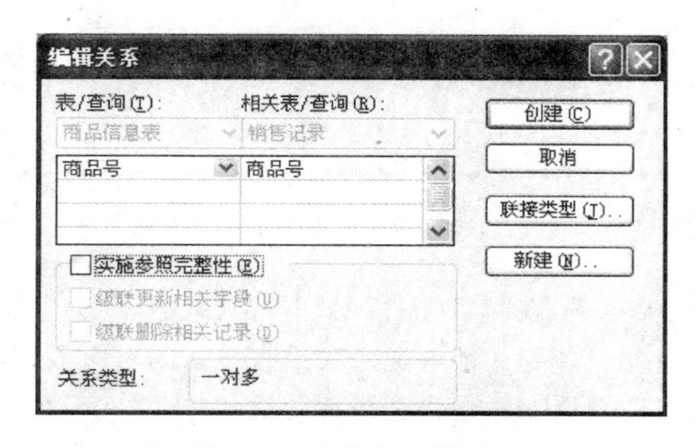

图 2-28　编辑关系对话框

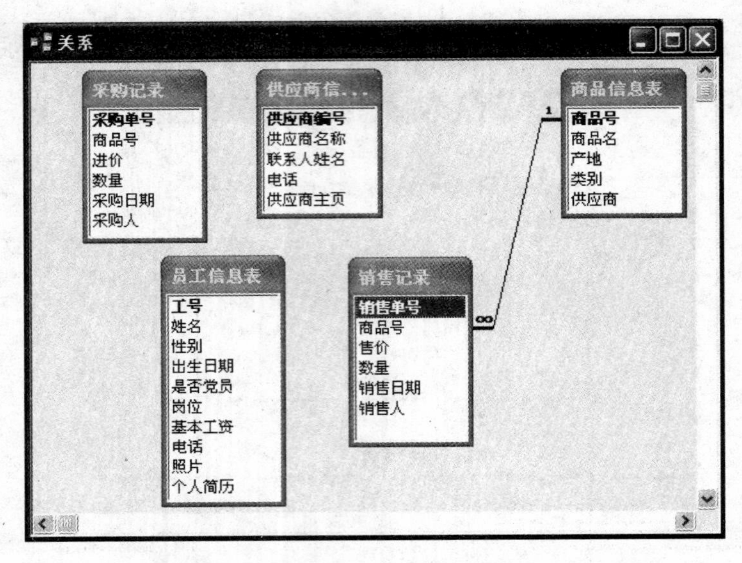

图 2-29 “商品信息”表和“采购记录”表间一对多的关系

(5) 用同样的方法创建“商店管理系统”数据库中其他表间的关系，最终生成结果如图 2-30 所示。

(6) 保存对“关系”布局的更改。

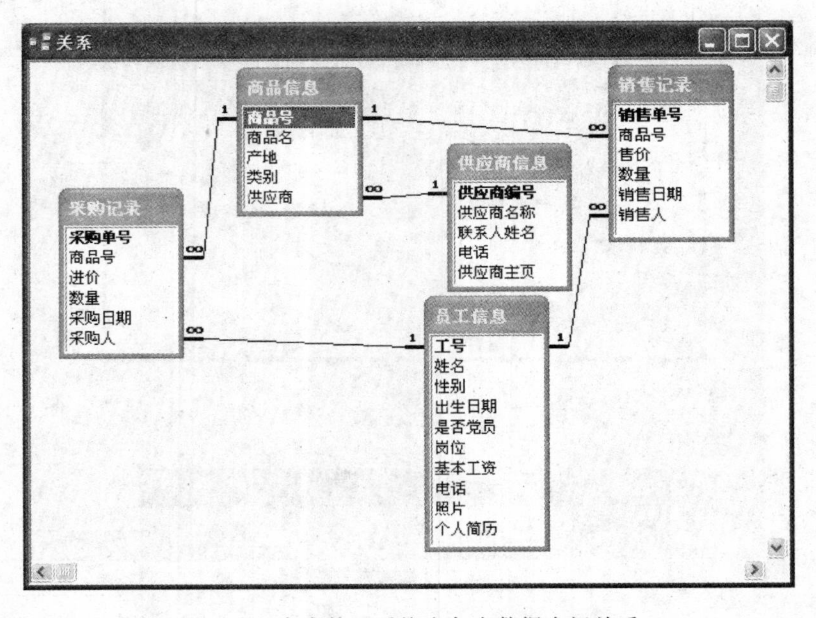

图 2-30 商店管理系统中各个数据表间关系

在创建好各表之间关系后，在“数据表视图”下打开数据表，会发现在一方表数据记录前方出现“＋”按钮，单击此“＋”按钮就能够通过关系直接访问对应多方表中记录。例如，在数据表视图下打开“供应商信息”表，并单击记录行前端的“＋”，就可在“供应商信息”表中直接阅读到每个供应商所供应的商品信息(图 2-31)。

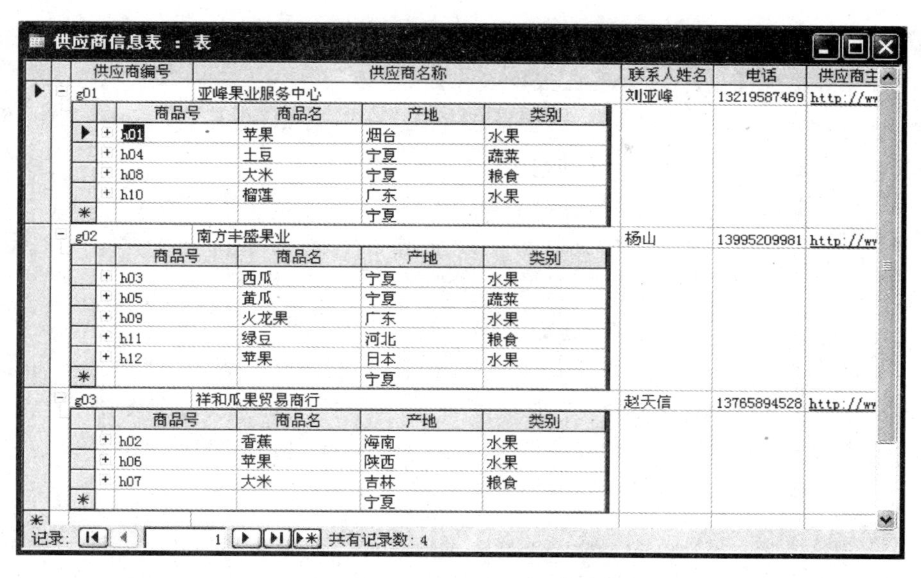

图 2-31　在数据表视图中阅读关系表数据

2.3　操　作　表

对于已经创建好的数据表，可以修改表的结构，增加、删除并修改表中记录，调整表的显示格式，查找/替换、排序/筛选表中记录数据。

2.3.1　修改数据表结构

修改数据表结构包括添加字段、删除字段、变更字段前后顺序等。通常在“设计视图”中打开数据表就可以直接进行表结构的修改。删除字段、变更字段前后顺序等操作也可以直接在“数据表视图”下通过字段快捷菜单(图 2-32)及鼠标拖动进行。

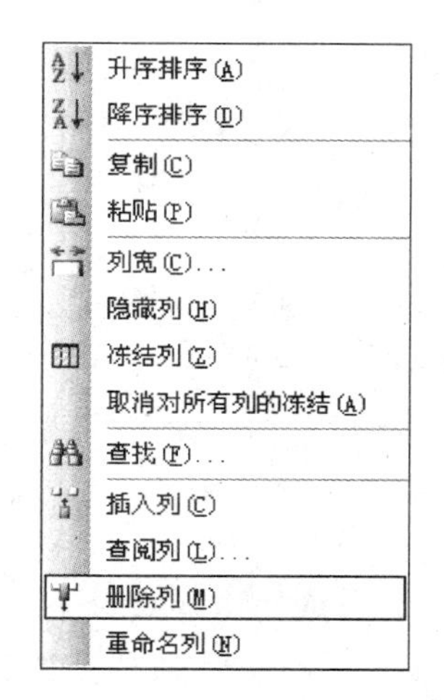

图 2-32　在数据表视图中右键单击字段名弹出的快捷菜单

2.3.2　编辑数据表内容

编辑数据表内容主要包括：定位记录、添加记录、选定记录、删除记录、修改记录等操作。

1. 定位记录

“数据表视图”中记录导航条各按钮(图 2-33)可实现对记录的定位及浏览。其中，[|◀] 表示转到第一条记录，[◀] 表示转到上一条记录，[　　3] 表示当前记录号，[▶] 表示转到下一条记录，[▶|] 表示转到最后一条记录，[▶*] 表示在末尾添加新记录。

记录: [|◀][◀][　　3][▶][▶|][▶*] 共有记录数: 12

图 2-33　数据表视图下记录导航条

2. 添加记录

在数据表中添加的新记录出现在数据表末尾，可以通过以下方式来进行添加：

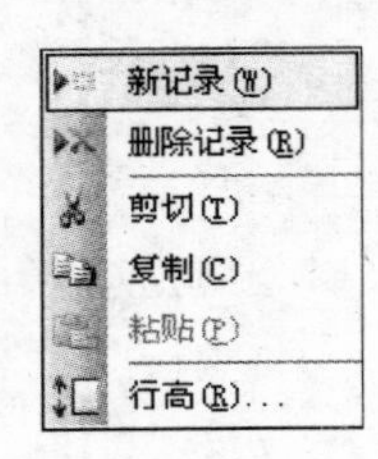

图 2-34　右击记录弹出的快捷菜单

(1) 选择任一条记录，右击记录弹出的快捷菜单(图 2-34)中选择“新记录”。

(2) 选择任一条记录，单击工具栏中“新记录”按钮。

(3) 单击记录导航条中按钮，可在数据表末尾添加新记录。

3. 选定记录

单击记录选定器(每条记录最左侧的空白按钮)可以选中一条记录，单击字段名可以选中一个字段。若要进行相邻的记录或者字段选择，可以在选中首个对象后按下 Shift 键，再选中末尾对象。也可以在记录选定器或者字段名区域中单击鼠标左键，并拖动至完全选中所需的连续对象内容。

4. 删除记录

选中要删除的记录，右击记录弹出的快捷菜单(图 2-34)中选择“删除记录”，也可以单击工具栏中“删除记录”按钮直接删除。

5. 修改记录

在“数据表视图”下，想要更改哪个记录信息，只需单击对应位置，就可以直接进行修改。

2.3.3　调整数据表格式

调整数据表的格式可以让数据表的显示效果更加清晰美观。可以从以下几方面调整数据表的格式：

1. 行高和列宽

可以通过工具栏的“行高”、“列宽”按钮来对数据表的行高和列宽进行精确设置(图 2-35)。

也可以把鼠标指针移动到相邻两个记录选定器之间的位置，此时鼠标指针会变成可拖动形状，上下拖动鼠标调整行的高度。调整一行的行高，其他各行的行高都会发生相应调整，以保持各行的高度一样。同样的操作还可用来调整列宽。

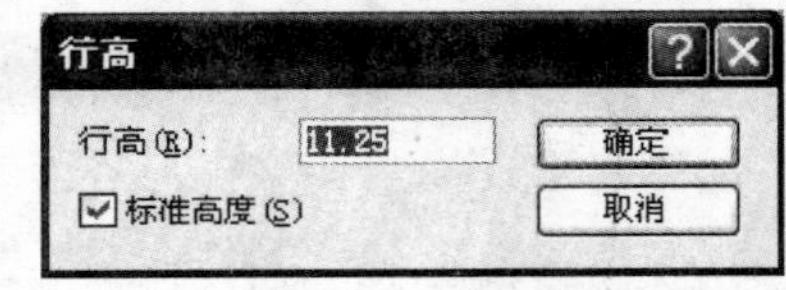

图 2-35　行高

2. 隐藏列和显示列

对于有较多字段的数据表，有时需要将部分数据字段列保留在窗口中进行观察，可以将暂时不需要的数据字段隐藏起来。

把鼠标移动到需要隐藏列的字段名区域，右击，然后在弹出的快捷菜单(图 2-36)上选择“隐藏列”就可实现对该列的隐藏。

要取消对一个列的隐藏，先将鼠标移动到数据表网格以外的灰色区域，右击，然后在弹出的快捷菜单(图 2-37)上单击“取消隐藏列”命令，弹出“取消隐藏列”对话框。

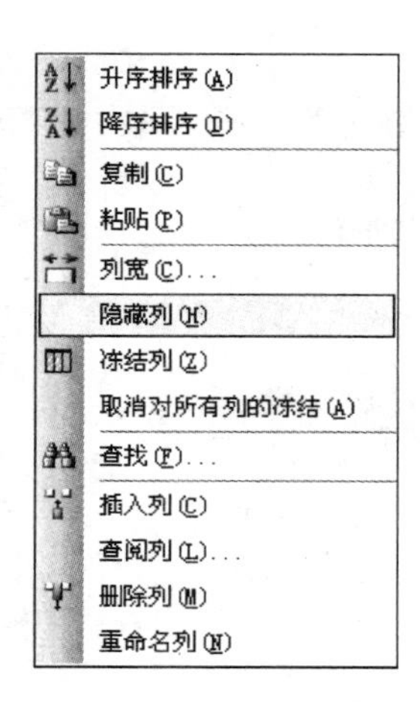

图 2-36　右键单击字段名弹出的快捷菜单

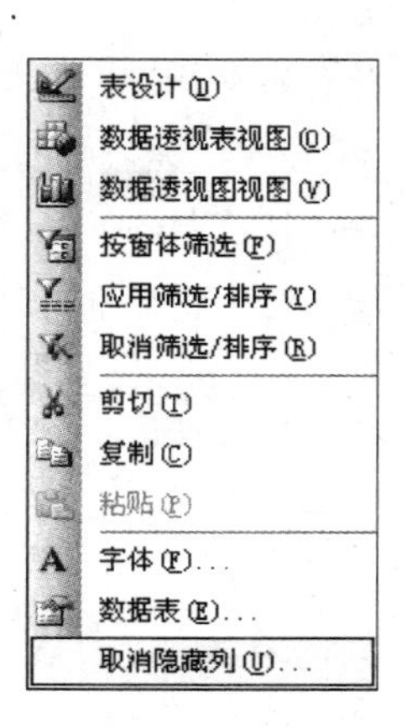

图2-37　右键单击数据表网格以外的灰色区域弹出的快捷菜单

"取消隐藏列"对话框(图 2-38)的列表框中列有表的所有字段,而且每个字段前面都有一个方框,没有隐藏的列前面的方框中有"√"号,而隐藏了的列前面的方框中是空的。要取消对一个列的隐藏,只要单击这个列前面的方框,使它里面出现一个"√"符号,就可以取消隐藏。完成以后单击对话框上的"关闭"按钮。

3. 冻结列

对于有较多字段的数据表,有时需要固定住一个或几个字段列使其总是可见,让其他字段随水平滚动条的移动而进行任意浏览。这时需要对列进行冻结,冻结后的列始终出现在数据表的最左侧。

在选中需要冻结的列后,单击鼠标右键,然后在弹出的快捷菜单(图 2-36)上选择"冻结列"就可实现对该列的冻结。要取消对列的冻结,可在选中冻结列后,右击冻结列,然后在弹出的快捷菜单(图 2-39)上选择"取消对所有列的冻结"。

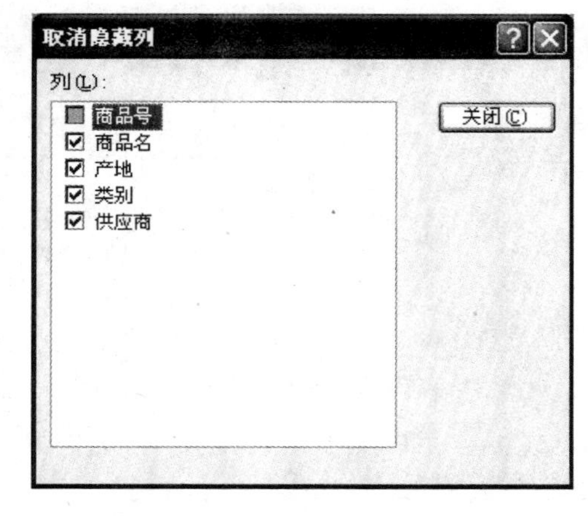

图 2-38　"取消隐藏列"对话框

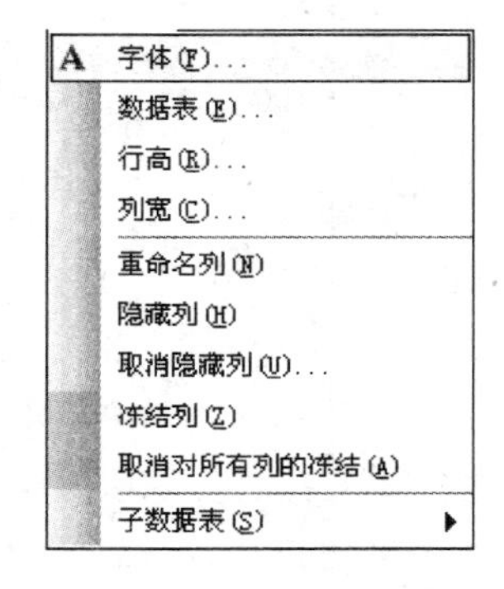

图 2-39　格式　菜单

4. 设置数据表格式

数据表格式主要是指“数据表视图”下单元格及网格线的显示要求，主要包括：单元格效果、网格线显示方式/颜色、背景色、边框和线条样式等内容。

在“数据表视图”下打开要设置格式的表，单击“格式”菜单(图 2-39)中“数据表”命令，弹出“设置数据表格式”对话框(图 2-40)，可根据具体需要在其中进行逐项设置。

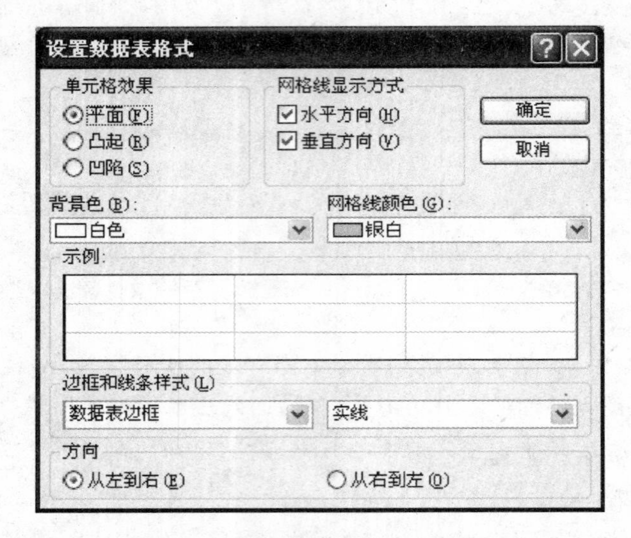

图 2-40　设置数据表格式　对话框

5. 改变数据表显示字体

通过改变数据表字体显示，表中数据的显示会更加清晰美观。改变数据表显示字体后，数据表的行高和列宽会发生相应的改变。

在“数据表视图”下打开要设置格式的表，单击“格式”菜单(图 2-39)中“字体”命令，弹出“字体”对话框(图 2-41)，可根据具体需要在其中进行逐项设置。

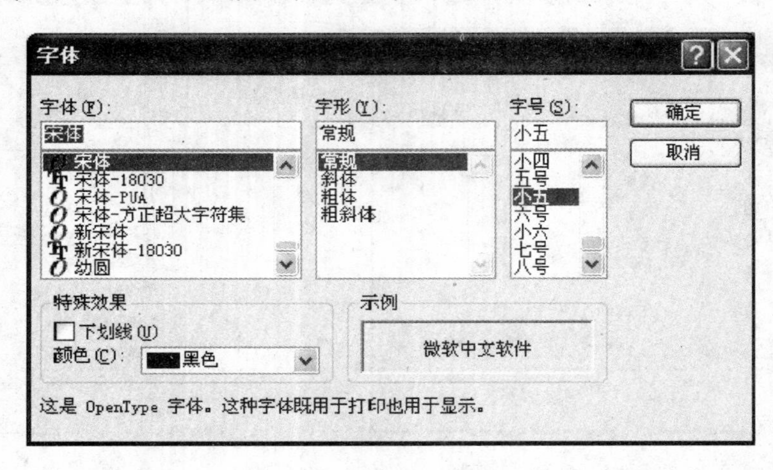

图 2-41　字体　对话框

2.3.4 查找和替换数据

1. 查找数据

查找功能可以大大提高在数据表中查找数据的效率。通过单击“编辑”菜单(图 2-42)中“查找”命令,弹出“查找和替换”对话框(图 2-43),可根据具体需要在其中进行逐项设置。

2. 替换数据

替换功能可以实现对数据表中某些数据进行一次性批量替换,使得修改多处相同数据的工作变得极为方便。通过单击“编辑”菜单(图 2-42)中“替换”命令,弹出“查找和替换”对话框(图 2-43),并切换到“替换”选项卡(图 2-44),就可以根据具体需要在其中进行逐项设置。

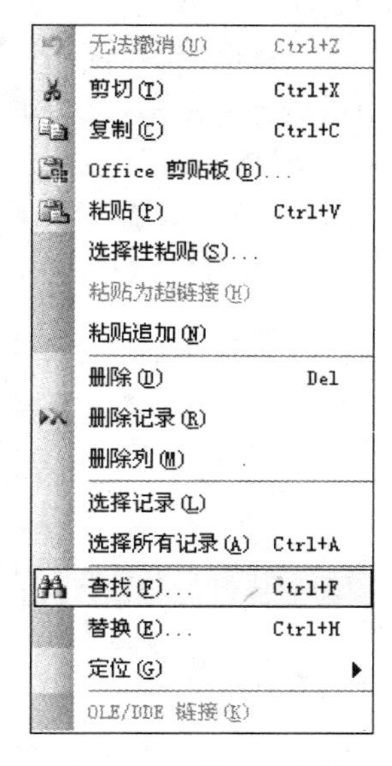

图 2-42 编辑 菜单

2.3.5 对数据记录进行排序、筛选

1. 记录排序

在数据表中,经常需要以各种不同字段值顺序来排列数据记录,此时可以对表中数据进行排序。排序时,针对不同的字段类型有着不同的排序规则:

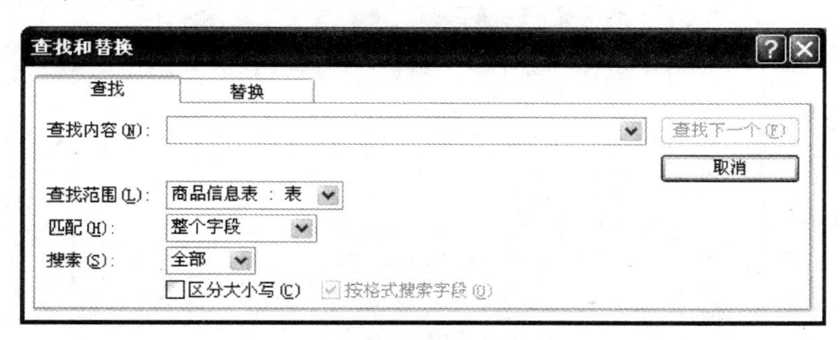

图 2-43 查找和替换 对话框

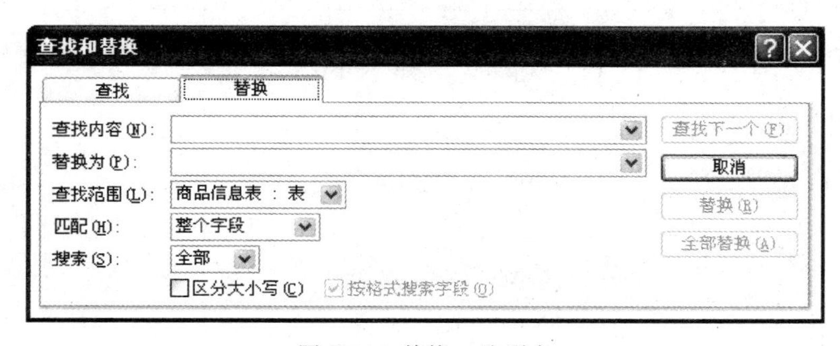

图 2-44 替换 选项卡

- 英文按首字母顺序排序,大、小写视为相同。
- 中文按拼音首字母顺序。
- 数字按数字值的大小排序。

- 日期/时间字段按日期及时间的先后顺序。
- 文本型字段中出现数字，按首个数字的 ASCII 码值顺序。
- 字段值为空时，若按升序排列，空值记录将出现在数据表中第 1 条位置。
- 备注、超链接、OLE 对象等字段不能排序。

按照一个字段进行排序，可在选中该字段后，单击工具栏中"升序"按钮或"降序"按钮来进行排序，也可以在字段的快捷菜单中选择对应排序命令。

按照多个字段进行排序时，可通过"记录"菜单(图 2-45)"筛选"子菜单(图 2-46)中"高级筛选/排序"命令进行设置，在需要进行排序的各个字段下方"排序"行中选择排序方式(图 2-47)。

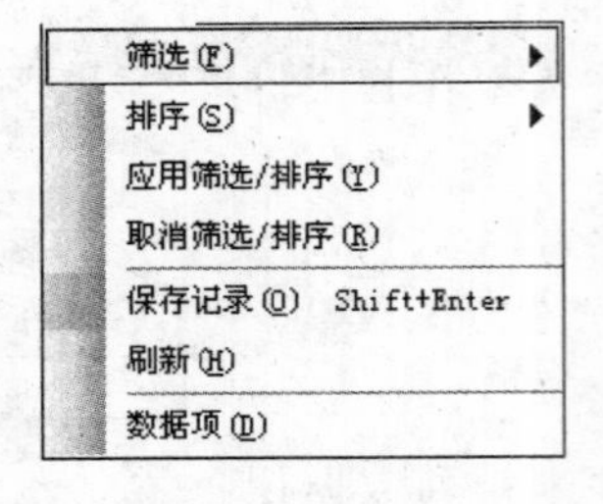

图 2-45 记录 菜单

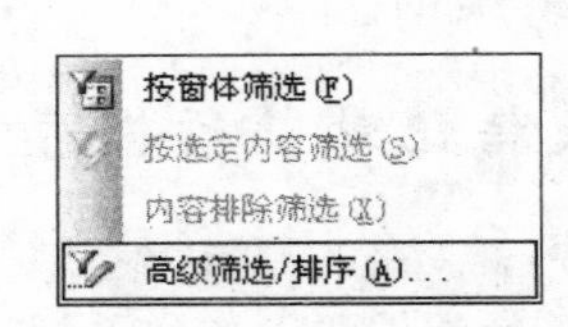

图 2-46 筛选 子菜单

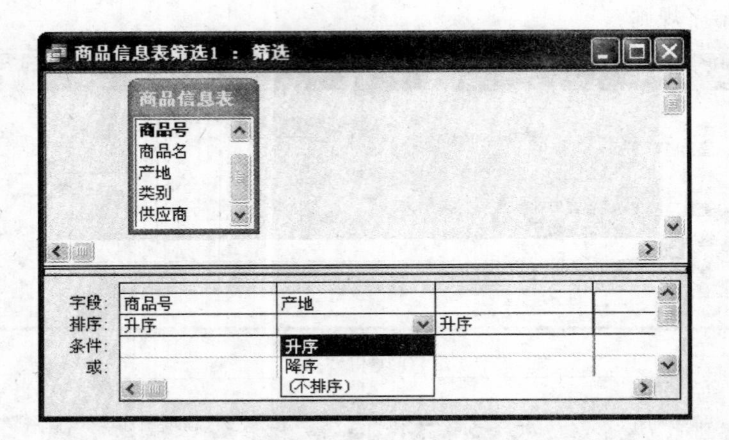

图 2-47 多字段排序

2. 记录筛选

如果需要从所有数据记录中选出一些满足条件的数据进行查看，而将不满足条件的记录暂时隐藏，可以使用记录筛选。Access 提供 4 种筛选记录的方法，分别是：按窗体筛选、按选定内容筛选、内容排除筛选、高级筛选。通过选择"记录"菜单(图 2-45)"筛选"子菜单(图 2-46)中对应的菜单命令，可执行具体操作。

(1) 按窗体筛选 选择"按窗体筛选"菜单命令，弹出"××表：按窗体筛选"窗口，在要筛选的字段值下拉列表中单击应该显示的值，然后单击工具栏中"应用"按钮，可以看到数据表中只保留了刚才选中的字段值记录。

(2) 按选定内容筛选 在数据表中选中一个应该显示的字段值，然后单击工具栏"按选定内容筛选”按钮[图标]，筛选结果就直接出现在数据表中。

(3) 内容排除筛选 在数据表中选中将要隐藏的字段值，然后选择“内容排除筛选”菜单命令，可以看到所选字段值记录被排除在显示记录之外。

(4) 高级筛选 如果要对记录进行复杂条件的筛选，可以通过“高级筛选”来完成。在“记录”菜单(图 2-45)“筛选”子菜单(图 2-46)中“高级筛选/排序”命令，在需要进行筛选的各个字段下方“条件”行及“或”行中添加具体条件(图 2-46)。高级筛选时注意不同字段条件间的关系，AND 关系要求条件出现在同一行，OR 关系要求条件出现在不同行。

习 题 2

一、填空题

1. Access 默认的文本型字段大小为________，文本型字段的大小取值最大为________，备注数据类型所允许存储的内容可长达________。

2. 在数字数据类型中，单精度数字类型的字段长度为________，在“日期/时间”数据类型中，每个字段需要的存储空间是________。

3. 某数据库表中要添加一段音乐，则该选用的字段类型是________。

4. ________是在输入或删除记录时，为维持数据库各表之间已定义的关系而必须遵循的规则。

5. 在“数据表”视图中，对某字段进行________操作后，无论用户如何水平滚动窗口，该字段总是可见并且总是显示在窗口的最左边。

6. Access 中数据类型主要包括：数字、文本、备注、日期/时间、________、________和________、________、________、________等 10 种。

二、选择题

1. 在 Access 数据库中，表之间的关系一般都定义为(　　)。

A. 一对一关系　　B. 一对多关系

C. 多对一关系　　D. 多对多关系

2. Access 数据库的设计一般由 5 个步骤组成，对以下步骤的排序正确的是(　　)。

a. 确定数据库中的表　　b. 确定表中的字段　　c. 确定主关键字

d. 分析建立数据库的目的　　e. 确定表之间的关系

A. dabec　　B. dabce　　C. cdabe　　D. cdaeb

3. 查找数据时，可以通配任何单个数字字符的通配符是(　　)。

A. *　　B. #　　C. !　　D. ?

4. 在表中输入数据时，每输完一个字段值，可按(　　)转至下一个字段。

A. Tab 键　　B. Enter 键　　C. 右箭头键　　D. 以上都是

5. Access 不能进行排序或索引的数据类型是(　　)。

A. 文本　　B. 备注　　C. 数字　　D. 自动编号

6. Access 表中字段的数据类型不包括(　　)。

A. 文本　　B. 备注

C. 通用　　D. 日期/时间

7. 每个表可包含(　　)个自动编号字段。

A. 1　　B. 2　　C. 3　　D. 多个

8. 在一张“学生”表中，要使“年龄”字段的取值在 14～50 之间，则在“有效性规则”属性框中输入的表达式为(　　)。

A. >=14 AND <=50　　B. >=14 OR <=50

C. >=50 AND <=14　　D. >=14 && <=50

9. 可以选择输入数据或空格的输入掩码是(　　)。

A. 0　　B. <　　C. >　　D. 9

10. 货币数据类型等价于具有(　　)属性的数字数据类型。

A. 整型　　B. 长整型　　C. 单精度　　D. 双精度

11. 某数据库的表中要添加一张图片，则该字段采用的数据类型是(　　)。

A. OLE 对象数据类型　　B. 超级衔接数据类型

C. 查询向导数据类型　　D. 自动编号数据类型

12. 将文本数字“23,18,9,66”按升序排序，排序的结果将是(　　)。

A. 9,18,23,66　　B. 66,23,18,9　　C. 18,23,66,9　　D. 以上皆非

三、操作题

1. 参照表 2-4，创建“商店管理”数据库中各数据表结构。

2. 参照图 2-30，建立“商店管理”数据库中各数据表之间的关系。

3. 参照图 2-48～图 2-52，在各个数据表中输入记录。

员工信息 ： 表

工号	姓名	性别	出生日期	是否党员	岗位	基本工资	电话	照片	个人简历
05086	荀小明	女	1970-1-12	☑	管理	￥4,000.00	8089		
06009	刘锦东	男	1974-5-4	☑	销售	￥2,980.00	7015		
06127	陆慧	女	1975-8-27	☐	采购	￥2,682.00	6502		
07317	李洋	男	1978-10-19	☐	采购	￥2,818.00	8017		
08011	黄彬	男	1973-5-8	☑	管理	￥3,250.00	6126		
08052	周为好	男	1979-1-1	☑	销售	￥2,300.00	6623		
09109	梁雨	女	1982-6-15	☐	销售	￥2,734.00	7745		
09169	江子悦	男	1988-11-18	☑	采购	￥2,509.00	6501		
09744	张文宁	男	1983-3-31	☐	采购	￥2,012.00	6503		
				☐					

记录: 1 共有记录数: 9

图 2-48　员工信息表

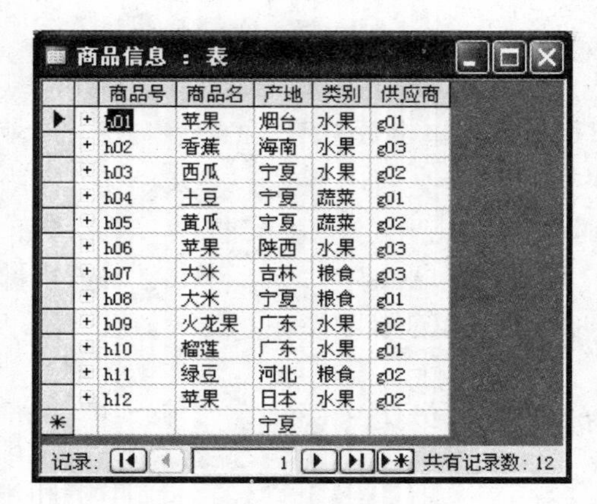

商品信息 ： 表

商品号	商品名	产地	类别	供应商
h01	苹果	烟台	水果	g01
h02	香蕉	海南	水果	g03
h03	西瓜	宁夏	水果	g02
h04	土豆	宁夏	蔬菜	g01
h05	黄瓜	宁夏	蔬菜	g02
h06	苹果	陕西	水果	g03
h07	大米	吉林	粮食	g03
h08	大米	宁夏	粮食	g01
h09	火龙果	广东	水果	g02
h10	榴莲	广东	水果	g01
h11	绿豆	河北	粮食	g02
h12	苹果	日本	水果	g02
		宁夏		

记录: 1 共有记录数: 12

图 2-49　商品信息表

供应商信息 : 表

供应商编号	供应商名称	联系人姓名	电话	供应商主页
g01	亚峰果业服务中心	刘亚峰	13219587469	http://www.ysfruit.cn
g02	南方丰盛果业	杨山	13995209981	http://www.fengsheng.cn
g03	祥和瓜果贸易商行	赵天信	13765894528	http://www.xhf.net.cn

记录: 1 共有记录数: 3

图 2-50 供应商信息表

采购记录 : 表

采购单号	商品号	进价	数量	采购日期	采购人
1	h05	¥3.08	500	2010-1-12	09169
2	h03	¥9.88	450	2010-1-18	06127
3	h02	¥4.56	700	2010-1-18	09169
4	h06	¥11.00	210	2010-1-19	07317
5	h01	¥12.00	100	2010-1-19	09744
6	h10	¥48.00	280	2010-1-19	07317
7	h11	¥18.80	200	2010-1-19	06127
8	h08	¥5.80	200	2010-1-22	06127
9	h04	¥4.28	400	2010-1-22	09744
10	h07	¥6.80	1000	2010-1-22	07317
11	h09	¥27.10	300	2010-1-23	07317
12	h12	¥33.00	100	2010-1-24	09169
13	h04	¥4.68	2000	2010-1-24	09169
14	h08	¥5.90	1000	2010-1-24	07317
(自动编号)		¥0.00	0		

记录: 1 共有记录数: 14

图 2-51 采购记录表

销售记录 : 表

销售单号	商品号	售价	数量	销售日期	销售人
1	h03	¥10.50	110	2010-1-19	08052
2	h03	¥10.80	230	2010-1-20	09109
3	h05	¥3.12	300	2010-1-20	06009
4	h01	¥14.00	80	2010-1-20	09109
5	h02	¥5.16	400	2010-1-21	09109
6	h09	¥32.60	280	2010-1-24	06009
7	h10	¥68.00	80	2010-1-24	06009
8	h04	¥5.60	800	2010-1-24	08052
9	h08	¥6.50	1100	2010-1-25	08052
10	h04	¥5.70	800	2010-1-25	06009
11	h05	¥3.40	180	2010-1-26	08052
(自动编号)		¥0.00	0		

记录: 1 共有记录数: 11

图 2-52 销售记录表

第3章 查 询

查询是从数据表中检索数据的主要方法，Access 中查询作为一个重要的对象，能够从多个有关系的表中检索、提取数据，供用户查看、统计、分析和使用。

3.1 查询概述

通过查询可将数据库中相互独立的数据以一定的形式组织起来，形成一个动态的数据记录集合。在 Access 查询对象中所保存的是查询准则，也就是用来限制检索记录的各种条件，而不是这些数据记录集合。每当查询运行时，依据查询准则从数据源表中取得数据并创建数据记录集合，关闭查询时，这个动态的数据记录集合就自动消失，所以查询结果会随着数据表中记录的变化而发生相应的变化。在 Access 的一个数据库中，要求“表”名和“查询”名不能相同。

Access 中查询所能实现的主要功能有以下方面：

(1) 提取数据 可实现从表中选择字段以及选择记录，两种操作可同时进行。

(2) 编辑记录 可实现对表中添加记录、修改记录和删除记录等。

(3) 进行计算 可实现一系列的计算，并可建立新的字段来保存运算结果。

(4) 建立新表 如果需要保存某个查询的结果，可通过生成表查询来建立新表用以存储检索出的数据记录集合。

(5) 为其他对象提供数据来源 查询结果可以为窗体、报表和数据访问页提供数据来源。

Access 中查询分为 5 类：选择查询、参数查询、交叉表查询、操作查询和 SQL 查询。5 类查询对数据源表的操作方式各有不同。

3.2 创建选择查询

选择查询是 Access 中最常用的查询类型。选择查询可以从一个或多个数据源中提取数据，并对数据进行计算、统计。

选择查询的创建可以使用向导，也可以在设计视图下由用户自行创建自定义查询准则的查询。选择查询的图标是 。

3.2.1 通过向导创建选择查询

在数据库窗口中单击“查询”对象，可以选择“使用向导创建查询”的方法。

1. 使用向导创建基于一个数据源的选择查询

【操作案例】13：使用向导，对"商品信息"表创建查询，要求查询中包含"商品号"、"商品名"、"产地"和"供应商"字段。

(1) 单击"商店管理"数据库中"查询"对象，见到有"使用向导创建查询"的创建方式(图 3-1)。

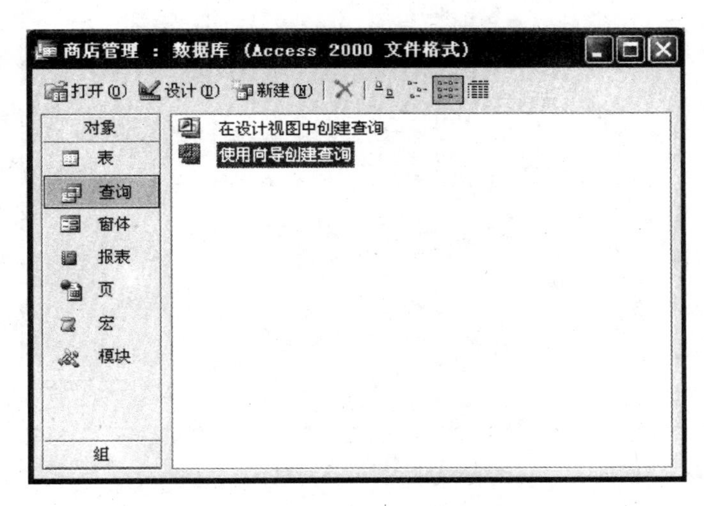

图 3-1 选择 使用向导创建查询

(2) 双击"使用向导创建查询"，得到"简单查询向导"对话框(图 3-2)，在其中选择"表：商品信息表"作为数据来源，并选择"可用字段"。

所需字段可以通过双击鼠标的办法添加到"选定的字段"栏，也可以通过 [>] 按钮进行逐一添加，或者 [>>] 按钮批量添加所选数据源的全部字段。如果已经选中的字段需要调整，可以单击 [<] 按钮删除一个字段，单击 [<<] 按钮删除所有已选字段。

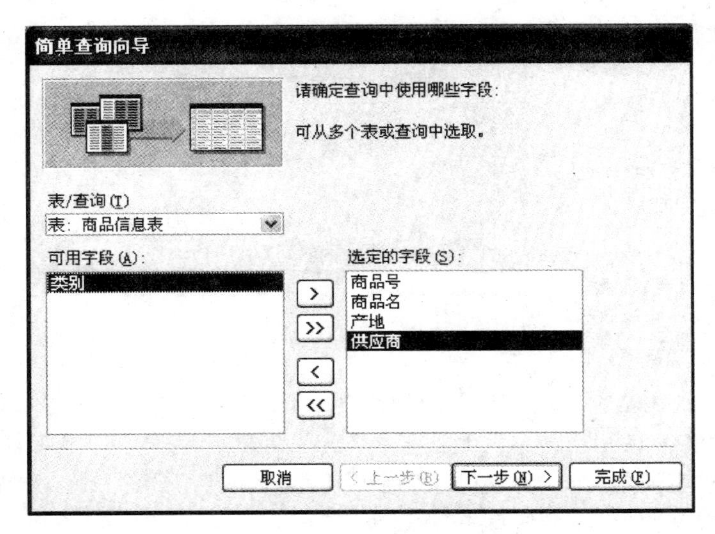

图 3-2 简单查询向导 1

(3) 确定了查询中要使用的字段之后，单击“下一步”按钮，为查询指定标题“商品信息表 查询”，并选择是“打开查询查看信息”还是“修改查询设计”(图 3-3)，在此选择“打开查询查看信息”。

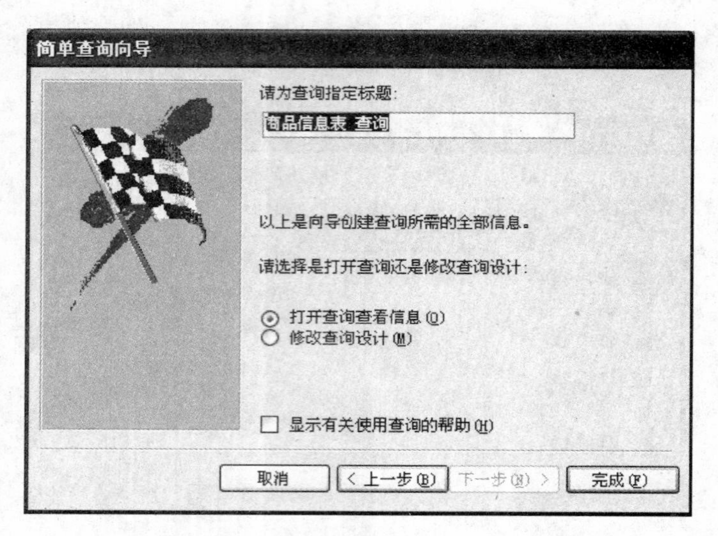

图 3-3 简单查询向导 2

(4) 单击“完成”按钮，此时“商品信息表 查询”被打开，并且在“查询”对象中出现了一个新建的内容“商品信息表 查询”(图 3-4)。

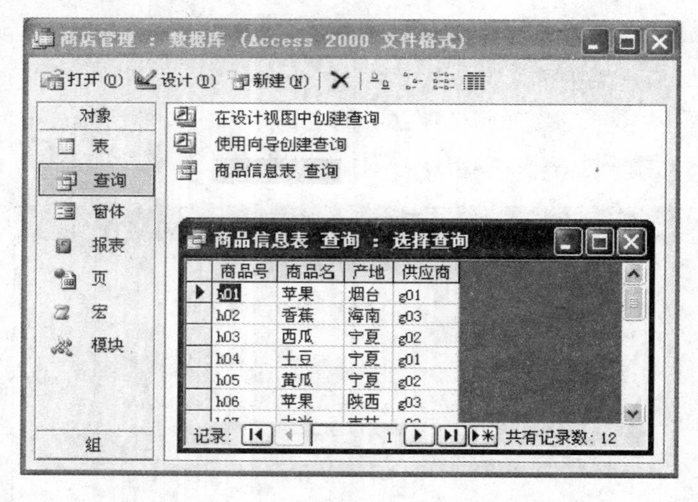

图 3-4 打开的 商品信息表查询

2. 使用向导创建基于多个数据源的选择查询

【操作案例】14：使用向导，以“商品信息”表、“销售记录”表和“员工信息”表为数据源表创建查询，要求查询中包含“商品号”、“商品名”、“供应商”、“售价”、“数量”、“销售人”和“姓名”字段，查询名称为“商品信息表 多表查询”。

(1) 选择“商店管理”数据库中“查询”对象，双击“使用向导创建查询”，打开“简单查询向导”对话框(图 3-2)。

(2) 首先选择“表：商品信息表”，并添加“商品号”、“商品名”和“供应商”字段作为“选定的字段”(图 3-5)；再选择“表：销售记录”，并添加“售价”、“数量”和“销售人”字段作为“选定的字段”(图 3-6)；最后选择“表：员工信息表”，并添加“姓名”字段作为“选定的字段”(图 3-7)。

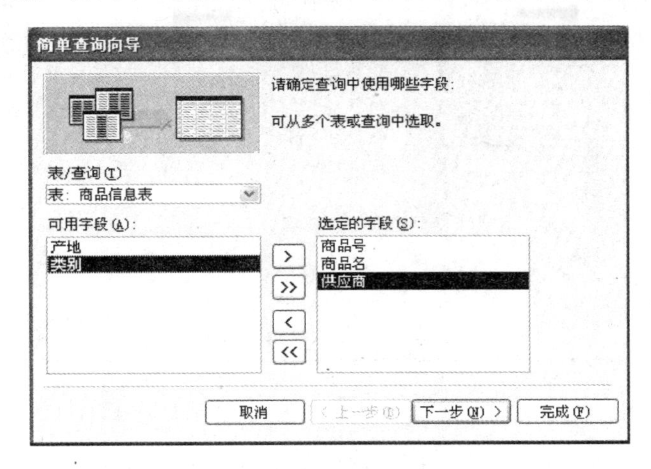

图 3-5 选定 商品信息表 中的字段

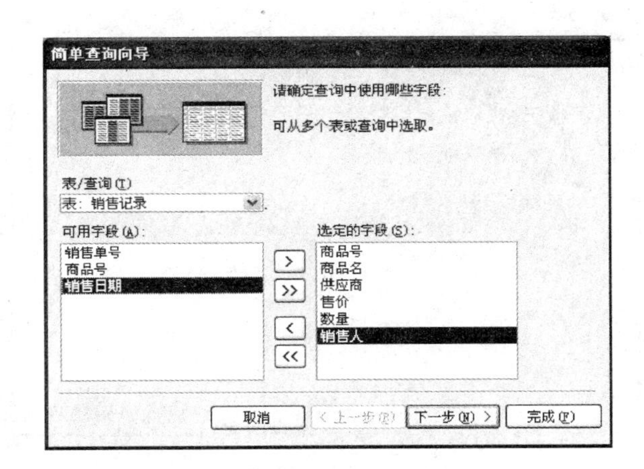

图 3-6 选定 销售记录表 中的字段

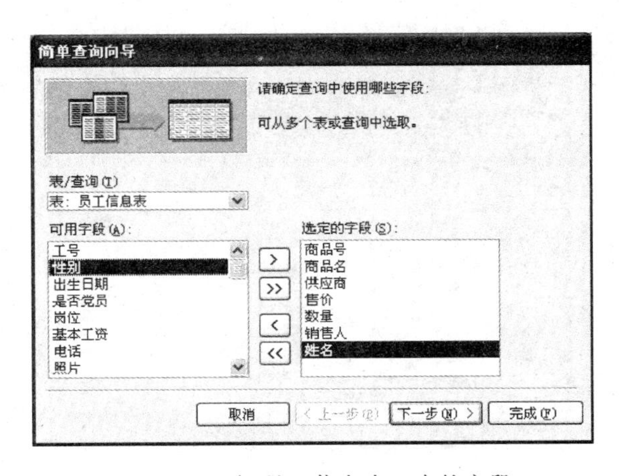

图 3-7 选定 员工信息表 中的字段

(3) 单击“下一步”按钮，选择“明细”查询类别(图 3-8)。

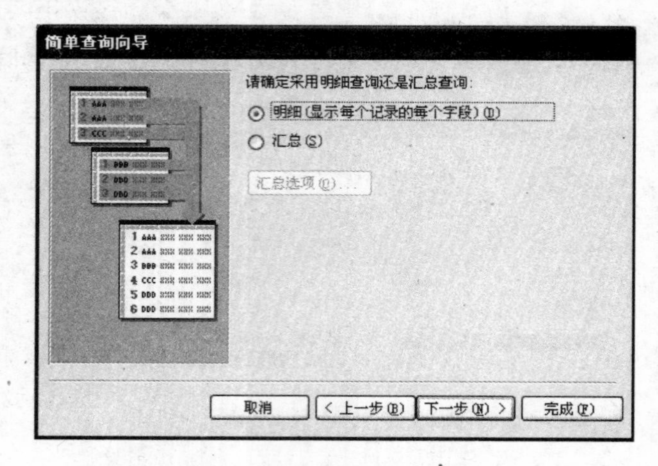

图 3-8　选择明细查询类别

(4) 单击“下一步”按钮，为查询指定标题“商品信息表 多表查询”(图 3-9)。

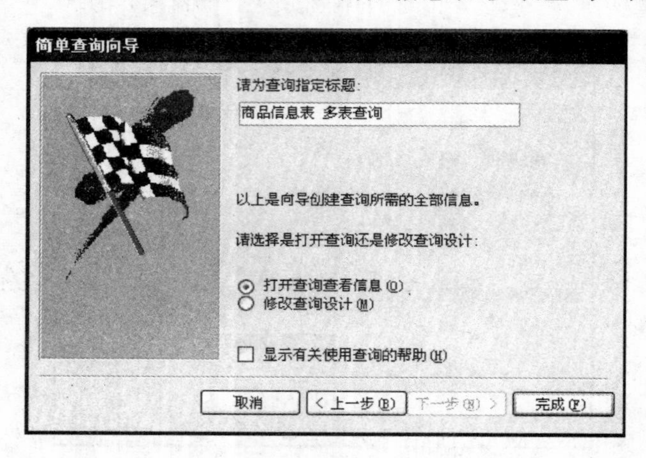

图 3-9　为查询指定标题

(5) 单击“完成”按钮，得到“商品信息表 多表查询”(图 3-10)。

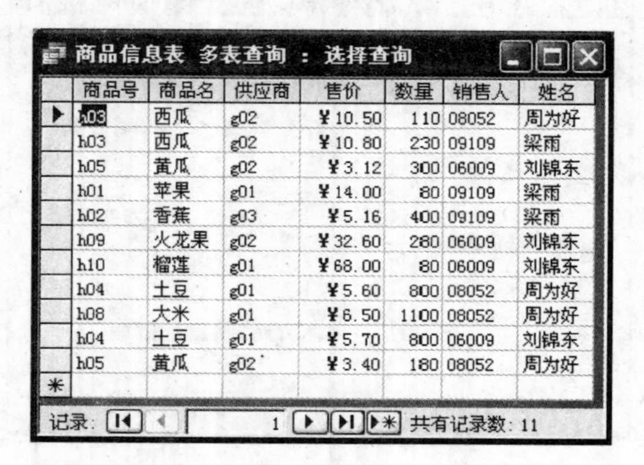
商品信息表 多表查询 : 选择查询

商品号	商品名	供应商	售价	数量	销售人	姓名
h03	西瓜	g02	¥10.50	110	08052	周为好
h03	西瓜	g02	¥10.80	230	09109	梁雨
h05	黄瓜	g02	¥3.12	300	06009	刘锦东
h01	苹果	g01	¥14.00	80	09109	梁雨
h02	香蕉	g03	¥5.16	400	09109	梁雨
h09	火龙果	g02	¥32.60	280	06009	刘锦东
h10	榴莲	g01	¥68.00	80	06009	刘锦东
h04	土豆	g01	¥5.60	800	08052	周为好
h08	大米	g01	¥6.50	1100	08052	周为好
h04	土豆	g01	¥5.70	800	06009	刘锦东
h05	黄瓜	g02	¥3.40	180	08052	周为好

记录: 1 共有记录数: 11

图 3-10　商品信息表　多表查询

【操作案例】15：使用向导，对"商品信息"表和"销售记录"表创建查询，要求按"商品名"汇总不同商品的销售数量，并要求查询中包含"商品名"、"数量"汇总字段，查询名称为"商品销售数量汇总"。

（1）参照案例 14 的 1 至 2 步骤，选择"表：商品信息表"添加"商品名"字段，选择"表：销售记录"添加"数量"字段，作为"选定的字段"（图 3-11）。

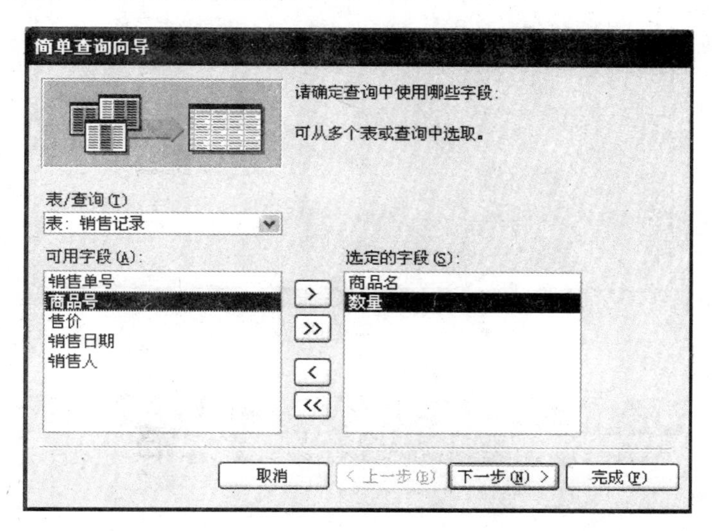

图 3-11　选择多表字段

（2）单击"下一步"按钮，选择"汇总"查询类别（图 3-12）。

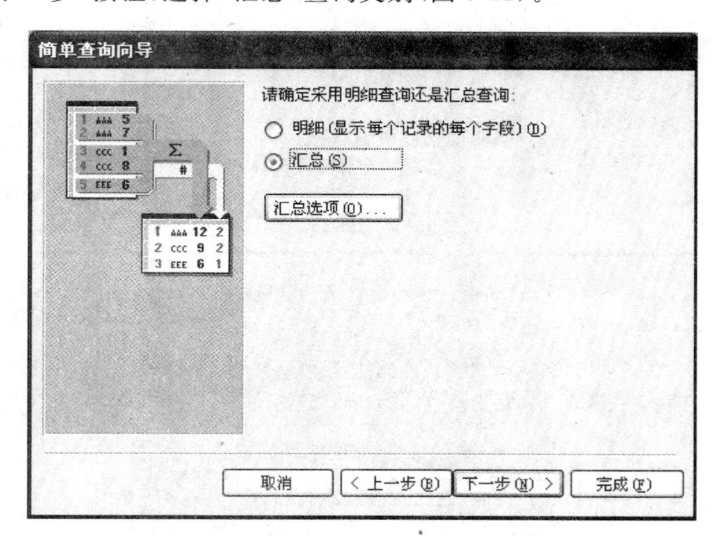

图 3-12　选择　汇总　查询类别

（3）单击图 3-12 中 汇总选项（O）... 按钮，打开"汇总选项"对话框（图 3-13），选择对"数量"字段进行汇总。

（4）单击"确定"按钮，回到"简单查询向导"单击"下一步"按钮，为查询指定标题"商品销售数量汇总"，并选择"打开查询查看信息"（图 3-14）。

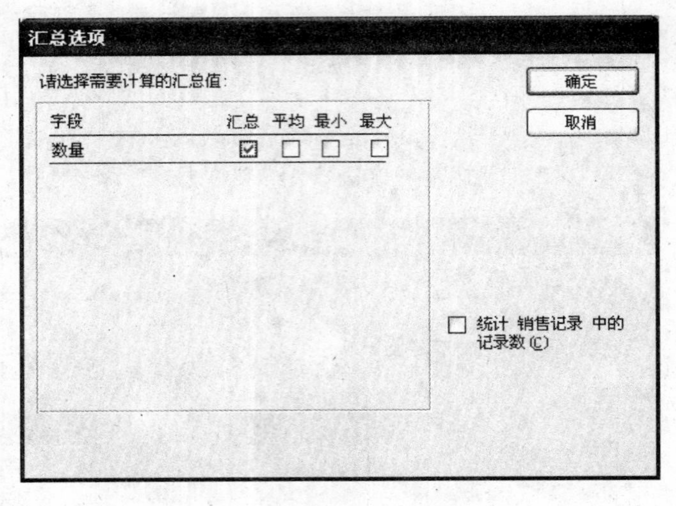

图 3-13 汇总选项 对话框

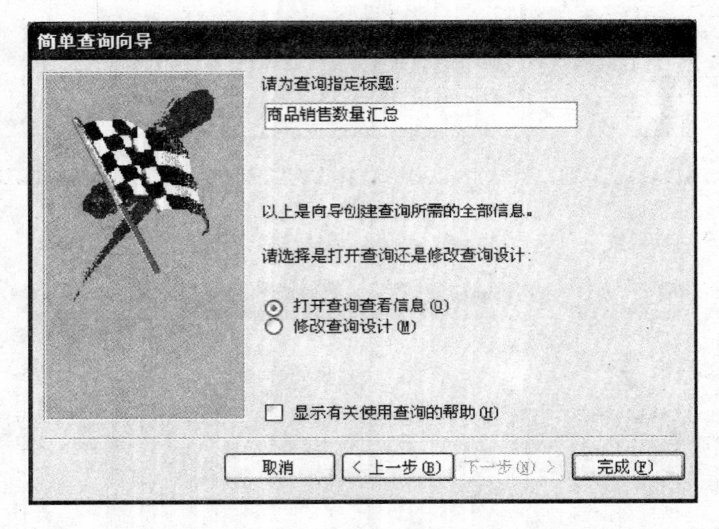

图 3-14 为查询指定标题

(5) 单击"完成"按钮,得到"商品销售数量汇总"查询(图 3-15)。可以看到,"数量"字段在经过汇总计算之后,字段名自动变更为"数量 之 总计"。

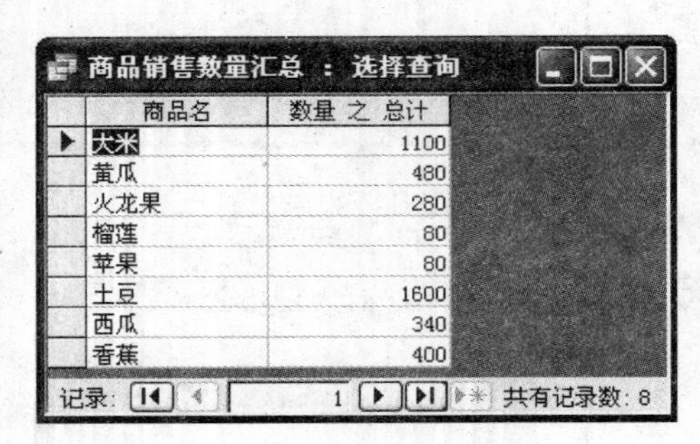

商品名	数量 之 总计
大米	1100
黄瓜	480
火龙果	280
榴莲	80
苹果	80
土豆	1600
西瓜	340
香蕉	400

图 3-15 商品销售数量汇总

3.2.2 在设计视图中创建查询

使用向导只能够创建一些简单的程式化的查询，而在设计视图中可以通过用户自定义的条件要求，创建复杂的灵活多样的查询。

【操作案例】16：对"员工信息"表创建查询，要求包含"工号"、"姓名"和"基本工资"字段，并按照"基本工资"字段降序排序，查询名称为"员工工资降序"。

(1) 单击"商店管理"数据库中"查询"对象，双击"在设计视图中创建查询"方式。

(2) 在弹出的"显示表"对话框中选择"员工信息表"并单击"添加"按钮(图 3-16)。

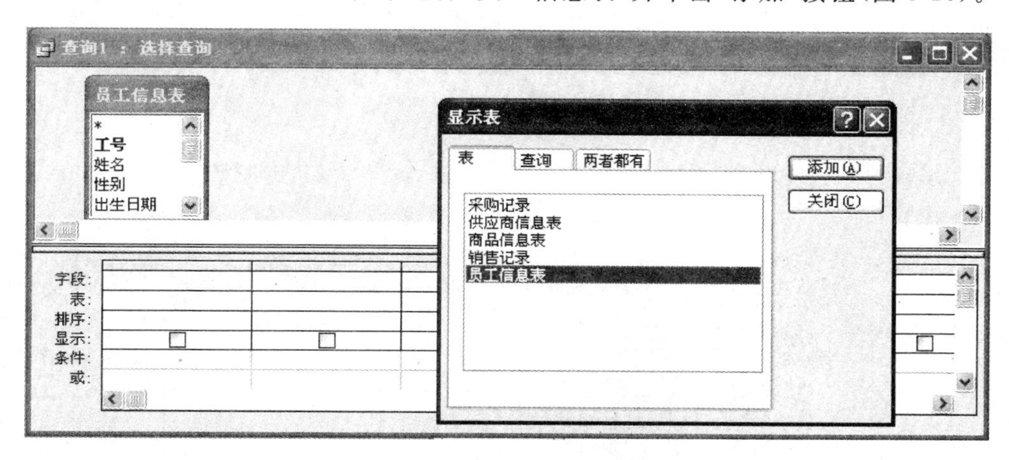

图 3-16 显示表 对话框

(3) 关闭"显示表"对话框，在设计视图中"字段："行内分别点选"工号"、"姓名"和"基本工资"字段(图 3-17)。

还可以通过双击"员工信息表"字段列表中具体字段的方式添加所需字段。

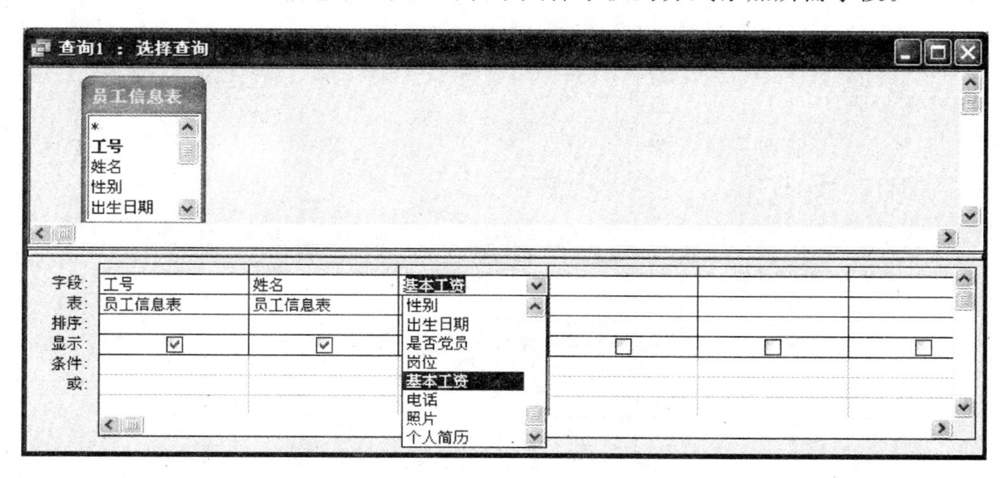

图 3-17 在设计视图中选择字段

(4) 在"基本工资"字段对应的"排序："行中选择"降序"(图 3-18)。

(5) 单击工具栏中"运行" [!] 按钮，可查看当前查询结果(图 3-19)。

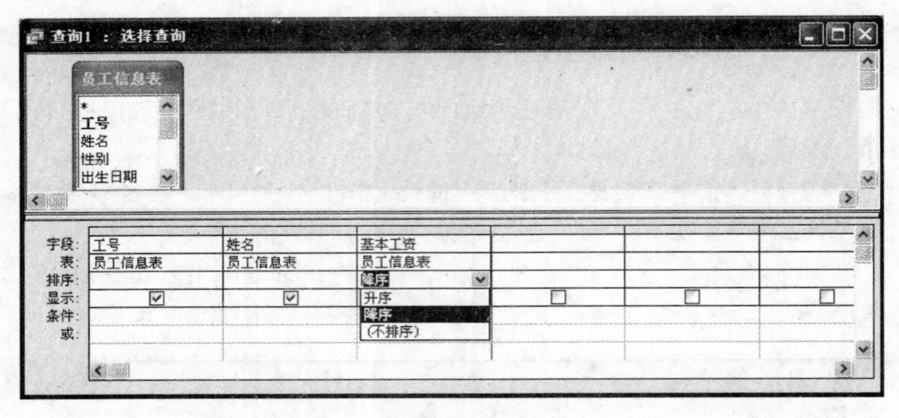

图 3-18　选择排序方式

(6) 单击窗口右上角“关闭”按钮后，选择“是”保存当前查询(图 3-20)。

(7) 在“另存为”对话框中为查询命名“员工工资降序”(图 3-21)，并单击“确定”按钮。

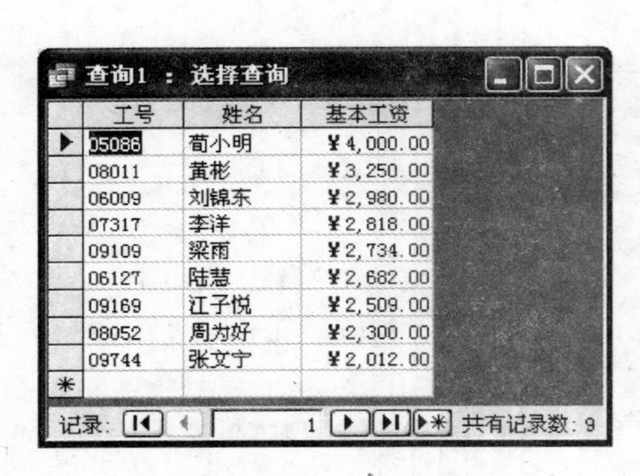

工号	姓名	基本工资
05086	荀小明	￥4,000.00
08011	黄彬	￥3,250.00
06009	刘锦东	￥2,980.00
07317	李洋	￥2,818.00
09109	梁雨	￥2,734.00
06127	陆慧	￥2,682.00
09169	江子悦	￥2,509.00
08052	周为好	￥2,300.00
09744	张文宁	￥2,012.00

图 3-19　查询结果

图 3-20　保存查询

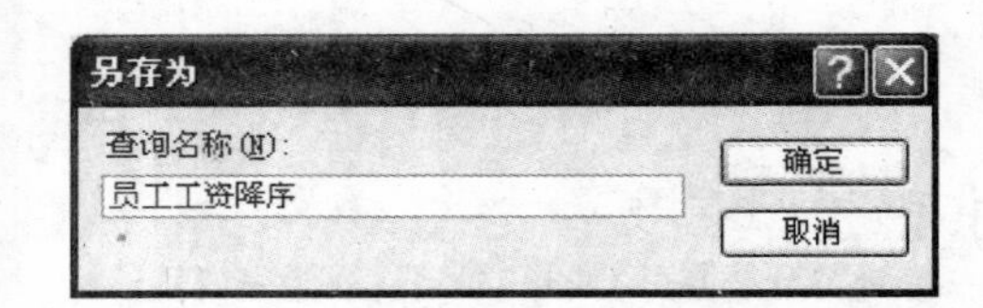

图 3-21　命名查询

【操作案例】17：修改“员工工资降序”查询，使其添加“岗位”字段。

(1) 选择“商店管理”数据库中“查询”对象，单击选中“员工工资降序”，单击“设计”按钮(图 3-22)，打开查询的设计视图。

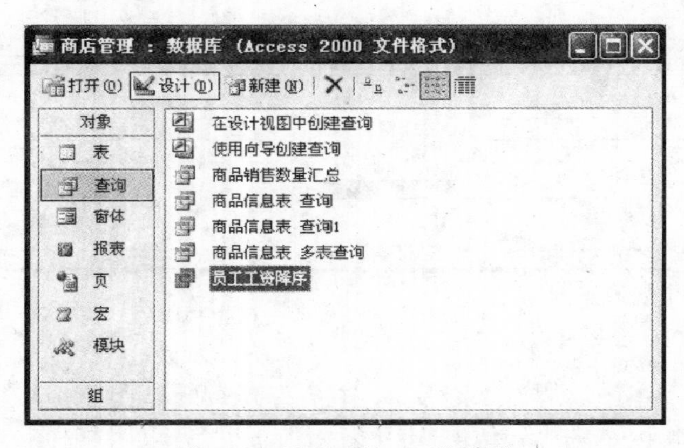

图 3-22　选中　员工工资降序

（2）在设计视图下双击字段列表中"岗位"字段，添加"岗位"字段至"字段："行（图 3-23）。

（3）单击设计视图窗口右上角"关闭"按钮后，选择"是"保存对当前查询的更改（图 3-24）。

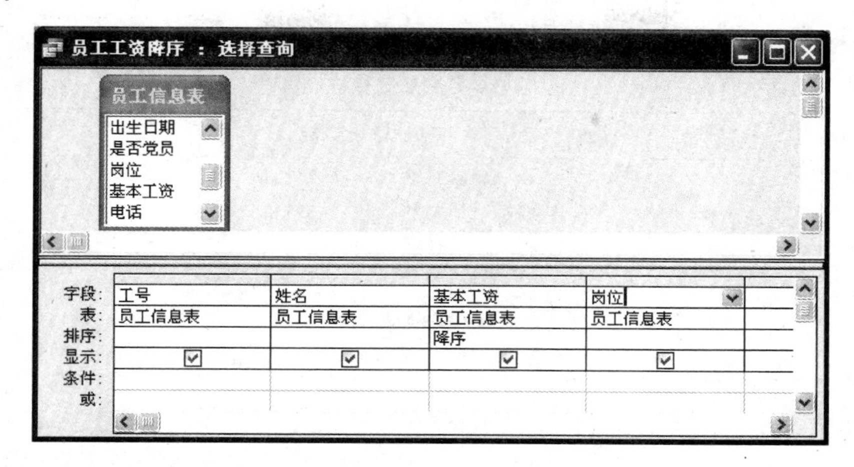

图 3-23 添加 岗位 字段

图 3-24 保存查询

3.2.3 查询中的条件设置

在设计视图中，还可以通过设置各类条件来满足用户对查询的高级需求。查询条件是运算符、常量、字段值、函数以及字段名和属性的任意组合。查询条件可以在文本、数字、日期/时间、备注、是/否等类型字段中加以设置。

查询条件表达式中的运算符包括算术运算符、关系运算符、逻辑运算符和特殊运算符等 4 种类型：

1. 算术运算符

使用算术运算符可计算两个或多个数字的值，详见表 3-1。

表 3-1 算术运算符

符号	功　　能
+	求两个数的和
-	求两个数的差或者指示某个数的负值
*	将两个数相乘
/	用前一个数除以后一个数
\	整除：将两个数都取整，然后用第一个数除以第二个数，并将结果舍入为一个整数
mod	取余：用第一个数除以第二个数，且仅返回余数
^	将一个数的乘方表示为指数幂的形式

2. 关系运算符

可以使用关系运算符来比较值的大小，并返回结果 True、False 或 Null，详见表 3-2。

在所有需要进行比较的情况下，如果第一个值或第二个值为 Null，则结果也为 Null。因为 Null 表示一个未知的值，任何与 Null 进行比较的结果也是未知的。

表 3-2 关系运算符

符号	功 能
＜	确定第一个值是否小于第二个值
＞	确定第一个值是否大于第二个值
＜＝	确定第一个值是否小于或等于第二个值
＞＝	确定第一个值是否大于或等于第二个值
＝	确定第一个值是否等于第二个值
＜＞	确定第一个值是否不等于第二个值

3. 逻辑运算符

可以使用逻辑运算符合并两个逻辑值，并返回 True、False 或 Null 结果，详见表 3-3。

表 3-3 逻辑运算符

符号	功 能
Not	对所连接的逻辑值取反
And	连接的表达式或逻辑值均为真时，返回真，否则为假
Or	连接的表达式或逻辑值均为假时，返回假，否则为真

4. 特殊运算符

特殊运算符的功能如表 3-4 所描述。

表 3-4 特殊运算符

符号	功 能
In	确定某个字符串值在一组字符串值内
Between and	确定数值或日期值在某个范围内
Like	指定查找文本字段的字符模式，可使用“?”、“*”通配符
Is null	指定一个字段为空
Is Not Null	指定一个字段为非空

结合以上运算符，查询中的条件主要可以从以下类别进行描述：

1. 文本条件

【操作案例】18：创建“商品信息 水果”查询，要求查询结果为“水果”类别的全部商品信息记录，并要求包含“商品信息”表中所有字段。

(1) 选择“查询”对象，双击“在设计视图中创建查询”，并添加“商品信息”表作为当前查询的数据源(图 3-25)。

(2) 双击字段列表中全部字段添加至“字段：”行，并在“类别”字段对应的“条件：”行中输入“水果”(图 3-26)。

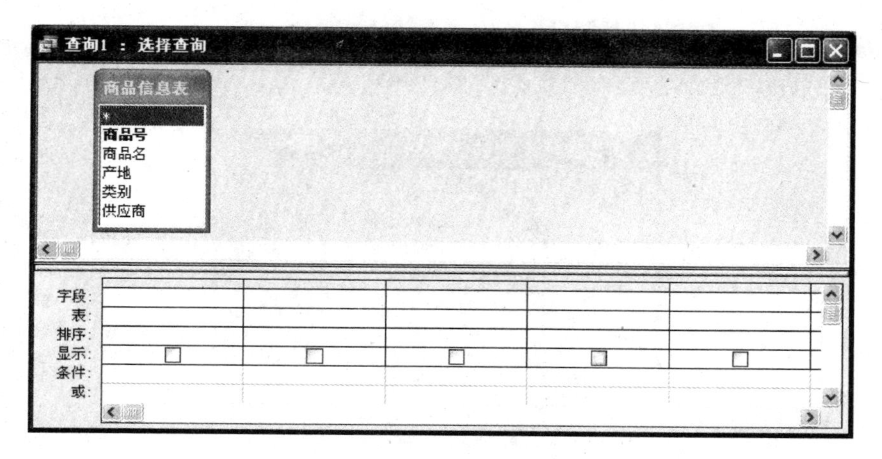

图 3-25　在设计视图中创建查询-1

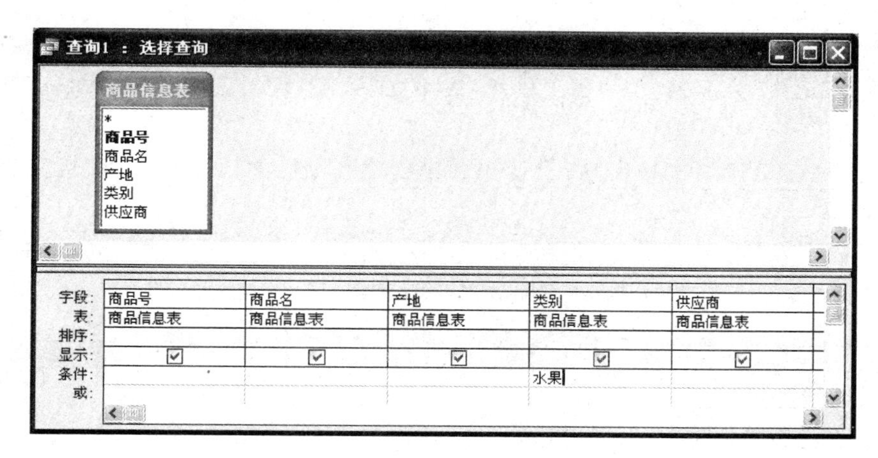

图 3-26　在设计视图中创建查询-2

(3) 当用鼠标单击当前查询任意位置时,会发现此文本条件被自动添加了半角状态双引号(图 3-27);这也正是查询中对文本条件的要求,必须严格遵守。

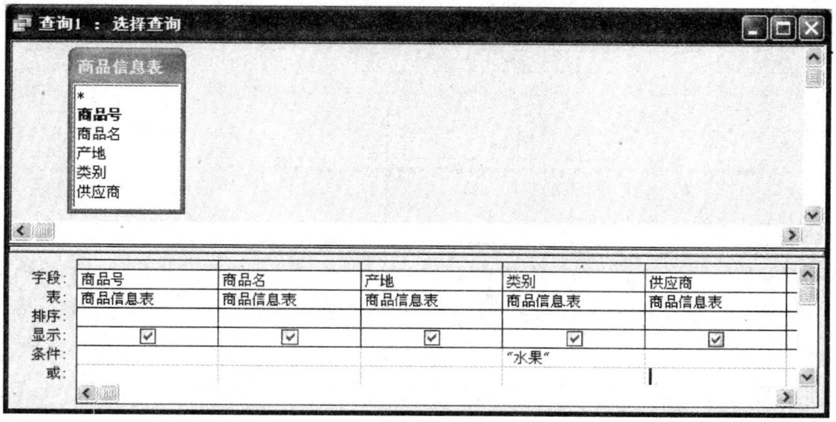

图 3-27　在设计视图中创建查询-3

（4）单击“关闭”按钮，选择保存并为此查询命名“商品信息 水果”，并在“数据表视图”中打开查看结果（图 3-28）。

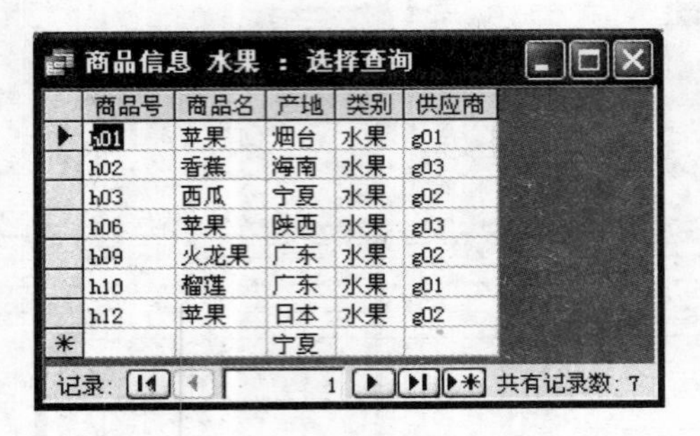

商品号	商品名	产地	类别	供应商
h01	苹果	烟台	水果	g01
h02	香蕉	海南	水果	g03
h03	西瓜	宁夏	水果	g02
h06	苹果	陕西	水果	g03
h09	火龙果	广东	水果	g02
h10	榴莲	广东	水果	g01
h12	苹果	日本	水果	g02
		宁夏		

图 3-28　商品信息　水果　数据表视图

2. 模糊条件

【操作案例】19：创建“员工信息 09”查询，要求查询结果为“工号”字段前两位为“09”的全部员工信息记录，并要求包含“员工信息”表中“工号”、“姓名”、“性别”、“岗位”和“基本工资”字段。

（1）选择“查询”对象，单击“在设计视图中创建查询”，并添加“员工信息”表作为当前查询的数据源。

（2）双击字段列表中所需字段添加至“字段：”行，并在“工号”字段对应的“条件：”行中输入“09 *”，表示要求前两位为“09”，而后面不限条件（图 3-29）。

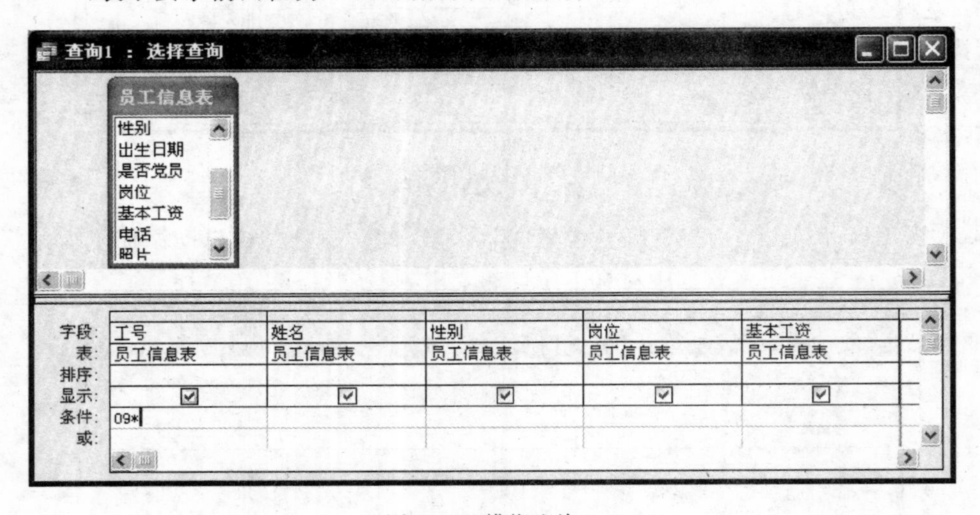

图 3-29　模糊查询-1

（3）当用鼠标单击当前查询任意位置时，会发现此文本条件被自动更改为“Like "09 * "”内容（图 3-30）；这也正是查询中对模糊条件的要求，即在条件中使用通配符时，要配合“like”的特殊运算符号。

（4）单击“关闭”按钮，选择保存并为此查询命名“员工信息 09”，并在“数据表视图”中打开查看结果（图 3-31）。

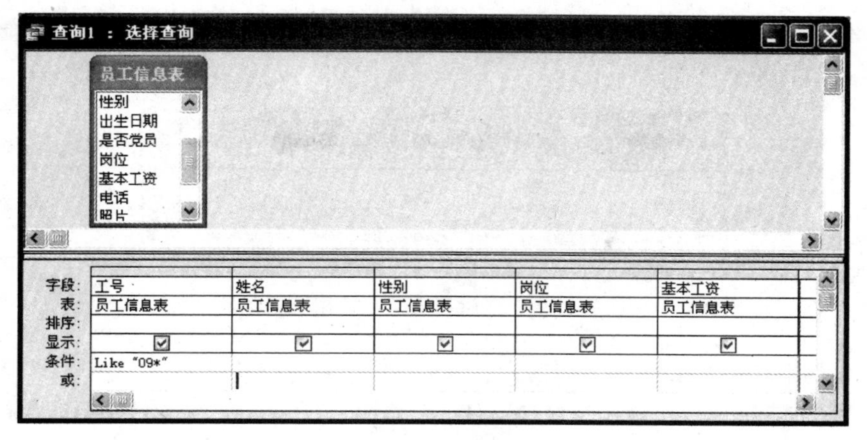

图 3-30　模糊查询-2

工号	姓名	性别	岗位	基本工资
09109	梁雨	女	销售	¥2,734.00
09169	江子悦	男	采购	¥2,509.00
09744	张文宁	男	采购	¥2,012.00

图 3-31　员工信息 09 数据表视图

3. 逻辑条件

【操作案例】20：创建“宁夏所产蔬菜”查询，要求查询结果为“产地”是“宁夏”且“类别”是“蔬菜”的全部商品信息记录，并要求包含“商品信息”表中“商品号”、“商品名”、“产地”和“类别”字段。

(1) 选择“查询”对象，单击“在设计视图中创建查询”，并添加“商品信息”表作为当前查询的数据源。

(2) 双击字段列表中所需字段添加至“字段：”行，并在“产地”字段对应的“条件：”行中输入“"宁夏"”，在“类别”字段对应的“条件：”行中输入“"蔬菜"”，表示既满足“产地”字段条件又同时满足“类别”字段条件，两条件间关系为“AND”，出现在同一行(图 3-32)中。

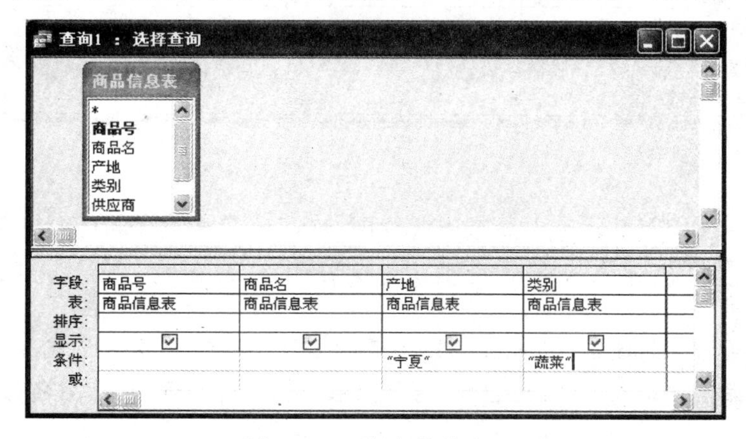

图 3-32　逻辑条件描述-1

(3) 单击“关闭”按钮，选择保存并为此查询命名“宁夏所产蔬菜”，并在“数据表视图”中打开查看结果(图 3-33)。

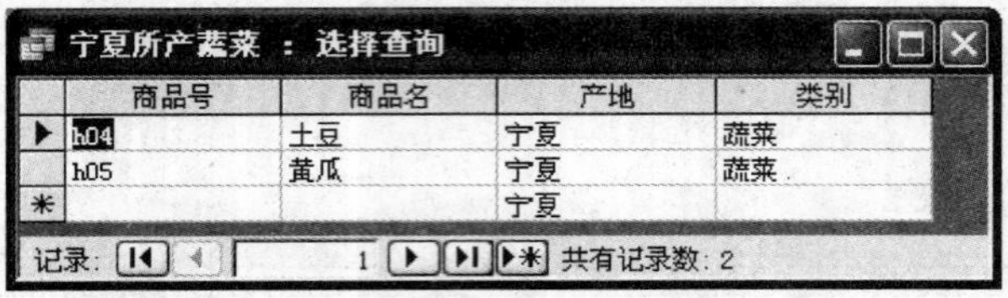

宁夏所产蔬菜 ：选择查询

商品号	商品名	产地	类别
h04	土豆	宁夏	蔬菜
h05	黄瓜	宁夏	蔬菜
		宁夏	

记录：1 共有记录数：2

图 3-33 宁夏所产蔬菜 数据表视图

【操作案例】21：创建“采购及销售人员信息”查询，要求查询结果为“岗位”是“采购”或“销售”的全部员工信息记录，并要求包含“员工信息”表中“工号”、“姓名”、“性别”和“岗位”字段。

(1) 选择“查询”对象，单击“在设计视图中创建查询”，并添加“员工信息”表作为当前查询的数据源。

(2) 双击字段列表中所需字段添加至“字段：”行，并在“岗位”字段对应的“条件：”行中输入“"采购"”，在“岗位”字段对应的“或：”行中输入“"销售"”，表示满足“岗位”字段是“采购”或者是“销售”的条件，两条件间关系为“OR”，出现在不同行(图 3-34)中。另外，也可以选择在“岗位”字段对应的“条件：”行中输入“"采购" Or "销售"”的描述方式(图 3-35)，两种方式的效果完全相同。

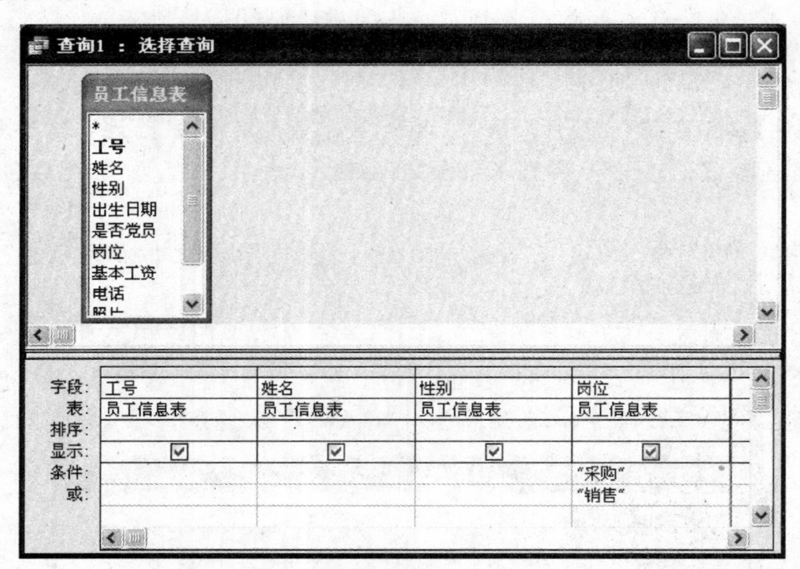

图 3-34 逻辑条件描述-2

(3) 单击“关闭”按钮，选择保存并为此查询命名“采购及销售人员信息”，并在“数据表视图”中打开查看结果(图 3-36)。

4. 数值条件

【操作案例】22：创建“进价高于 30 元商品信息”查询，要求查询结果为“进价”大于 30 元的全部商品信息记录，并要求包含“商品信息”表中“商品号”、“商品名”，“采购记录”表中“进货单号”、“进价”字段。

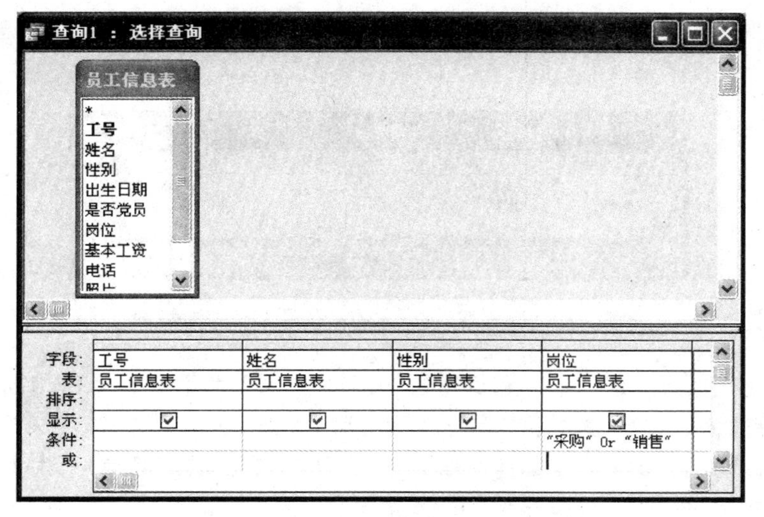

图 3-35　逻辑条件描述-3

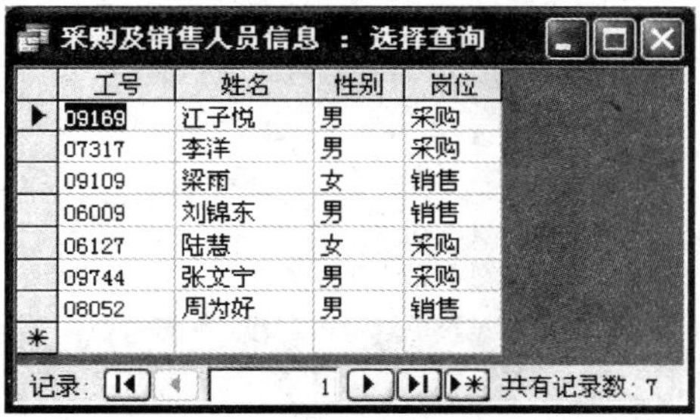

采购及销售人员信息 : 选择查询

工号	姓名	性别	岗位
09169	江子悦	男	采购
07317	李洋	男	采购
09109	梁雨	女	销售
06009	刘锦东	男	销售
06127	陆慧	女	采购
09744	张文宁	男	采购
08052	周为好	男	销售

记录: 1 共有记录数: 7

图 3-36　采购及销售人员信息　数据表视图

（1）选择“查询”对象，单击“在设计视图中创建查询”，并添加“商品信息”表和“采购记录”表作为当前查询的数据源。

（2）双击字段列表中所需字段添加至“字段：”行，并在“进价”字段对应的“条件：”行中输入“>30”(图 3-37)。

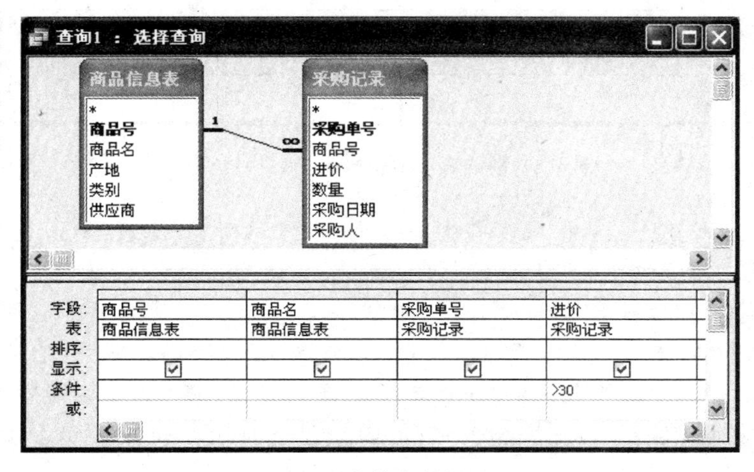

图 3-37　数值条件描述-1

(3) 单击“关闭”按钮，选择保存并为此查询命名“进价高于 30 元商品信息”，并在“数据表视图”中打开查看结果(图 3-38)。

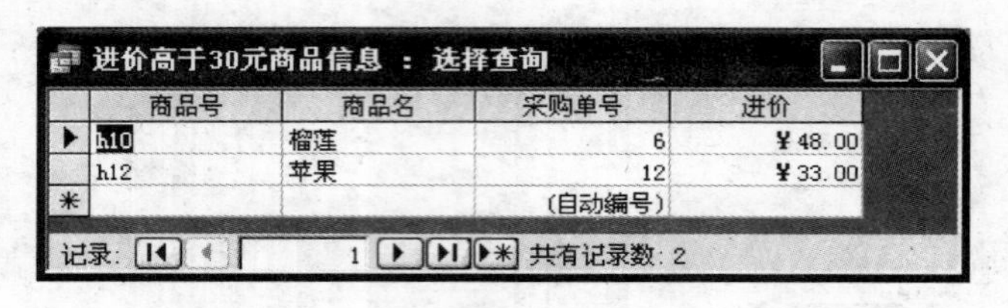

图 3-38　进价高于 30 元商品信息　数据表视图

在实际工作中，数值条件经常和逻辑条件配合在一起使用，以约束恰当的数据范围。

【操作案例】23：创建“进价在 20 元和 30 元之间商品信息”查询，要求查询结果为“进价”大于 20 元且小于 30 元的全部商品信息记录，并要求包含“商品信息”表中“商品号”、“商品名”，“采购记录”表中“进货单号”、“进价”字段。

(1) 选择“查询”对象，单击“在设计视图中创建查询”，并添加“商品信息”表和“采购记录”表作为当前查询的数据源。

(2) 双击字段列表中所需字段添加至“字段：”行，并在“进价”字段对应的“条件：”行中输入“>20 And <30”(图 3-39)；另外，也可以选择在“字段：”行中重复添加“进价”字段，在两个“进价”的“条件：”行中分别输入“>20”、“<30”，并使其中任一个“进价”字段“不显示”(图 3-40)，两种方式的效果完全相同。

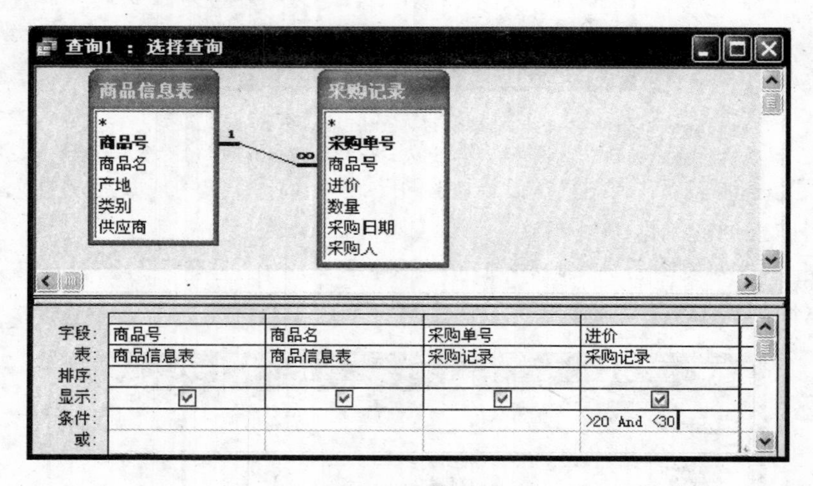

图 3-39　数值条件描述-2

(3) 单击“关闭”按钮，选择保存并为此查询命名“进价在 20 元和 30 元之间的商品信息”，并在“数据表视图”中打开查看结果(图 3-41)。

5. 日期/时间条件

【操作案例】24：创建“80 年代后出生员工”查询，要求查询结果为“出生日期”在 1980 年 1 月 1 日及以后的员工信息记录，并要求包含“员工信息”表中全部字段。

(1) 选择“查询”对象，单击“在设计视图中创建查询”，并添加“员工信息”表作为当前查询的数据源。

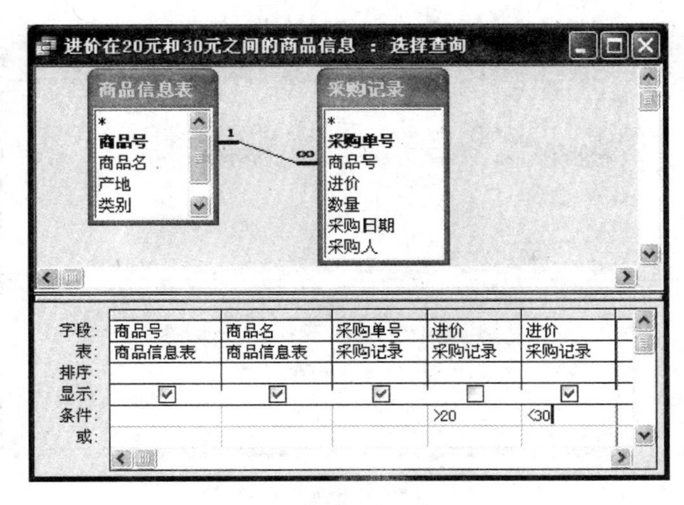

图 3-40 数值条件描述-3

	商品号	商品名	采购单号	进价
▶	h09	火龙果	11	￥27.10
*			(自动编号)	

记录: 1 共有记录数: 1

图 3-41 进价在 20 元和 30 元之间的商品信息 数据表视图

(2) 双击字段列表中所有字段添加至“字段：”行，并在“出生日期”字段对应的“条件：”行中输入“＞1980-1-1”(图 3-42)。

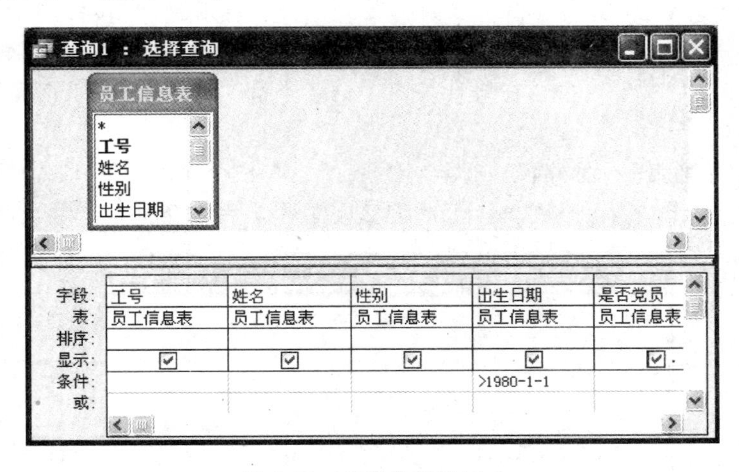

图 3-42 日期条件描述-1

(3) 当用鼠标单击当前查询任意位置时，会发现此条件中日期/时间型数据两端被自动添加了“#”，变化为“#＞1980-1-1#”(图 3-43)；这也正是查询中对日期/时间条件的要求，需要严格遵守。

(4) 单击“关闭”按钮，选择保存并为此查询命名“80 年代后出生员工”，并在“数据表视图”中打开查看结果(图 3-44)。

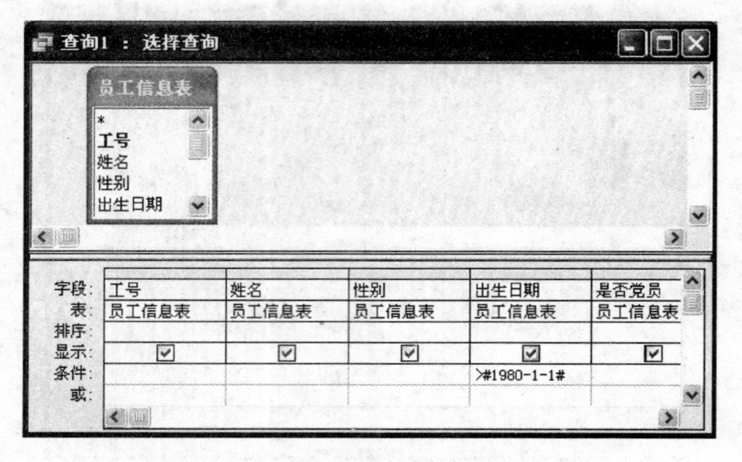

图 3-43　日期条件描述-2

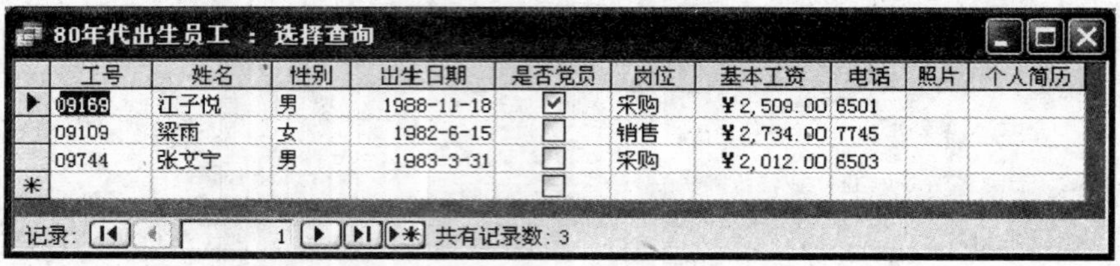

80年代出生员工 : 选择查询

	工号	姓名	性别	出生日期	是否党员	岗位	基本工资	电话	照片	个人简历
▶	09169	江子悦	男	1988-11-18	☑	采购	￥2,509.00	6501		
	09109	梁雨	女	1982-6-15	☐	销售	￥2,734.00	7745		
	09744	张文宁	男	1983-3-31	☐	采购	￥2,012.00	6503		
*					☐					

记录: 1 共有记录数: 3

图 3-44　80 年代后出生员工　数据表视图

6. 空记录条件

【操作案例】25：创建“未提交个人简历员工”查询，要求查询结果为“个人简历”为空的员工信息记录，并要求包含“员工信息”表中“工号”、“姓名”和“个人简历”字段。

(1) 选择“查询”对象，单击“在设计视图中创建查询”，并添加“员工信息”表作为当前查询的数据源。

(2) 双击字段列表中所需字段添加至“字段：”行，并在“个人简历”字段对应的“条件：”行中输入“Is Null”(图 3-45)；若需查询非空记录信息，应在对应字段“条件：”行中输入“Is Not Null”。

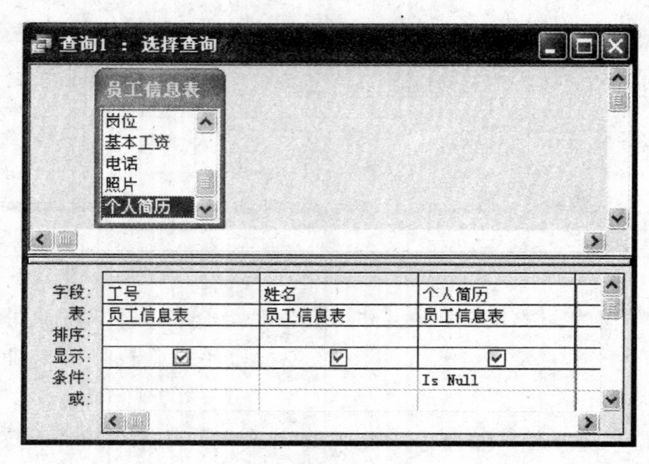

图 3-45　空记录条件描述

(3) 单击“关闭”按钮，选择保存并为此查询命名“未提交个人简历员工”，并在“数据表视图”中打开查看结果(图 3-46)。

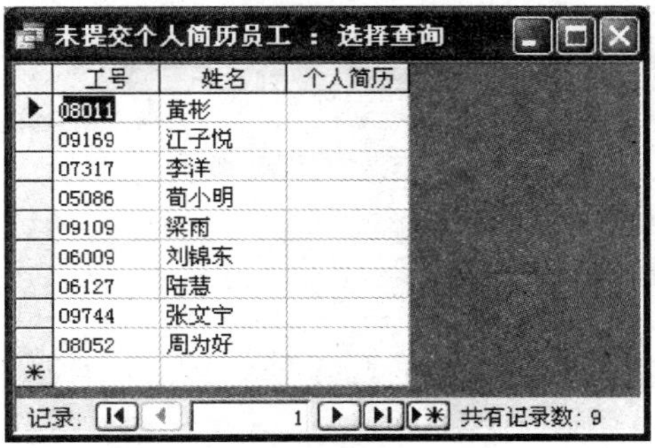

未提交个人简历员工 ：选择查询

工号	姓名	个人简历
08011	黄彬	
09169	江子悦	
07317	李洋	
05086	荀小明	
09109	梁雨	
06009	刘锦东	
06127	陆慧	
09744	张文宁	
08052	周为好	

记录：1 共有记录数：9

图 3-46　未提交个人简历员工　数据表视图

3.2.4　在查询中进行计算

1. 在查询中添加新字段

在查询中，有时需要通过计算得到数据源中没有的字段信息，那么可以借助表达式生成器或者直接在字段名区域中输入表达式来完成。

【操作案例】26：创建“商品销售额信息”查询，要求查询结果中包含“销售记录”表中“商品号”、“销售额”字段，“销售额”字段为“数量”和“售价”的乘积。

(1) 选择“查询”对象，单击“在设计视图中创建查询”，并添加“销售记录”表作为当前查询的数据源。

(2) 双击字段列表中“商品号”字段添加至“字段：”行(图 3-47)。

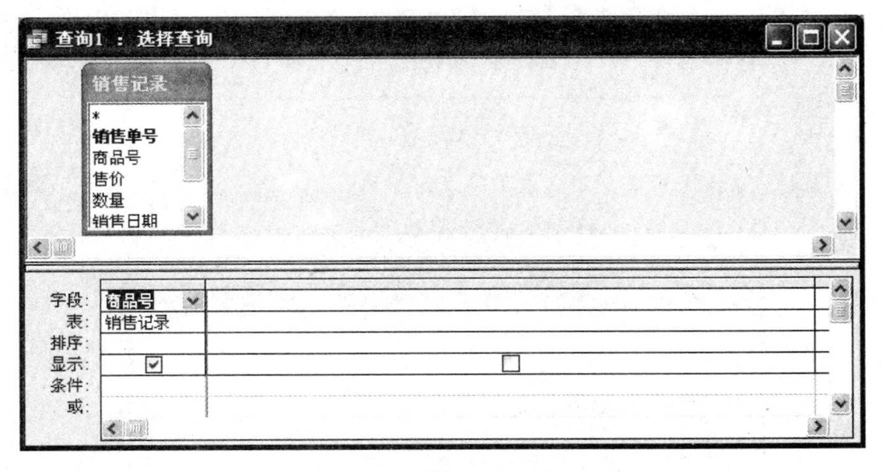

图 3-47　查询设计视图-1

(3) 将光标置于“字段：”行第二列单元格中，单击工具栏中“生成器”按钮，打开“表达式生成器”对话框。

(4) 在“表达式生成器”对话框中输入“销售额：=”，然后展开“表”内容，双击“销售记录”表名，并双击选择使用表中“售价”记录的“＜值＞”(图 3-48)。

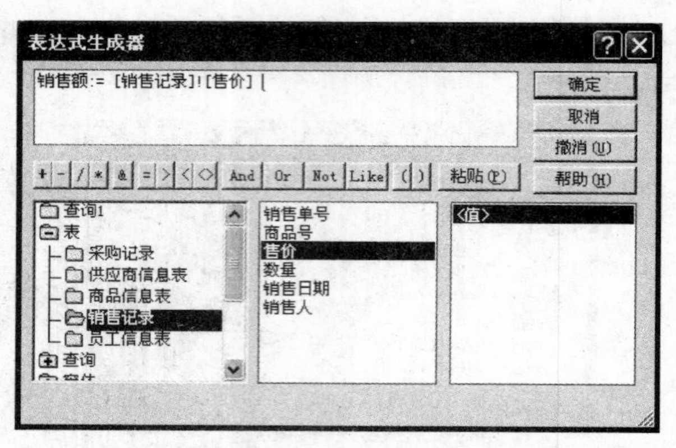

图 3-48　表达式生成器-1

(5) 单击“表达式生成器”对话框中“ * ”按钮，并双击选择使用“销售记录”表中“数量”记录的“＜值＞”，得到表达式“销售额：= [销售记录]! [售价] * [销售记录]! [数量]”(图 3-49)；可以看到，在表达式中引用表名及字段名时要在名称上加“[ ]”，并在表名和字段名间加“!”，以表示字段归属。

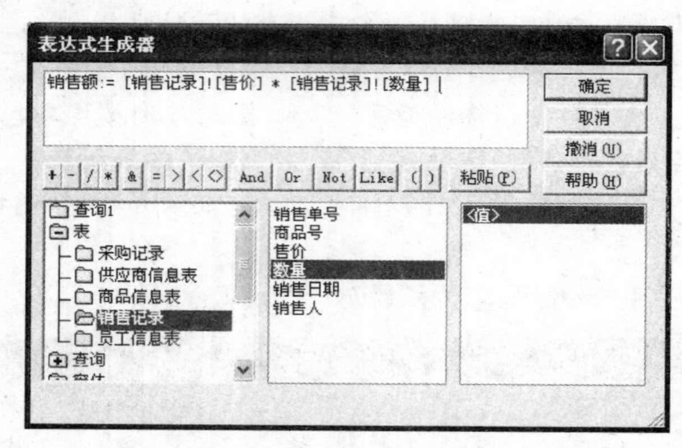

图 3-49　表达式生成器-2

(6) 单击“表达式生成器”对话框中“确定”按钮，看到完整的表达式出现在“字段：”行中，单击“显示：”行中复选框使其显示，系统自动去掉表达式中“=”(图 3-50)。

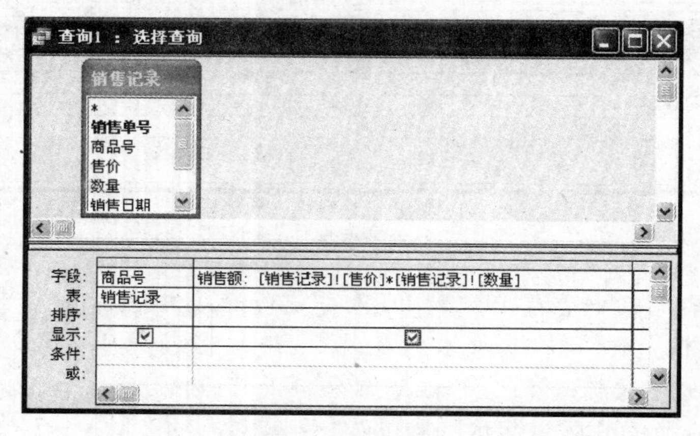

图 3-50　查询设计视图-2

(7) 单击工具栏中“运行”按钮，得到查询结果(图 3-51)。

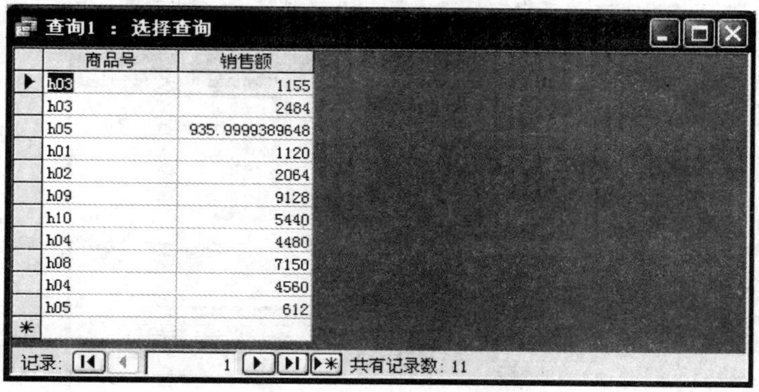

查询1 ： 选择查询
商品号
销售额
h03 1155
h03 2484
h05 935.9999389648
h01 1120
h02 2064
h09 9128
h10 5440
h04 4480
h08 7150
h04 4560
h05 612
记录: 1 共有记录数: 11

图 3-51　查询结果　数据表视图

(8) 可以看到，“销售额”字段的格式并不尽如人意。切换回“设计视图”，将光标置于“销售额”单元格，然后单击工具栏“属性”按钮，打开“字段属性”对话框。

字段属性
常规
查阅
说明
格式
货币
小数位数
2
输入掩码
标题
智能标记

图 3-52　字段属性　对话框

(9) 在“字段属性”对话框中设置“格式”为“货币”，“小数位数”为“2”(图 3-52)，然后关闭“字段属性”对话框。

(10) 再次运行当前查询，看到查询结果变化为图 3-53。单击“关闭”按钮，选择保存并为此查询命名“商品销售额信息”。

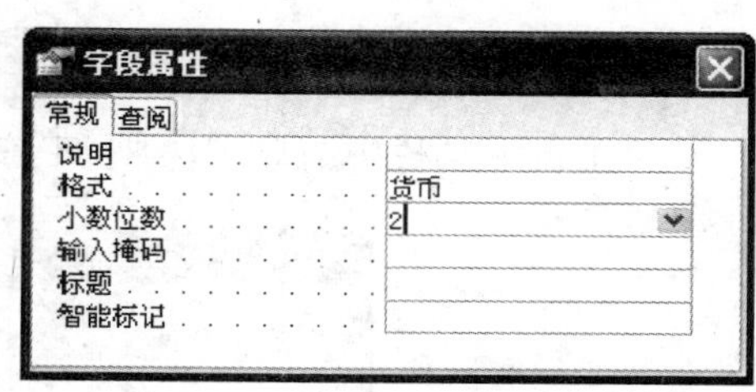

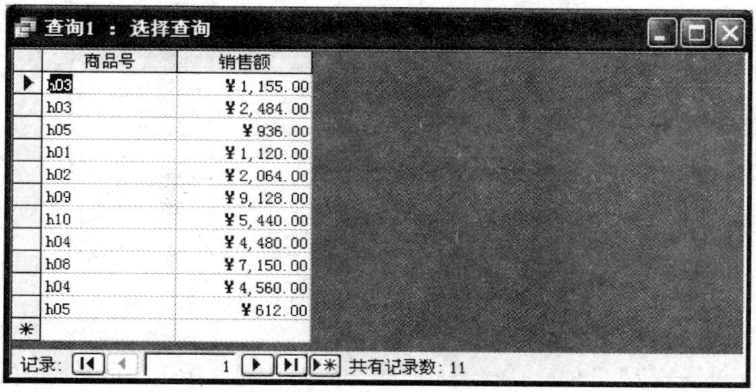

查询1 ： 选择查询
商品号
销售额
h03 ¥1,155.00
h03 ¥2,484.00
h05 ¥936.00
h01 ¥1,120.00
h02 ¥2,064.00
h09 ¥9,128.00
h10 ¥5,440.00
h04 ¥4,480.00
h08 ¥7,150.00
h04 ¥4,560.00
h05 ¥612.00
记录: 1 共有记录数: 11

图 3-53　商品销售额信息　数据表视图

2. 对数据记录进行分组计算

在查询中，有时需要对数据库中数据依据字段值进行分组，并对分组后的数据进行相应的计算，如汇总、求均值、计数、求最大/最小值等。

【操作案例】27：创建“各商品总销量”查询，要求依据“销售信息”表，对“商品号”进行分类，求每种商品的销售数量汇总。

(1) 选择“查询”对象，单击“在设计视图中创建查询”，并添加“销售记录”表作为当前查询的数据源。

(2) 双击字段列表中“商品号”字段和“数量”字段添加至“字段：”行(图 3-54)。

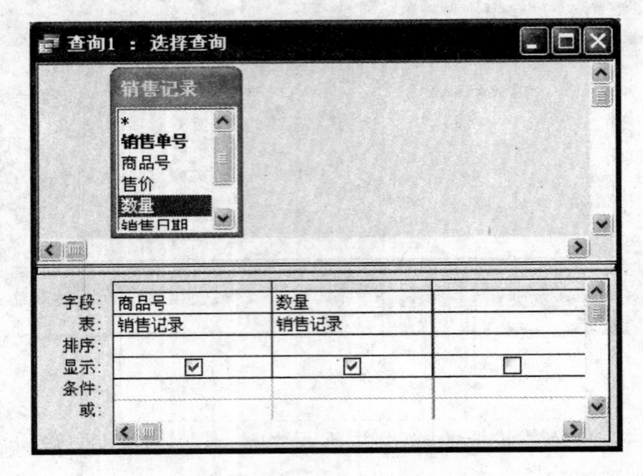

图 3-54 查询设计视图-1

(3) 单击工具栏中“总计”[Σ]按钮，使查询设计视图中出现“总计：”行(图 3-55)。

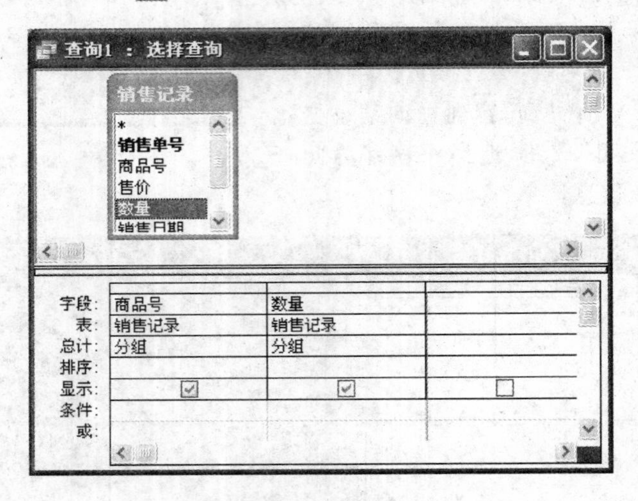

图 3-55 查询设计视图-2

(4) 更改“数量”字段“总计：”行中选项为“总计”，实现按“商品号”分组，对“数量”汇总的目的(图 3-56)。

(5) 单击工具栏中“运行”[!]按钮，得到查询结果(图 3-57)。

(6) 切换回“设计视图”，将“字段：”行中 “数量”字段名更改为“总销量:数量”(图 3-58)。

(7) 单击“关闭”按钮，选择保存并为此查询命名“各商品总销量”。运行“各商品总销量”查询，看到前次生成的“数量之总计”字段名变化为“总销量”(图 3-59)。

查询时总计项中共包含“总计”、“平均值”、“最大值”、“最小值”、“计数”、“标准差”、“方差”、“分组”、“第一条记录”、“最后一条记录”、“表达式”、“条件”等全部内容，进行分组统计时可根据具体需要选择对应功能。

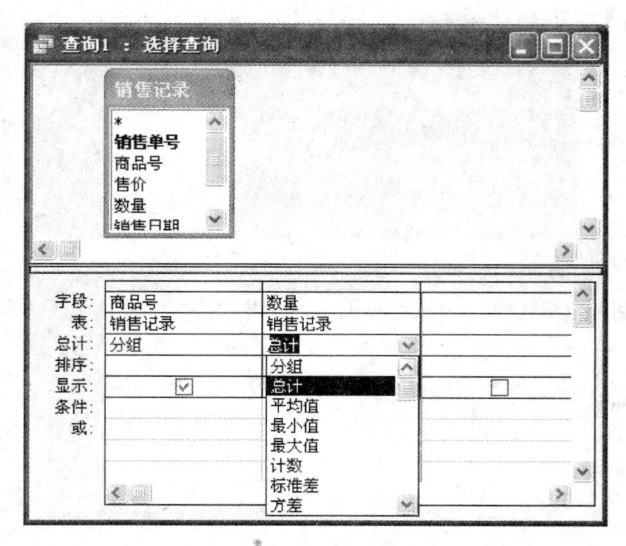

图 3-56　查询设计视图-3

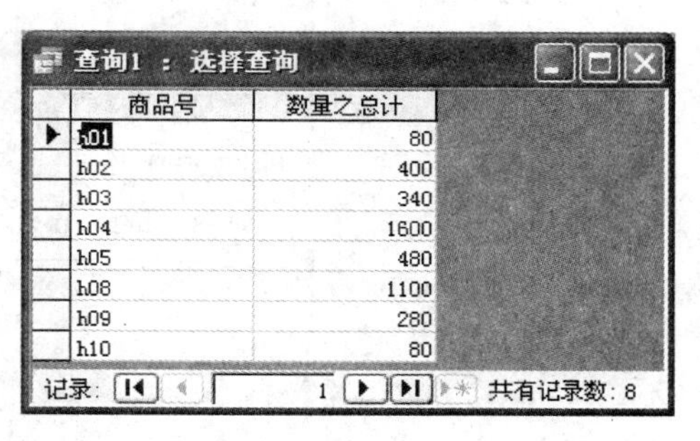
查询1 ：选择查询

商品号	数量之总计
h01	80
h02	400
h03	340
h04	1600
h05	480
h08	1100
h09	280
h10	80

记录：1 共有记录数：8

图 3-57　查询结果　数据表视图

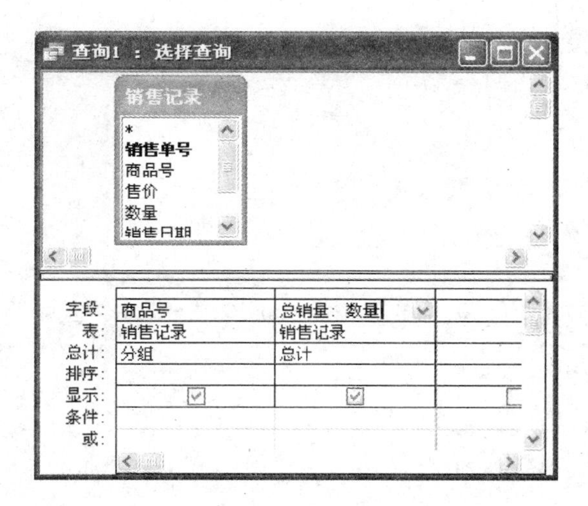

图 3-58　查询设计视图-4

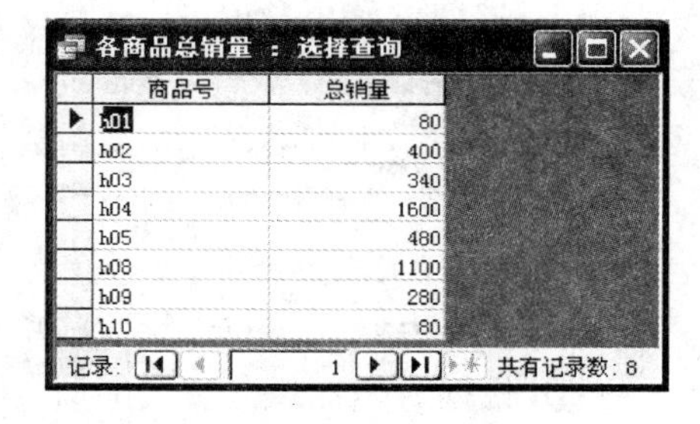
各商品总销量 ：选择查询

商品号	总销量
h01	80
h02	400
h03	340
h04	1600
h05	480
h08	1100
h09	280
h10	80

记录：1 共有记录数：8

图 3-59　各商品总销量　数据表视图

3. 使用函数

在查询中，使用函数可以更为便利地创建查询条件，同时也可以更精准地进行数据运算处理。常用的函数及功能示例如下。

- **Date** 返回当前日期
- **DateAdd** 将指定日期加上某个日期 select dateAdd("d",30,Date())将当前日期加上 30 天，其中 d 可以换为 yyyy 或 H 等
- **DateDiff** 判断两个日期之间的间隔 select DateDiff("d","2006-5-1","2006-6-1")返回 31，其中 d 可以换为 yyyy，m，H 等
- **DatePart** 返回日期的某个部分 select DatePart("d","2006-5-1")返回 1，即 1 号，d 也可以换为 yyyy 或 m

- **Day** 返回日期的 d 部分，等同于 datepart 的 d 部分
- **Hour** 返回日期的小时部分
- **Minute** 返回日期的分钟部分
- **Month** 返回日期的月份部分
- **Now** 返回当前完整时间，包括：年/月/日 小时：分：秒
- **Second** 返回日期的秒部分
- **Time** 返回当前的时间部分(即除去年/月/日的部分)
- **Weekday** 返回某个日期的当前星期(星期天为 1，星期一为 2，星期二为 3……)
- **Year** 返回某个日期的年份
- **IsNull** 检测是否为 Null 值，null 值返回 0，非 null 值返回－1
- **IsNumeric** 检测是否为数字，是数字返回－1，否则返回 0
- **Abs** 绝对值
- **Exp** 返回 e 的给定次幂
- **Fix** 返回数字的整数部分(去尾)
- **Sqr** 返回平方根值
- **Avg** 取字段平均值
- **Count** 统计记录条数
- **Max** 取字段最大值
- **Min** 取字段最小值
- **Left** 左截取字符串，left(“原始数据”，返回数据长度)
- **Len** 返回字符串长度
- **LTrim** 左截取空格
- **Mid** 取得子字符串，mid(“原始数据”，起始位，返回数据长度) mid("123",2,2)返回 23
- **Right** 右截取字符串，right(“原始数据”，返回数据长度)
- **RTrim** 右截取空格
- **Space** 产生空格 select Space(4)返回 4 个空格
- **IIF** 根据表达式返回特定的值，IIf(条件表达式，表达式 1，表达式 2)如果条件表达式返回值为真，则选择表达式 1 的值，否则选择表达式 2 的值
- **Nz** 判断原始数据是否为空，若为空返回第二个参数的值 Nz(“原始数据”，为空的返回值)

【操作案例】28：创建“男、女员工人数及平均年龄”查询，要求查询结果包含“性别”、“人数”、“平均年龄”字段。

要得到“平均年龄”，首先应得到每位员工的实际年龄，而后可依据“性别”分组求出人数及平均年龄。

(1) 选择“查询”对象，单击“在设计视图中创建查询”，并添加“员工信息”表作为当前查询的数据源。

(2) 双击字段列表中“性别”、“工号”和“出生日期”字段添加至“字段：”行(图 3-60)。

(3) 更改“出生日期”字段名为“年龄：Year(Now())-Year([员工信息表]![出生日期])”(图 3-61)，表示用当前年份减去出生年份，得到年龄。

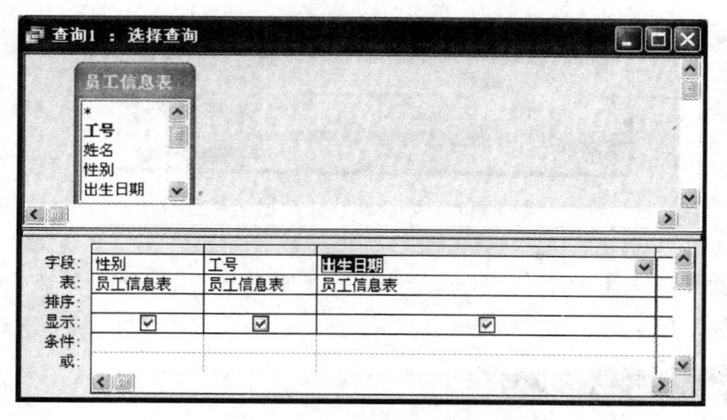

图 3-60　查询设计视图-1

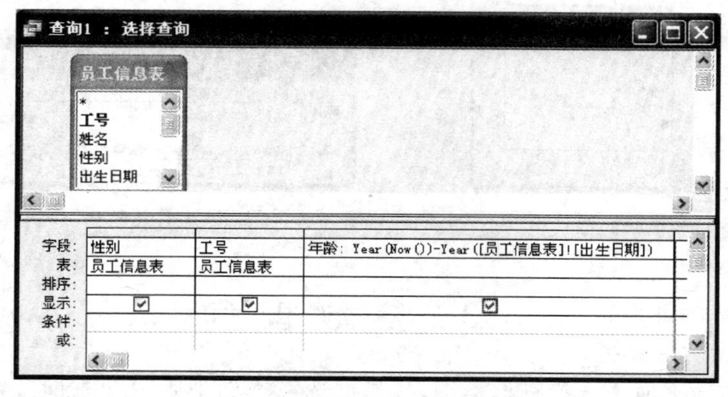

图 3-61　查询设计视图-2

(4) 单击工具栏中“总计”Σ按钮，使查询设计视图中出现“总计：”行，在“年龄”字段“总计：”行中选择“平均值”，在“工号”字段“总计：”行中选择“计数”，并更改“工号”字段名为“人数:工号”(图 3-62)，实现按“性别”分组，对“年龄”求平均值且对“工号”计数的目的。

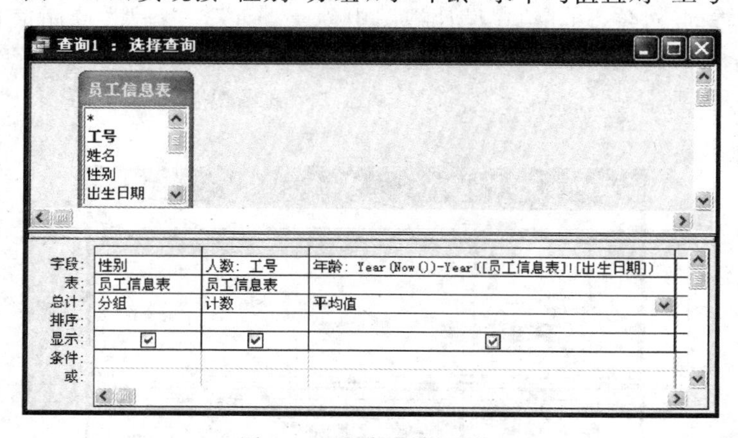

图 3-62　查询设计视图-3

(5) 单击“关闭”按钮，选择保存并为此查询命名“男、女员工人数及平均年龄”。在“数据表视图”下查看查询结果(图 3-63)。

图 3-63　查询结果　数据表视图

(6) 回到查询的"设计视图",更改"年龄"字段属性中"小数位数"为"0"(图 3-64),再次查看查询结果(图 3-65)。

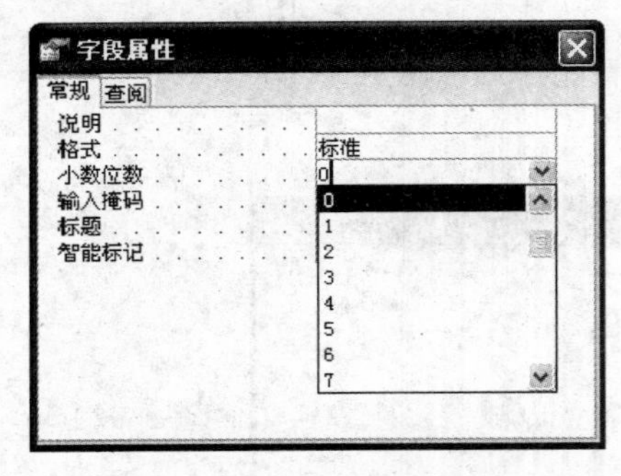

图 3-64　字段属性　对话框

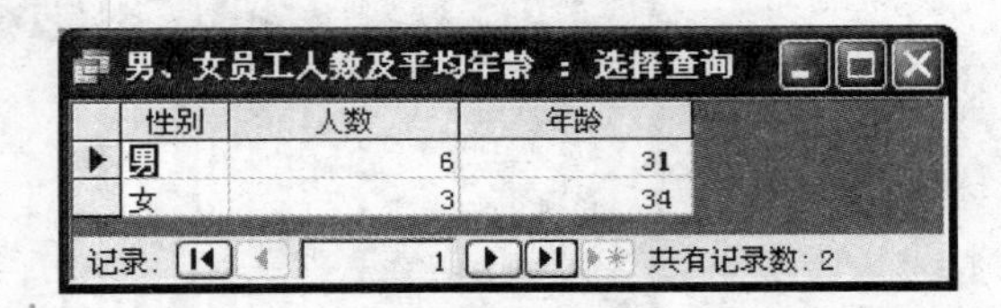

图 3-65　男、女员工人数及平均年龄　数据表视图

3.3　参 数 查 询

参数查询实质上属于选择查询类别,只是把选择查询中固定的查询准则内容变得更加灵活,使其可以根据某个字段不同的值来查找记录。运行参数查询时,通过对话框输入查询的条件参数,检索出符合参数条件的记录。

【操作案例】29：创建"产地参数"查询,以实现根据不同产地信息的输入,检索该产地所对应的全部商品信息,查询结果中要求包含"商品号"、"商品名"、"产地"和"类别"字段。

(1) 选择"查询"对象,单击"在设计视图中创建查询",并添加"商品信息"表作为当前查询的数据源。

(2) 双击字段列表中"商品号"、"商品名"、"产地"和"类别"字段添加至"字段："行(图 3-66)。

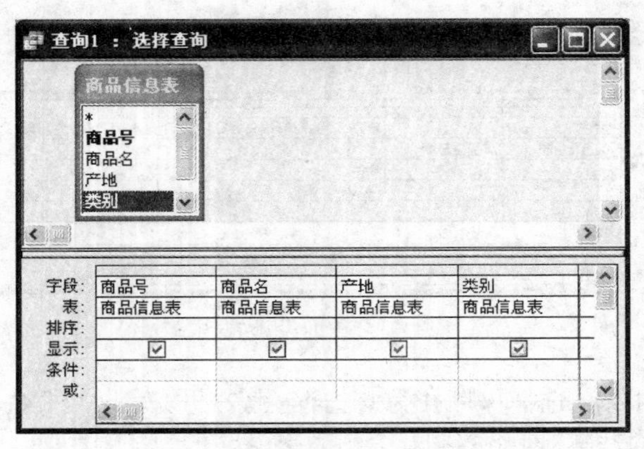

图 3-66　查询设计视图-1

(3) 在“产地”字段对应的“条件：”行中输入“[请输入您要查询的商品产地：]”(图 3-67)，单击“关闭”按钮，选择保存并为此查询命名为“产地参数”。

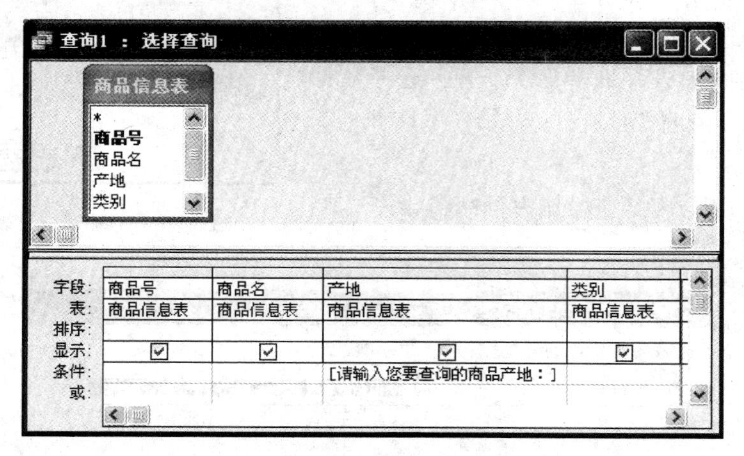

图 3-67　查询设计视图-2

(4) 运行“产地参数”查询，在弹出的“输入参数值”对话框中输入“宁夏”(图 3-68)，单击“确定”按钮，得到宁夏产地商品信息记录(图 3-69)。

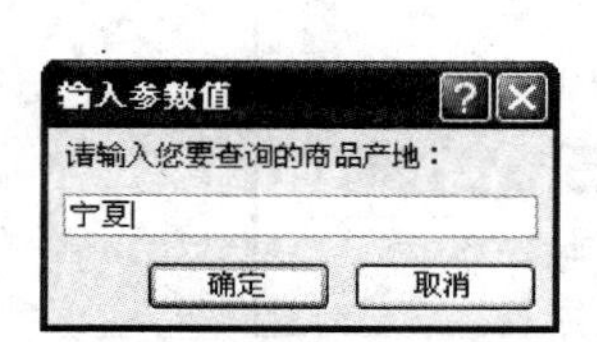

图 3-68　输入参数值　对话框

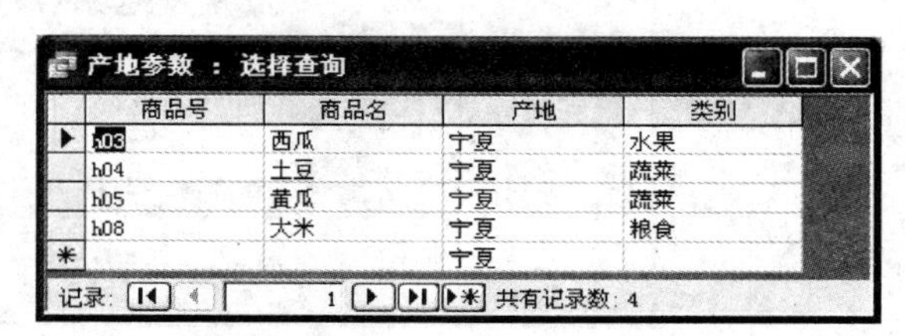

图 3-69　产地参数查询　数据表视图

还可以创建多个参数的查询，执行多参数查询时，需要在依次弹出的对话框中顺序输入参数值。在设计视图中描述多参数查询的条件时，必须注意条件之间的逻辑关系，以免产生错误的查询结果。

3.4　交叉表查询

在前面介绍的分组总计查询中，可以依据数据表或查询中一个字段的值进行分组，并对分组后的数据进行统计计算。如果查询中涉及两个分组字段，仅通过分组总计就无法实现，这时需要通过交叉表查询来完成操作。在交叉表查询中，必须明确查询所需的 3 类字段：

(1) 查询表的行标题，一个分组字段。

(2) 查询表的列标题，另一个分组字段。

(3) 行、列交叉位置上用于进行“值”的统计的字段。

3.4.1　使用“交叉表查询向导”创建交叉表查询

【操作案例】30：创建“不同产地各类别商品数”查询，要求依据“商品信息”表，统计不同产地及不同商品类别所对应的商品数，查询结果中要求包含“产地”和“类别”字段。

(1) 选择“查询”对象，单击“新建”新建(N)按钮，在“新建查询”对话框中选择“交叉表查询向导”(图 3-70)并单击“确定”按钮。

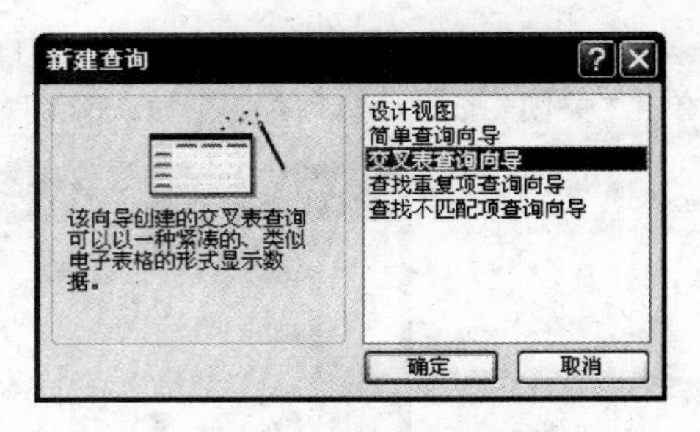

图 3-70 选择 交叉表查询向导

(2) 在“交叉表查询向导”对话框中选择数据来源“表：商品信息表”(图 3-71)，并单击“下一步”按钮。

(3) 确定使用“产地”字段作为行标题(图 3-72)，并单击“下一步”按钮。

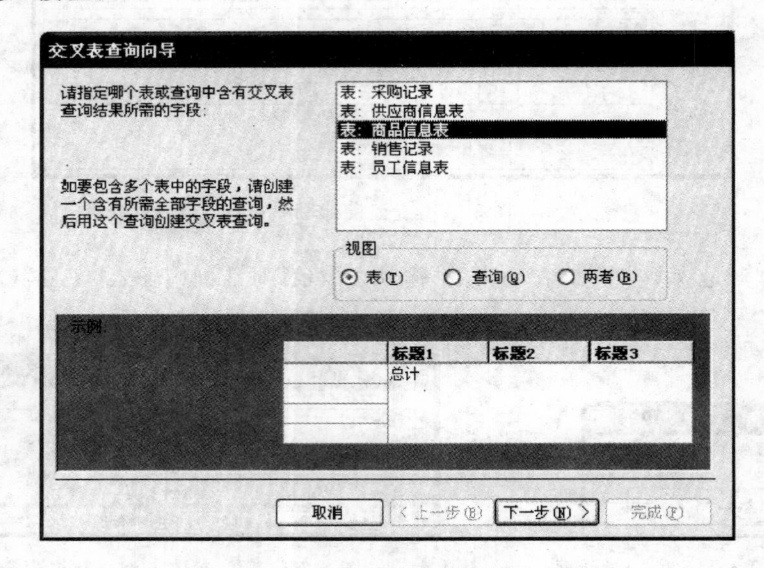

图 3-71 交叉表查询向导-1

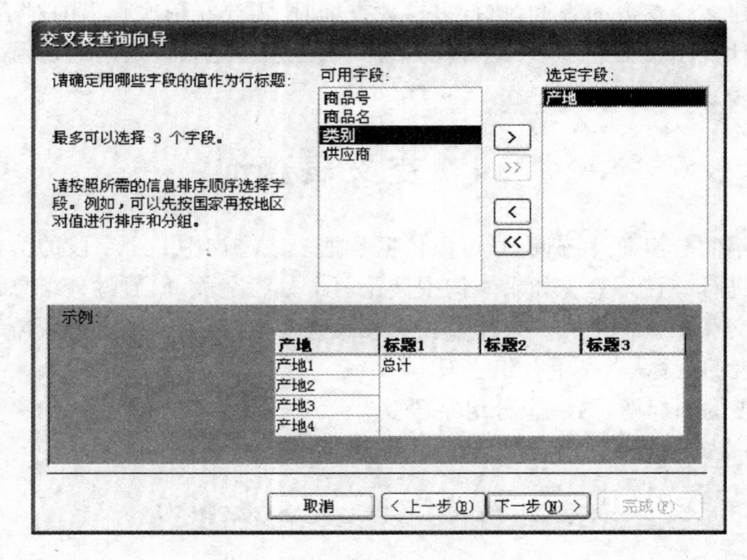

图 3-72 交叉表查询向导-2

(4) 确定使用“类别”字段作为列标题(图 3-73)并单击“下一步”按钮。

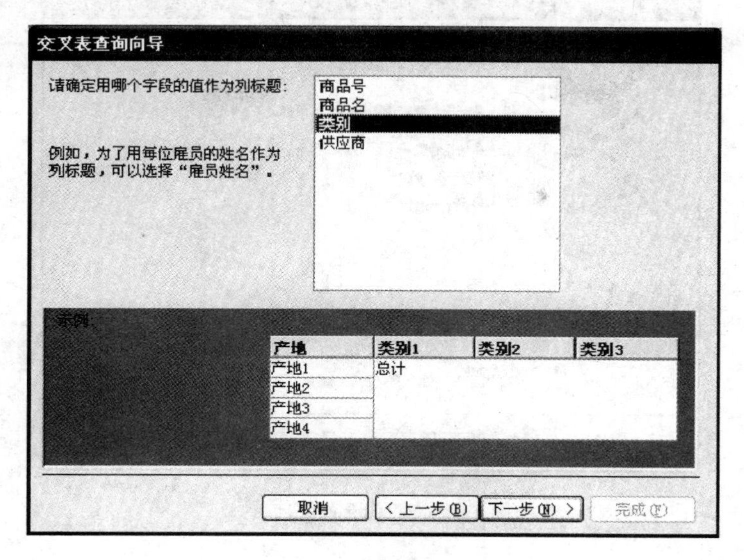

图 3-73　交叉表查询向导-3

(5) 确定为每个行和列的交叉点计算出针对“商品号”的“计数”值，同时为了不在交叉表的每行前显示总计数，不要选中“是，包括各行小计(Y)。”复选框(图 3-74)并单击“下一步”按钮。

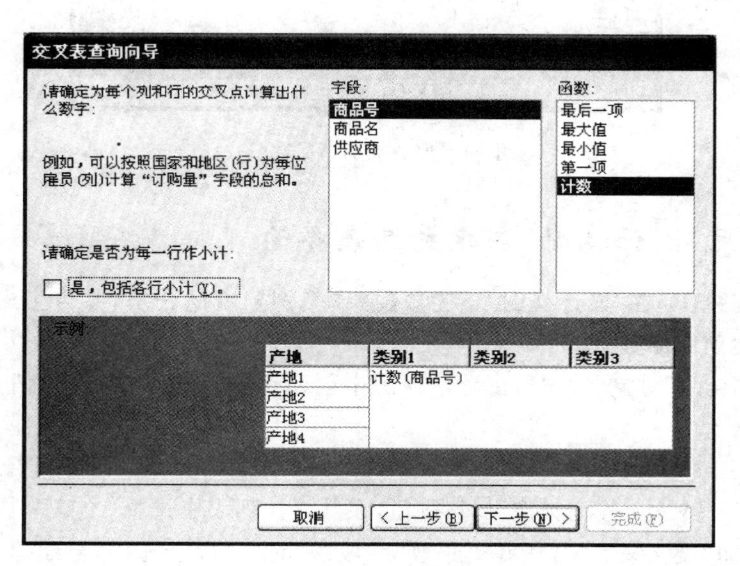

图 3-74　交叉表查询向导-4

(6) 为查询指定名称“不同产地各类别商品数”，并选择“查看查询”，单击“完成”按钮(图 3-75)。

(7) 得到交叉表查询结果(图 3-76)，并注意交叉表查询图标为▣样式。

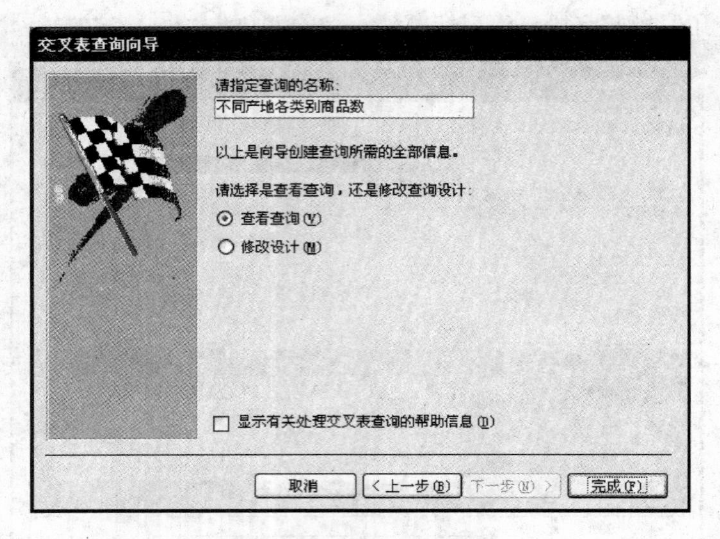

图 3-75　交叉表查询向导-5

不同产地各类别商品数 ：交叉表查询

产地	粮食	蔬菜	水果
广东			2
海南			1
河北	1		
吉林	1		
宁夏	1	2	1
日本			1
陕西			1
烟台			1

记录: 1 共有记录数: 8

图 3-76　不同产地各类别商品数　交叉表查询

3.4.2　使用“设计视图”创建交叉表查询

【操作案例】31：在“设计视图”下完成【操作案例】30 的任务，并为生成的查询命名为“不同产地各类别商品数 1”。

(1) 选择“查询”对象，单击“在设计视图中创建查询”，并添加“商品信息”表作为当前查询的数据源。

(2) 双击字段列表中“商品号”、“产地”和“类别”字段添加至“字段：”行(图 3-77)。

(3) 单击工具栏中“查询类型”按钮，在其下拉列表中选择“交叉表查询”项，在查询条件区域内添加“交叉表：”行。在“产地”字段“总计：”行中选择“分组”，在“产地”字段“交叉表：”行中选择“行标题”；在“类别”字段“总计：”行中选择“分组”，在“类别”字段“交叉表：”行中选择“列标题”；在“商品号”字段“总计：”行中选择“计数”，在“商品号”字段“交叉表：”行中选择“值”以实现同时按“产地”及“类别”分组，对“商品号”进行计数的目的(图 3-78)。

(4) 单击“关闭”按钮，选择保存并为此查询命名为“不同产地各类别商品数 1”。在“数据表视图”下查看查询结果(图 3-79)。

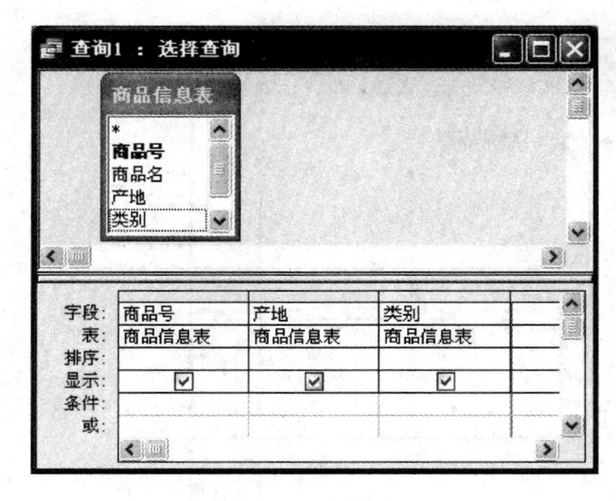

图 3-77　查询设计视图-1

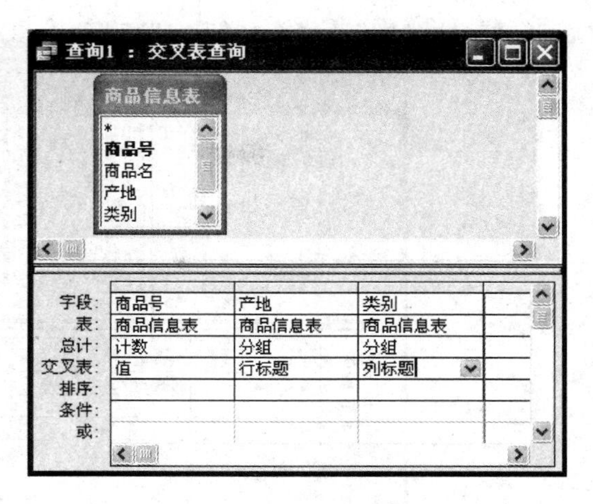

图 3-78　查询设计视图-2

不同产地各类别商品数1 ：交叉表查询

产地	粮食	蔬菜	水果
广东			2
海南			1
河北	1		
吉林	1		
宁夏	1	2	1
日本			1
陕西			1
烟台			1

记录: 1 共有记录数: 8

图 3-79　不同产地各类别商品数 1　交叉表查询

3.5　操 作 查 询

使用操作查询可以对数据表进行操作，变更数据表中的记录信息。操作查询对数据表内容的更改是不可以恢复的，所以在运行操作查询前都应当先进行预览，以确保查询结果符合要求。

Access 提供的操作查询有生成表查询、删除查询、更新查询和追加查询 4 种。

3.5.1　生成表查询

在 Access 中，从表中访问数据要比从查询中访问数据快很多，如果经常需要使用一个查询中的数据，倒不如通过生成表查询把这些数据记录集合创建为一个新的数据表，变访问查询为访问数据表。

【操作案例】32：创建“生成李洋采购商品”生成表查询，使之能够生成“李洋采购商品”数据表，要求包含“采购人姓名”、“采购单号”、“商品号”、“进价”、“数量”和“采购日期”。

(1) 选择“查询”对象，单击“在设计视图中创建查询”，并添加“商品信息”表和“员工信息”表作为当前查询的数据源。

(2) 选择“员工信息”表中“姓名”，“采购记录”表中“采购单号”、“商品号”、“进价”、“数量”和“采购日期”添加至“字段：”行(图 3-80)。

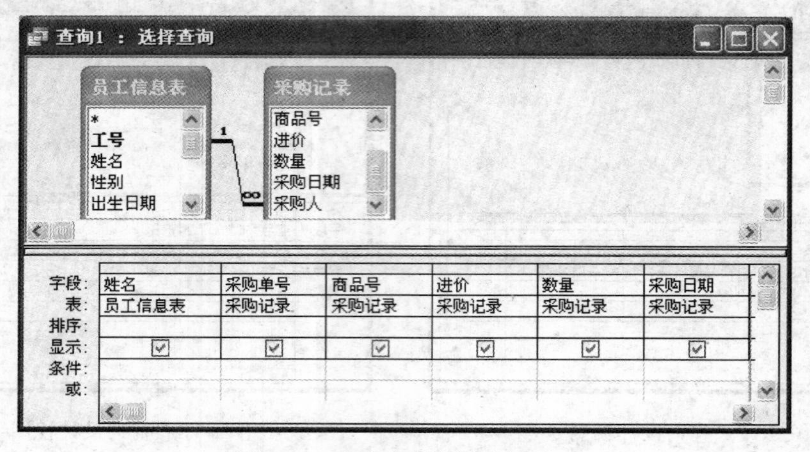

图 3-80　生成表查询设计视图-1

(3) 在“姓名”字段对应的“条件：”行中输入“"李洋"”,然后更改“姓名”字段名为“采购人姓名：姓名”。单击工具栏中“查询类型”按钮,在其下拉列表中选择“生成表查询”项,得到“生成表查询”设计视图(图 3-81)。

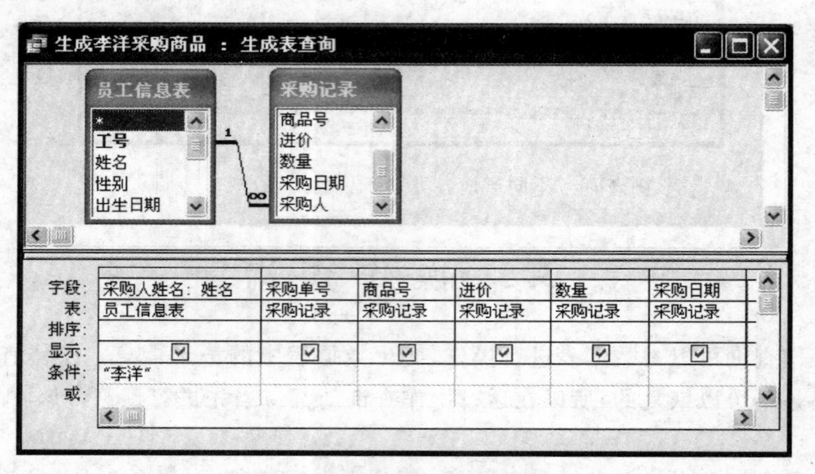

图 3-81　生成表查询设计视图-2

(4) 在弹出的“生成表”对话框中,输入生成新表名称为“李洋采购商品”,选择在“当前数据库”创建新表(图 3-82),然后单击“确定”按钮。

图 3-82　生成表　对话框

(5) 运行该查询，在系统弹出的消息框(图 3-83)中单击“是”，表示确认通过查询向新表中添加数据。

(6) 选择“表”对象，可以看到其中新生成了“李洋采购商品”表。双击表名，在数据表视图中查看表内容(图 3-84)。

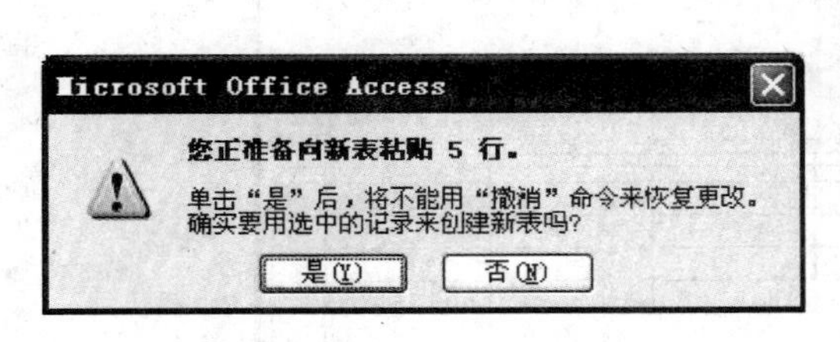

图 3-83 生成表 消息框

李洋采购商品 : 表

采购人姓名	采购单号	商品号	进价	数量	采购日期
李洋	4	h06	11	210	2010-1-19
李洋	6	h10	48	280	2010-1-19
李洋	10	h07	6.8	1000	2010-1-22
李洋	11	h09	27.1	300	2010-1-23
李洋	14	h08	5.9	1000	2010-1-24
	(自动编号)				

记录: 1 共有记录数: 5

图 3-84 李洋采购商品 数据表视图

(7) 关闭此生成表查询，选择保存并为此查询命名为“生成李洋采购商品”。

3.5.2 追加查询

追加查询能够实现从一个或多个数据表中按照条件提取数据记录，并追加到另一个表的末尾。

【操作案例】33：创建“追加陆慧”查询，使其能够实现在“李洋采购商品”表中追加“陆慧”采购的商品记录信息。

(1) 选择“查询”对象，单击“在设计视图中创建查询”，并添加“商品信息”表和“员工信息”表作为当前查询的数据源。

(2) 选择“员工信息”表中“姓名”，“采购记录”表中“采购单号”、“商品号”、“进价”、“数量”和“采购日期”添加至“字段：”行，然后在“姓名”字段对应的“条件：”行中输入“"陆慧"”(图 3-85)。

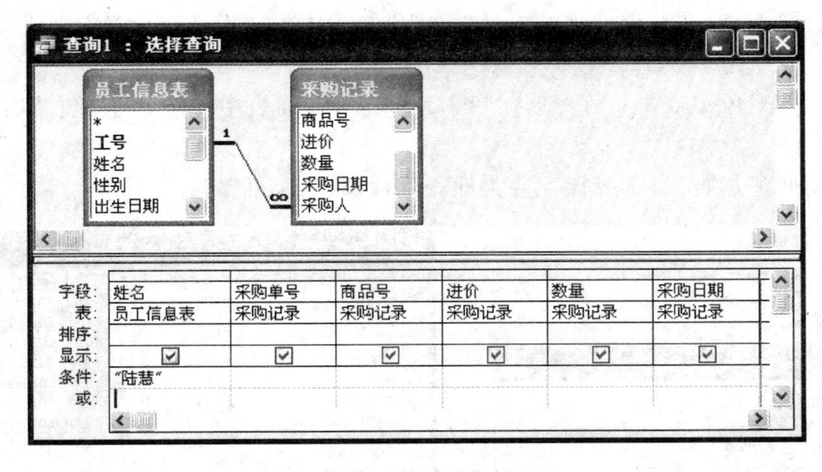

图 3-85 追加查询设计视图-1

(3) 单击工具栏中“查询类型”按钮，在其下拉列表中选择“追加表查询”项，此时在“生成表查询”设计视图中添加了“追加到：”行，在“姓名”字段对应的“追加到：”行中选择“采购人姓名”(图 3-86)。

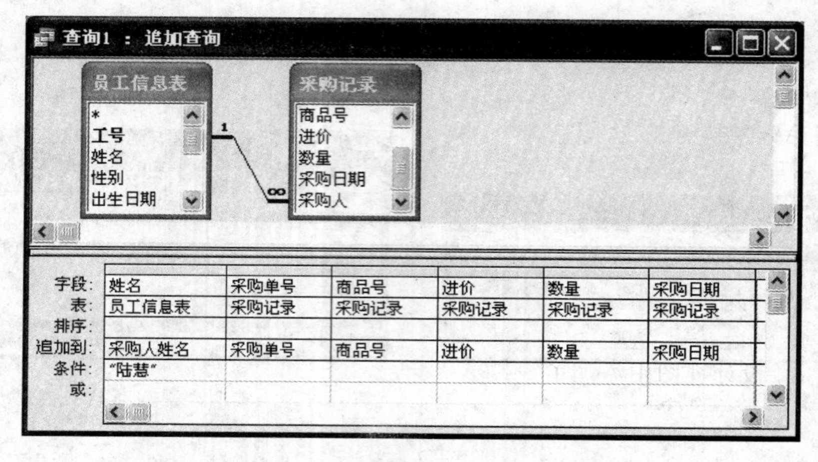

图 3-86　追加查询设计视图-2

(4) 单击工具栏中“追加查询”按钮,在“追加”对话框中选择追加到表名称为“李洋采购商品”,选择在“当前数据库”创建新表(图 3-87),并单击“确定”按钮。

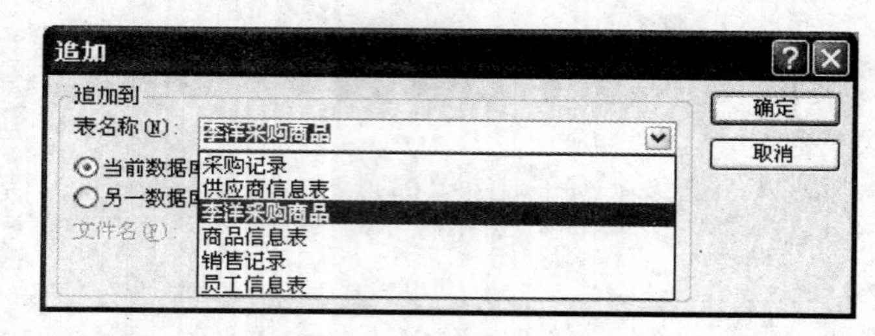

图 3-87　追加　对话框

(5) 运行该查询,在系统弹出的提示框(图 3-88)中单击“是”,表示确认通过查询向新表中添加数据。

(6) 在“表”对象中双击打开“李洋采购商品”表,看到表中被追加了“陆慧”的数据记录内容(图 3-89)。

(7) 关闭此追加查询,选择保存并为此查询命名“追加陆慧”。

图 3-88　追加　消息框

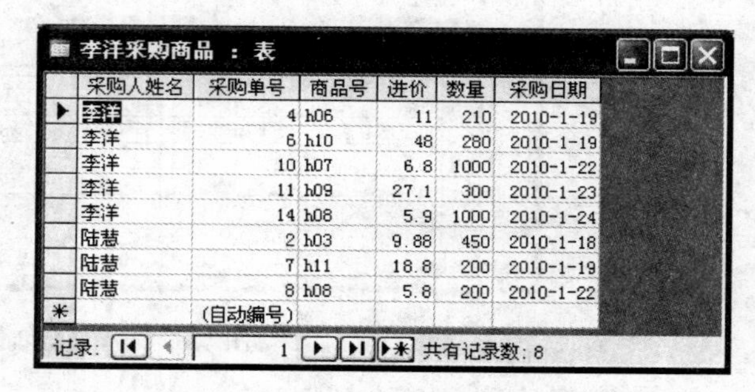

采购人姓名	采购单号	商品号	进价	数量	采购日期
李洋	4	h06	11	210	2010-1-19
李洋	6	h10	48	280	2010-1-19
李洋	10	h07	6.8	1000	2010-1-22
李洋	11	h09	27.1	300	2010-1-23
李洋	14	h08	5.9	1000	2010-1-24
陆慧	2	h03	9.88	450	2010-1-18
陆慧	7	h11	18.8	200	2010-1-19
陆慧	8	h08	5.8	200	2010-1-22
	(自动编号)				

图 3-89　李洋采购商品　数据表视图

3.5.3 删除查询

删除查询能够实现从一个或多个数据表中按照条件批量删除记录。

【操作案例】34：创建“删除陆慧”查询，使其能够实现在“李洋采购商品”表中删除“陆慧”采购的商品记录信息。

（1）选择“查询”对象，单击“在设计视图中创建查询”，并添加“李洋采购商品”表作为当前查询的数据源。

（2）选择字段列表中“*”表示选择表中所有字段，另外再多添加一个“采购人姓名”字段（图 3-90）。

（3）单击工具栏中“查询类型”按钮，在其下拉列表中选择“删除查询”选项，此时在“删除查询”设计视图中添加了“删除：”行。

在“李洋采购商品.*”字段对应的“追加到：”行中选择“From”表示表来源，在“采购人姓名”字段对应的“追加到：”行中选择“Where”表示条件，然后在“姓名”字段对应的“条件：”行中输入“"陆慧"”（图 3-91）。

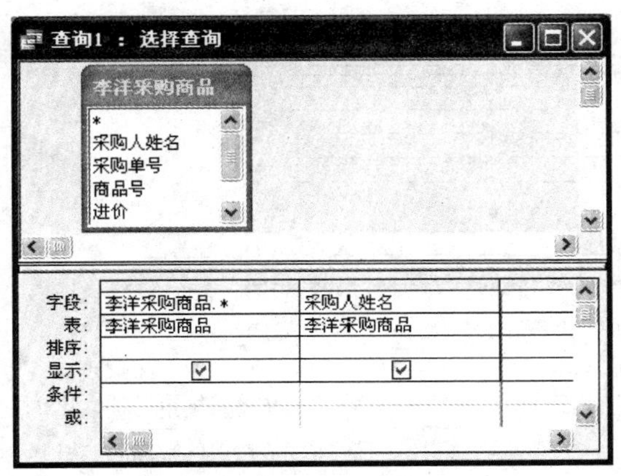

图 3-90 删除查询设计视图-1

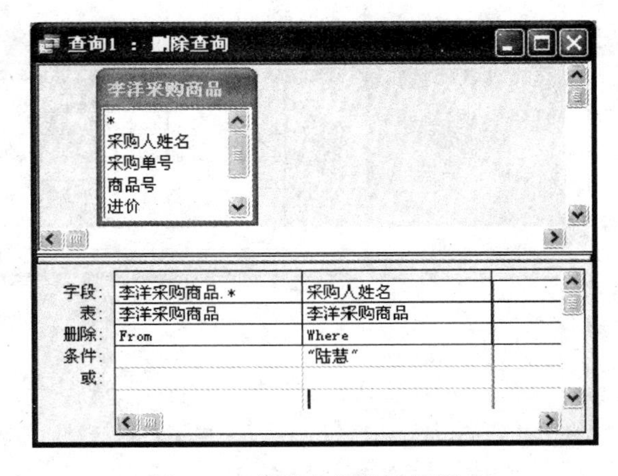

图 3-91 删除查询设计视图-2

（4）运行该查询，在系统弹出的提示框（图 3-92）中单击“是”，表示确认通过查询删除表中数据。

（5）在“表”对象中双击打开“李洋采购商品”表，看到表中被删除了“陆慧”的数据记录内容（图 3-93）。

（6）关闭此删除查询，选择保存并为此查询命名为“删除陆慧”。

图 3-92 删除查询 消息框

李洋采购商品 ：表

采购人姓名	采购单号	商品号	进价	数量	采购日期
李洋	4	h06	11	210	2010-1-19
李洋	6	h10	48	280	2010-1-19
李洋	10	h07	6.8	1000	2010-1-22
李洋	11	h09	27.1	300	2010-1-23
李洋	14	h08	5.9	1000	2010-1-24
	(自动编号)				

记录: 1 共有记录数: 5

图 3-93 李洋采购商品 数据表视图

3.5.4 更新查询

更新查询能够实现从一个或多个数据表中按照条件批量更新记录。

【操作案例】35：创建“更新女性工资”查询，使其能够实现将“员工信息”表中女性员工基本工资增加 200 元。

(1) 选择“查询”对象，单击“在设计视图中创建查询”，并添加“员工信息”表作为当前查询的数据源。

(2) 从字段列表中选择“性别”和“基本工资”字段添加至“字段：”行，然后在“性别”字段对应的“条件：”行中输入“"女"”(图 3-94)。

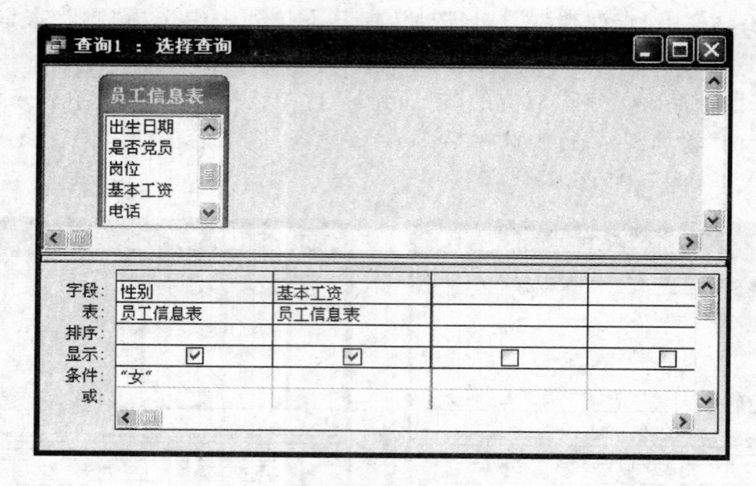

图 3-94　更新查询设计视图-1

(3) 单击工具栏中“查询类型”按钮，在其下拉列表中选择“更新查询”项，此时在“更新查询”设计视图中添加了“更新到：”行，在“基本工资”字段对应的“更新到：”行中输入“[基本工资]+200”(图 3-95)。

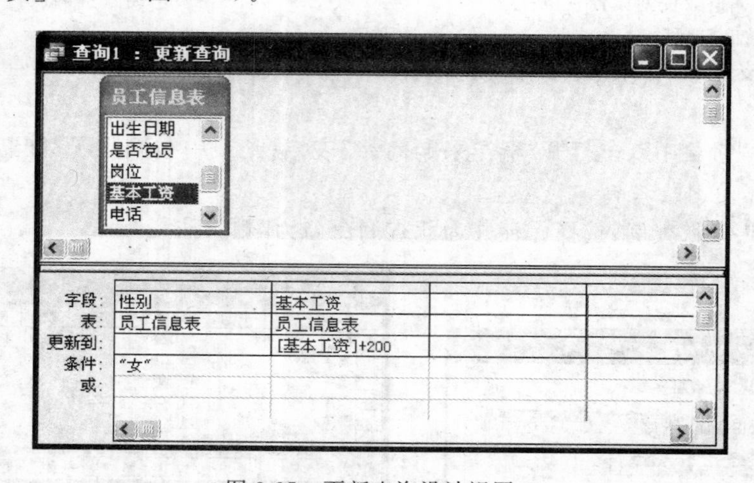

图 3-95　更新查询设计视图-2

(4) 单击“运行”按钮，在系统弹出的提示框(图 3-96)中单击“是”，表示确认通过查询更新表中数据。

(5) 在“表”对象中双击打开“员工信息”表，查看表中数据记录内容；关闭此更新查询，选择保存并为此查询命名为“更新女性工资”。

在完成以上 4 个操作查询任务后，查询对象中被添加了 4 个不同图标样式的查询(图 3-97)。在实际工作中可以通过图标来快速找到所需的查询，应关注这一点并加以利用。

图 3-96　更新查询　消息框

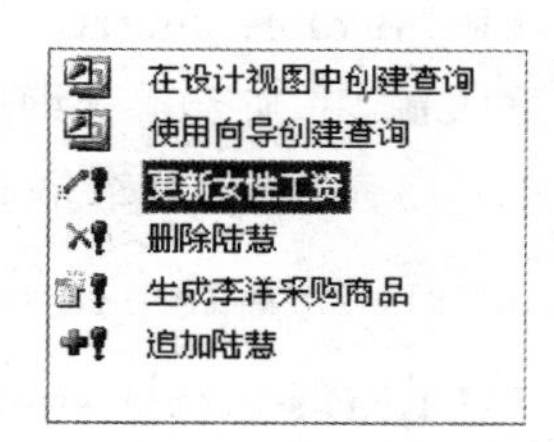

图 3-97　查询对象中不同图标样式

3.6　SQL 查询

SQL(Structured Query Language，结构化查询语言)是一种数据库查询和程序设计语言，用于存取数据以及查询、更新和管理关系数据库系统。

SQL 语言包含 4 个部分：

- 数据定义语言(DDL)，例如：CREATE、DROP、ALTER 等语句。
- 数据操作语言(DML)，例如：INSERT、UPDATE、DELETE 语句。
- 数据查询语言(DQL)，例如：SELECT 语句。
- 数据控制语言(DCL)，例如：GRANT、REVOKE 等语句。

SQL 语言结构简洁，功能强大，简单易学，核心功能只用到上面提到的 9 个动词，所以自 IBM 公司 1981 年推出以来，SQL 语言得到了广泛的应用。如今无论是像 Oracle、Sybase、Informix、SQL Server 这些大型的数据库管理系统，还是像 Access、PowerBuilder 这些常用的数据库开发系统，都支持 SQL 语言作为查询语言。

3.6.1　SQL 语法

Access 中每个查询都对应一条 SQL 语句，也就是说 Access 中查询从本质上来讲都是通过 SQL 来完成的。下面简单介绍在 Access 查询中常用的 SQL 语法部分。

SELECT 语法格式：

```
SELECT select_list FROM table_source [ WHERE search_condition ] [ GROUP BY group_by_expression ]
[ HAVING search_condition ] [ ORDER BY order_expression[ASC|DESC ] ]
```

其中，[ ]表示可选项内容，并非必须出现在整条语句中。

下面介绍 SELECT 语句及主要子句。

1. SELECT select_list

目标表达式列表，为查询所需的字段列表，多个字段间用逗号分隔。如要显示所有字段，用"*"表示；如果要用另外的名称来命名字段，可用AS表示；另外，还可通过AS使用表达式来创建新字段。

例如：选择"商品号"、"商品名"和2倍的单价作为"公斤价格"字段。

```
SELECT 商品号,商品名,(2*单价)AS 公斤价格;
```

2. FROM table_source

数据表源，用来表示查询所需的表名。

例如：选择"蔬菜基本信息"表中的部分字段信息。

```
SELECT 商品号,商品名,(2*单价)AS 公斤价格 FROM 蔬菜基本信息;
```

3. WHERE search_condition

查询条件，用来限制记录的选择。该子句中可以选择使用运算符和函数来对查询条件进行描述。

例如：单价高于5元的蔬菜信息。

```
SELECT 商品号,商品名,单价 FROM 蔬菜基本信息 WHERE 单价>5;
```

4. GROUP BY group_by_expression

分组，将有相同字段值的记录合并为一条记录，并做相应运算。

例如：按"商品号"分组，求每种蔬菜的"销售总量"。

```
SELECT 商品名,SUM(销售数量)AS 销售总量 FROM 蔬菜销售信息 GROUP BY 商品号;
```

5. HAVING search_condition

过滤，用于消除不满足查询条件的组。

例如：按"商品号"分组，求每种蔬菜的"销售总量"，且只显示"销售总量"大于5000的记录。

```
SELECT 商品名,SUM(销售数量)AS 销售总量 FROM 蔬菜销售信息 GROUP BY 商品号 HAVING SUM(销售数
量)>5000;
```

6. ORDER BY order_expression

排序，用于确定查询结果的排序字段，ASC选项表示升序，DESC选项表示降序。

例如：对员工信息表中数据以"基本工资"字段降序排列。

```
SELECT 员工信息表.* FROM 员工信息表 ORDER BY 员工信息表.基本工资 DESC;
```

3.6.2 SQL 视图

在Access中，打开任何一个查询的"设计视图"后都可以通过工具栏中"视图"按钮切换到查询的"SQL视图"。在"SQL视图"窗口中可以实现对已有查询的修改，也可以直接在"SQL视图"中编写查询语句。

【操作案例】36：更改"员工工资降序"查询为"员工工资升序"。

(1) 在"设计视图"打开"员工工资降序"查询(图3-98)。

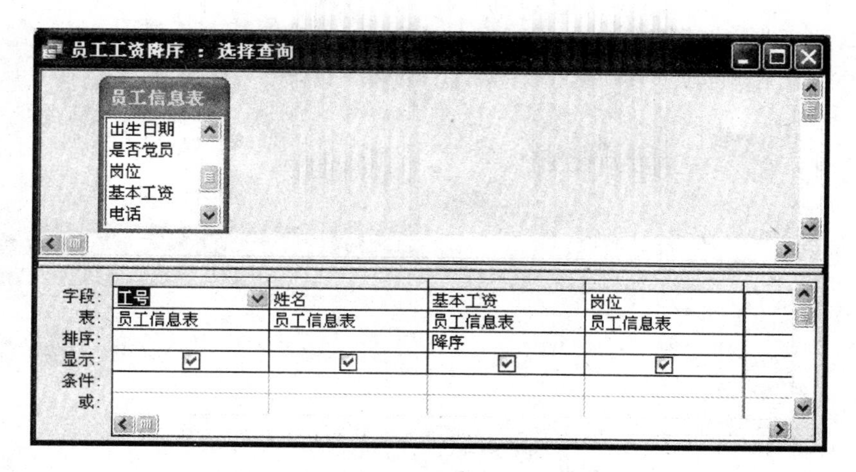

图 3-98　员工工资降序　设计视图

(2) 单击工具栏中"视图"按钮，在弹出菜单中选择"SQL 视图"选项(图 3-99)，切换到查询的"SQL 视图"(图 3-100)。

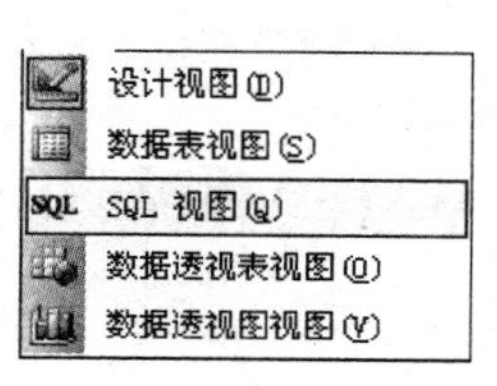

图 3-99　视图　菜单

(3) 更改"ORDER BY 员工信息表.基本工资 DESC"子句为"ORDER BY 员工信息表.基本工资 ASC"(图 3-101)。

(4) 单击"关闭"按钮，并选择保存该项更改。

图 3-100　员工工资降序 SQL 视图-1

图 3-101　员工工资降序 SQL 视图-2

(5) 在查询对象中右击"员工工资降序"查询，选择快捷菜单中"重命名"项(图 3-102)，更改名称为"员工工资升序"。

【操作案例】37：使用 SQL 语句创建"员工采购数量汇总"查询，要求按照"进货人"分组对每位采购人员采购数量汇总，生成新字段"进货总量"。

(1) 选择数据库查询对象，单击"新建"按钮，并在打开的"新建查询"对话框中选择"设计视图"，单击"确定"按钮(图 3-103)。

(2) 关闭"显示表"对话框，单击工具栏中"视图"按钮，选择"SQL 视图"选项，切换到查询的"SQL 视图"。

(3) 在"SQL 视图"窗口中输入"SELECT 采购记录.采购人，Sum(采购记录.数量) AS 进货总量 FROM 采购记录 GROUP BY 采购记录.采购人；"语句(图 3-104)。

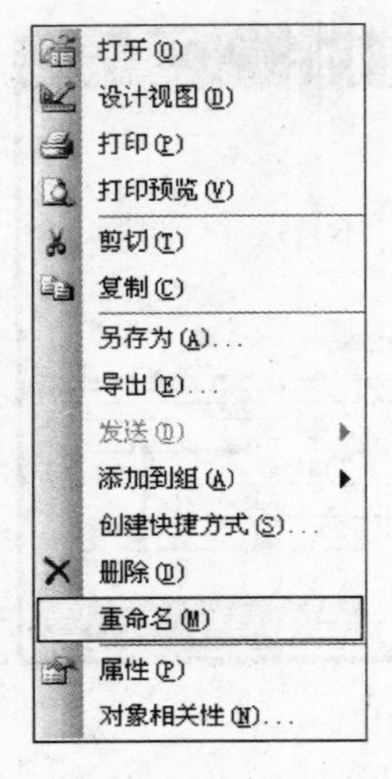

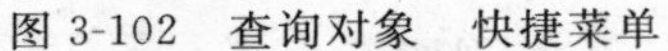

图 3-102　查询对象　快捷菜单

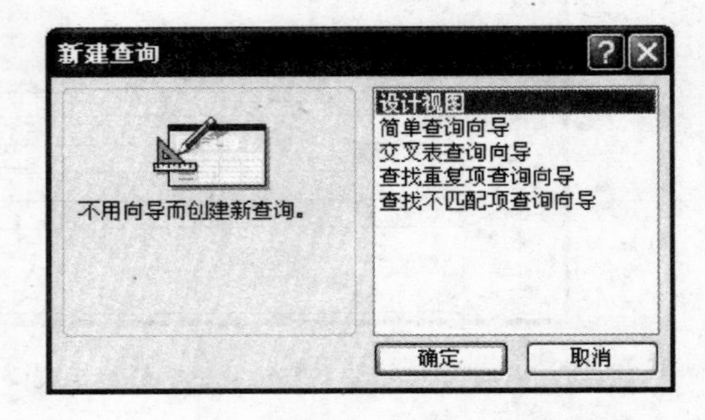

图 3-103　选择　设计视图　新建查询

(4) 单击“关闭”按钮，选择保存该 SQL 查询，并将该查询命名为“员工采购数量汇总”。

(5) 双击打开“员工采购数量汇总”查询查看(图 3-105)。

图 3-104　查询 SQL 视图

图 3-105　员工采购数量汇总　数据表视图

习　题　3

一、填空题

1. 根据对数据源操作方式和结果的不同，查询可以分为如下 5 类：选择查询、________、________、________和 SQL 查询。

2. 查询准则中的运算符包括________运算符、________运算符、________运算符和________运算符等 4 种类型。

3. Access 中提供的操作查询有________、________、________和________ 4 种。

4. 书写查询准则时，日期值应该用________括起来。

5. 参数查询是通过运行查询时的________来创建的动态查询结果。在设计视图中描述多个参数查询的条件时，必须注意条件之间的________，以免产生错误的查询结果。

6. 在交叉表查询中，必须明确查询所需的________类字段。

7. 特殊运算符 IS NULL 用于指定一个字段为________。

8. SQL 是________的英文简写，意思是________。SQL 语言包含________、________、________、________ 4 个部分。

二、选择题

1. 以下关于选择查询叙述错误的是(　　)。

A. 根据查询准则,从一个或多个表中获取数据并显示结果

B. 可以对记录进行分组

C. 可以对查询记录进行总计、计数和平均等计算

D. 查询的结果是一组数据的“静态集”

2. 在 Access 中,以下不属于查询操作方式的是(　　)。

A. 选择查询　　B. 参数查询　　C. 准则查询　　D. 操作查询

3. 每个查询都有 3 种视图,下列不属于查询视图的是(　　)。

A. 设计视图　　B. 模板视图　　C. 数据表视图　　D. SQL 视图

4. 在以下各查询中有一种查询除了从表中选择数据外,还对表中数据进行修改的是(　　)。

A. 选择查询　　B. 交叉表查询　　C. 操作查询　　D. 参数查询

5. 可以在一种紧凑的、类似于电子表格的格式中,显示来源与表中某个字段的合计值、计算值、平均值等的查询方式是(　　)。

A. SQL 查询　　B. 参数查询　　C. 操作查询　　D. 交叉表查询

6. (　　)会在执行时弹出对话框,向用户提示需输入必要的信息,再按照这些信息进行查询。

A. 选择查询　　B. 参数查询　　C. 交叉表查询　　D. 操作查询

7. 在一个操作中更改多条记录的查询是(　　)。

A. 参数查询　　B. 操作查询　　C. SQL 查询　　D. 选择查询

8. 特殊运算符“ In”的含义是(　　)。

A. 用于指定一个字段值的范围,指定的范围之间用 And 连接

B. 用于指定一个字段值的列表,列表中的任一值都可与查询的字段相匹配

C. 用于指定一个字段为空

D. 用于指定一个字段为非空

9. 假设某数据库表中有一个工作时间字段、查找 92 年参加工作的职工记录的准则是(　　)。

A. Between ＃92-01-01＃And ＃92-12-31＃

B. Between“92-01-01”And“92-12-31”

C. Between“92.01.01” And“92.12.31”

D. ＃92.01.01＃And＃92.12.31＃

10. 检索价格在 30 万～60 万元之间的产品,可以设置条件为(　　)。

A. “＞30 Not＜60”　　B. “＞30 Or＜60”

C. “＞30And＜60”　　D. “＞30Like＜60”

三、操作题

1. 创建查询,要求显示出生于 1976～1986 年间的女性职工记录。

2. 使用查询计算“土豆”的总销售额。

3. 创建“性别数字化”查询,实现在“员工信息”表中增加“性别数字”字段,其中“男”对

应数字 1,“女”对应数字 0。(提示：考虑在查询准则中使用函数。)

4. 创建“宁夏产蔬菜”多参数查询,实现通过输入参数查询得到产地是宁夏的所有蔬菜数据记录。

5. 创建“库存”查询,计算各商品的库存量。(提示：库存量＝采购数量－销售数量,在管理系统中存在有些商品只采购却没有销售的情况,需要使用函数对没有销售记录的产品先进行数据处理才可以求出库存。)

6. 创设操作查询的题目情境,并分别实现生成表查询、删除查询、更新查询和追加查询 4 种查询。

第4章 窗　体

窗体是 Access 的重要对象，利用窗体可将整个数据库应用系统组织起来，使输入数据、编辑数据、显示和查询数据等操作易于完成。

窗体中的信息包括两部分，一部分是由窗体设计者设计生成的，在窗体中填写数据的人无法更改的文字或图形；另一部分是由窗体使用者输入或阅读的，用于收集信息并进行整理的空白区域。由于很多数据库都不是供创建者自己使用的，所以更要考虑到数据库使用者的使用方便，建立一个友好的使用界面——窗体，将会给他们带来很大的便利。从外观及功能上对窗体进行设计和完善是创建窗体的核心内容。

4.1 窗体概述

窗体对象不存储数据，是应用程序和用户之间的接口，任何形式的窗体都是建立在表或查询基础上的。

Access 中有 7 种类型的窗体，分别是纵栏式窗体、表格式窗体、数据表窗体、主/子窗体、图表窗体、数据透视表窗体和数据透视图窗体。主要类型窗体详见创建窗体相关内容介绍。

窗体有 5 种视图方式，分别是设计视图、窗体视图、数据表视图、数据透视表和数据透视图。其中，设计视图用于对窗体中各个控件进行设计和布局，实现对窗体的手动创建及修改。

4.2 创建简单窗体

在生成没有过多细节要求的程式化窗体时，Access 提供了一些简单明了的创建窗体方式。

4.2.1 插入自动窗体

【操作案例】38：在“商店管理”数据库中插入“供应商信息”自动窗体。

（1）选中“商店管理”数据库中“表”对象，选择“供应商信息”表（图 4-1）。

（2）单击菜单栏中“插入” 插入(I) 按钮，打开“插入”菜单并选择其中“自动窗体”命令（图 4-2）。

（3）得到“供应商信息”自动窗体（图 4-3）。

（4）单击窗体“关闭”按钮并保存。

注意：直接通过“插入”方式生成的“自动窗体”布局为纵栏式。

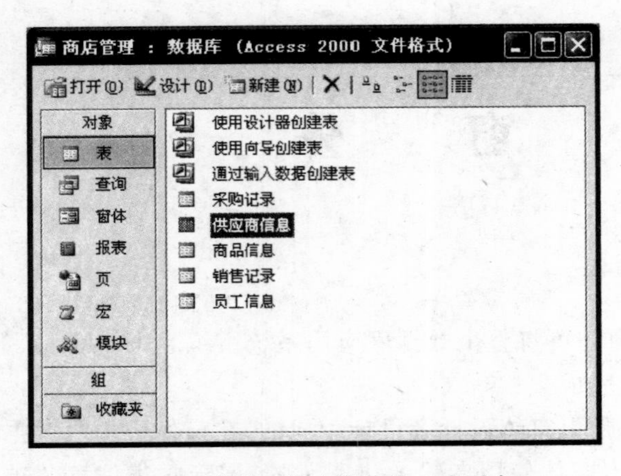

图 4-1 选择 供应商信息 表对象

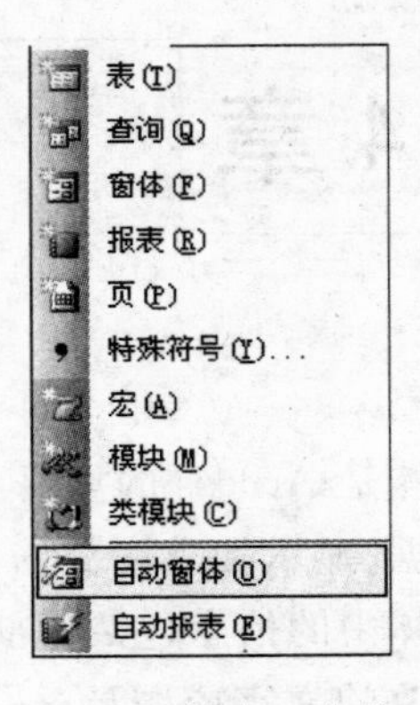

图 4-2 插入 菜单

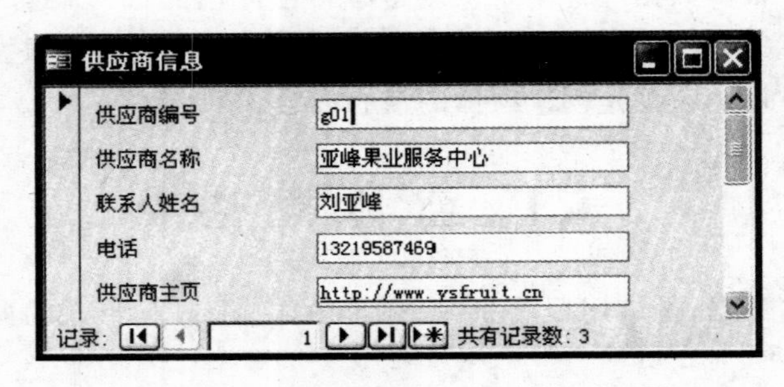

图 4-3 供应商信息 自动窗体

4.2.2 自动创建窗体

在数据库中选中“窗体”对象后，单击“新建”新建(N)按钮会弹出“新建窗体”对话框(图 4-4)，其中包含所有类型窗体的简明创建方式，可以根据需要选择合适的新建窗体方式并添加窗体所需的数据源。

【操作案例】39：通过“新建”，自动创建“供应商信息纵栏式”窗体。

(1) 在图 4-4 中选择“自动创建窗体：纵栏式”，选择数据来源表为“供应商信息”表(图 4-5)。

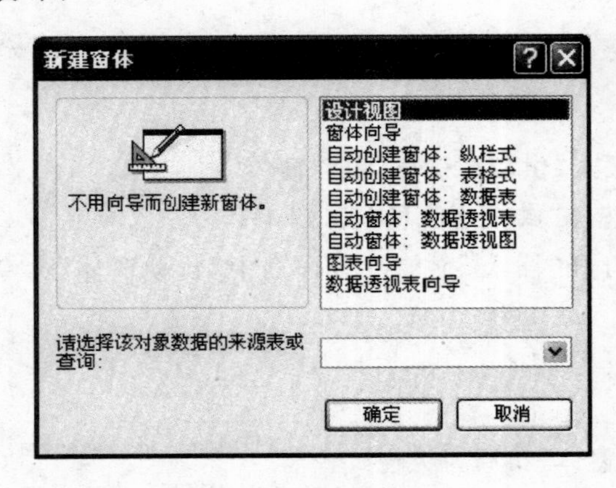

图 4-4 新建窗体-1

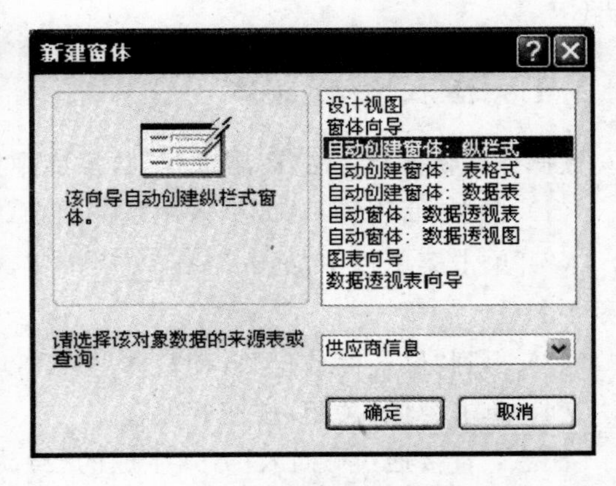

图 4-5 新建窗体-2

（2）单击“确定”按钮后直接得到“供应商信息”纵栏式窗体（图 4-6）。

（3）单击“关闭”按钮并保存为“供应商信息纵栏式”。此种方式下生成的纵栏式窗体和前面通过插入生成的“自动窗体”在样式上不尽相同。

【操作案例】40：通过“新建”，自动创建“供应商信息表格式”窗体。

（1）在图 4-4 中选择“自动创建窗体：表格式”，选择数据来源表为“供应商信息”表（图 4-7）。

图 4-6　供应商信息　纵栏式窗体

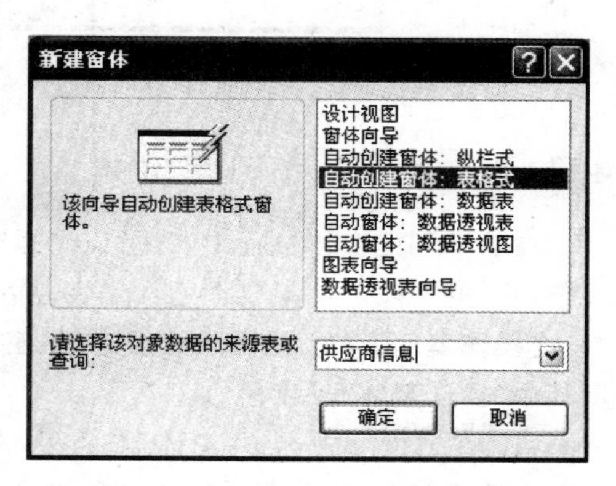

图 4-7　选择　自动创建窗体　表格式

（2）单击“确定”按钮后得到“供应商信息”表格式窗体（图 4-8）。

（3）单击“关闭”按钮并保存为“供应商信息表格式”。

图 4-8　供应商信息　表格式窗体

【操作案例】41：通过“新建”，自动创建“供应商信息数据表”窗体。

（1）在图 4-4 中选择“自动创建窗体：数据表”，选择数据来源表为“供应商信息”表（图 4-9）。

（2）单击“确定”按钮后直接得到“供应商信息”数据表窗体（图 4-10）。

（3）单击“关闭”按钮并保存为“供应商信息数据表”。

可以看到，纵栏式窗体中将记录按列显示，每列左侧显示字段名，右侧显示字段值；表格式窗体中按行显示数据记录，并对表格边框进行了修饰；数据表窗体的外观与表对象数据表视图

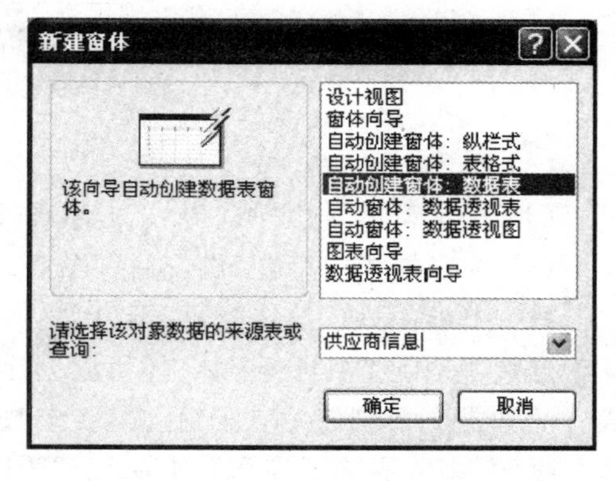

图 4-9　选择　自动创建窗体　数据表

显示完全相同，数据表窗体主要用于一个窗体的“子窗体”显示。

供应商编号	供应商名称	联系人姓名	电话	供应商主页
g01	亚峰果业服务中心	刘亚峰	13219587469	http://www.ysfruit.cn
g02	南方丰盛果业	杨山	13995209981	http://www.fengsheng.cn
g03	祥和瓜果贸易商行	赵天信	13765894528	http://www.xhf.net.cn

图 4-10　供应商信息　数据表窗体

4.2.3　使用向导创建窗体

在自动创建窗体过程中，只可以选择窗体数据的来源表或查询，而不能够进一步选择表或查询中的字段。如果要创建指定字段的窗体，就要通过“使用向导创建窗体”来完成。

【操作案例】42：使用向导创建“供应商”纵栏式窗体，要求依据“供应商信息”表，不显示其中“供应商编号”字段。

（1）在数据库中选中“窗体”对象后，双击“使用向导创建窗体”，在弹出的“窗体向导”对话框中选择“表：供应商信息”作为数据源表，添加“供应商名称”、“联系人姓名”、“电话”和“供应商主页”字段作为“选定的字段”（图 4-11）。

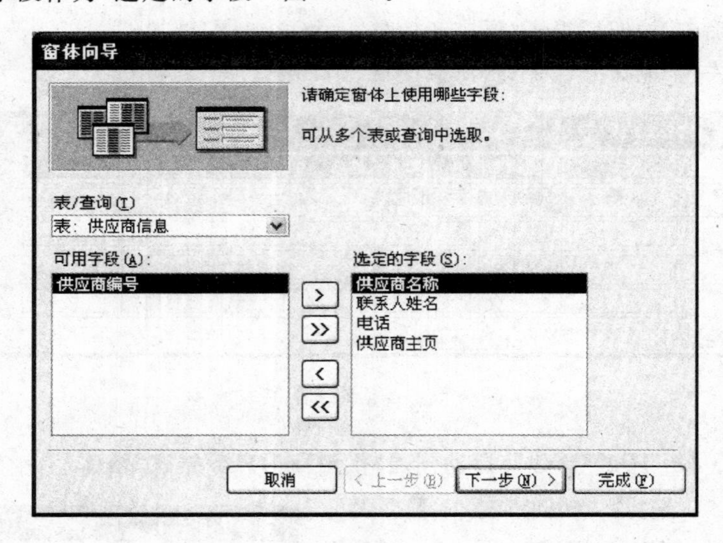

图 4-11　窗体向导-1

（2）单击“下一步”按钮，选择“纵栏表”作为窗体布局（图 4-12）。

（3）确定窗体所用样式为“工业”（图 4-13）。

（4）为窗体指定标题“供应商”（图 4-14）。

（5）单击“完成”按钮，得到不包含“供应商编号”的供应商信息窗体（图 4-15）。

通过“使用向导创建窗体”还可以创建“主/子窗体”，以实现在一个窗体中同时阅读多个表中的数据。要创建“主/子窗体”，要求数据表间必须是一对多的关系，其中一方表为主窗体数据源，多方表为子窗体数据源。在子窗体中，还可以创建二级子窗体。

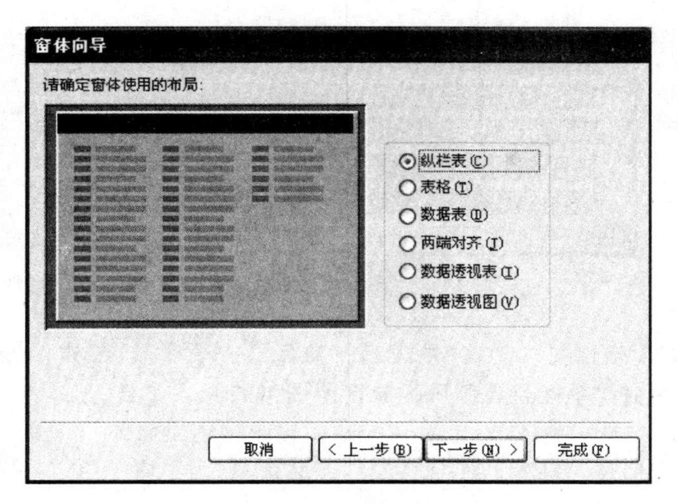

图 4-12　窗体向导-2

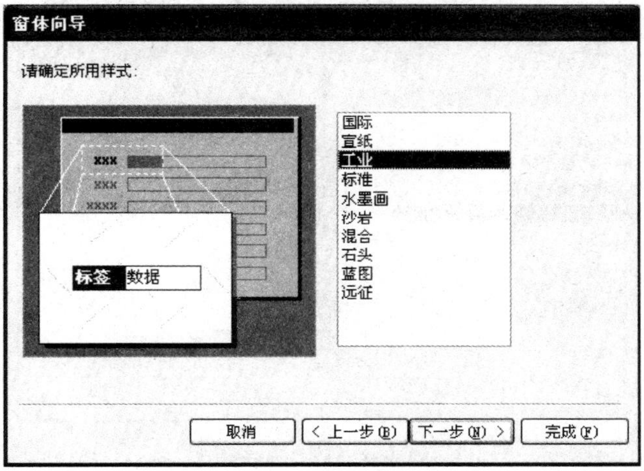

窗体向导
请确定所用样式:
XXX
XXX
XXXX
标签 数据
国际
宣纸
工业
标准
水墨画
沙岩
混合
石头
蓝图
远征
取消
< 上一步(B)
下一步(N) >
完成(F)

图 4-13　窗体向导-3

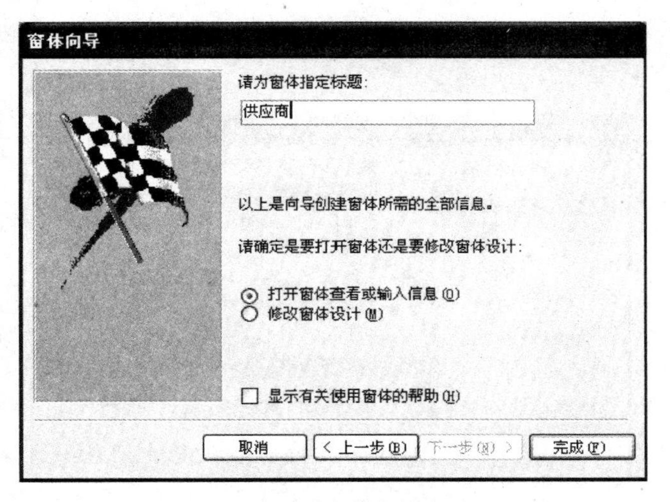

图 4-14　窗体向导-4

图 4-15　供应商　纵栏式窗体

【操作案例】43：使用向导创建"供应商—商品"主/子窗体，要求依据"供应商信息"表和"商品信息"表，在窗体中能查看不同供应商所提供的商品信息。

(1) 在数据库中选中"窗体"对象后，双击"使用向导创建窗体"，在弹出的"窗体向导"对话框中添加"供应商信息"表中所有字段以及"商品信息"表中除了"供应商"之外所有字段作为"选定的字段"(图 4-16)。

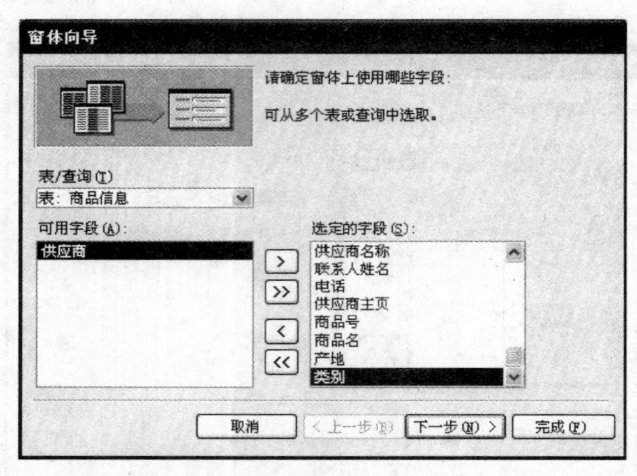

图 4-16　窗体向导-1

(2) 单击"下一步"按钮，选择"通过供应商信息"作为查看数据的方式(图 4-17)，此时查看数据的方式决定将要生成的是"主/子窗体"还是"单个窗体"，选择通过一方表(而非多方表)查看数据的方式才能生成"主/子窗体"。

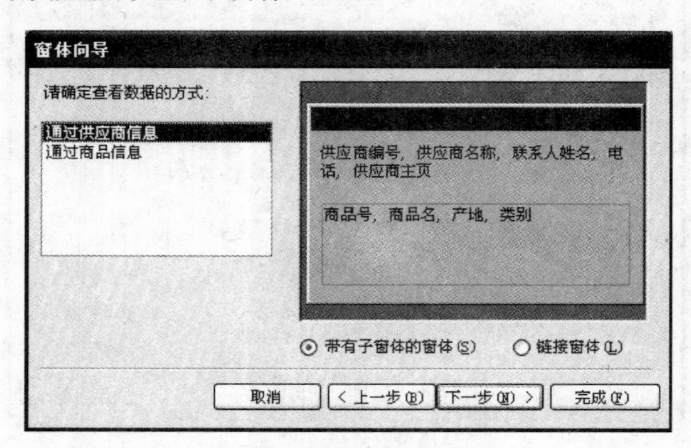

图 4-17　窗体向导-2

(3) 单击“下一步”按钮，选择“数据表”作为子窗体使用的布局(图 4-18)。

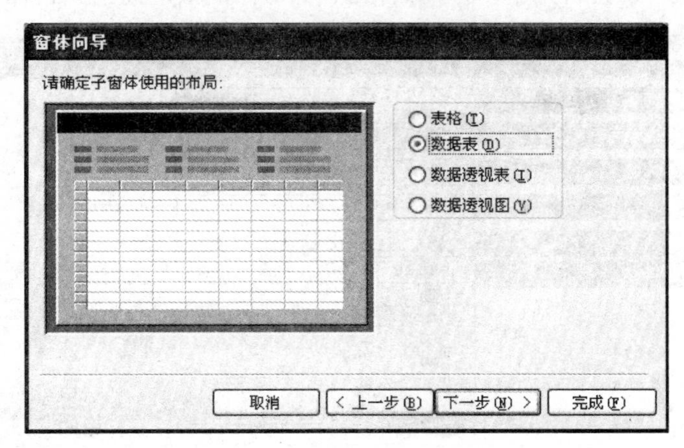

图 4-18　窗体向导-3

(4) 确定窗体所用样式为“工业”(图 4-19)。

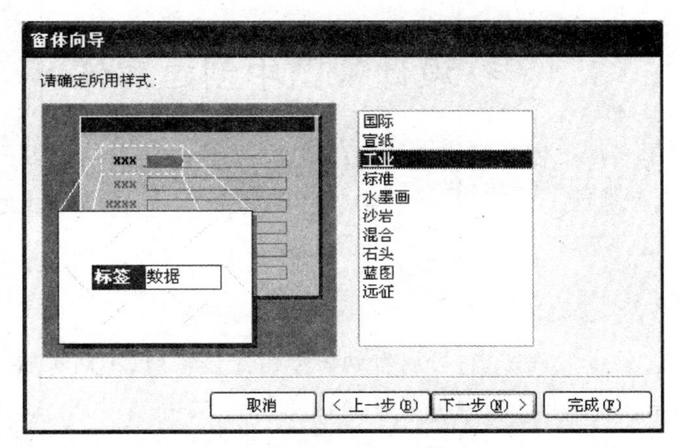

图 4-19　窗体向导-4

(5) 指定窗体标题为“供应商”，子窗体标题为“商品信息 子窗体”(图 4-20)。

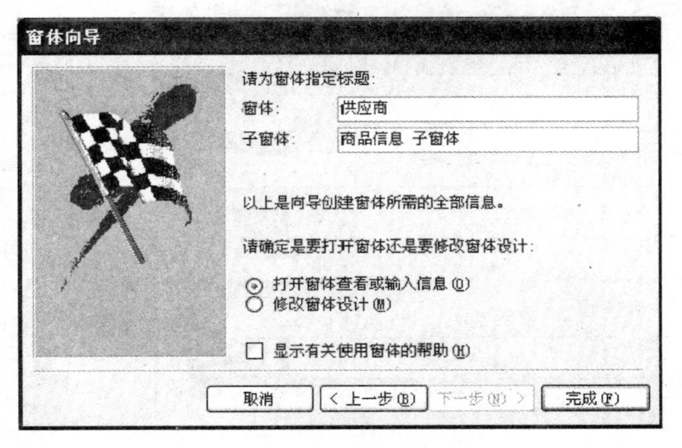

图 4-20　窗体向导-5

(6) 单击“完成”按钮,得到包含“商品信息”子窗体的供应商信息窗体(图 4-21)。

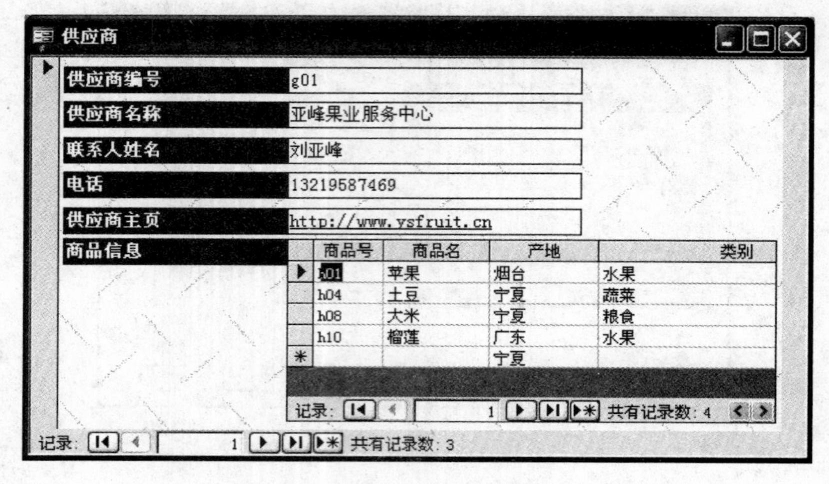

图 4-21　供应商-商品　主/子窗体

4.3　在设计视图中创建窗体

设计视图提供了灵活的创建窗体方法,可以满足用户对于窗体多方面的需求。设计视图还可以对来自“自动窗体”或“使用向导”创建的窗体进行修改,以改变窗体中控件类型及属性。

4.3.1　窗体结构

在一个完整窗体的设计视图中,可以看到窗体由窗体页眉、页面页眉、主体、页面页脚和窗体页脚 5 个部分组成(图 4-22),每个部分都被称为一个“节”。其中,主体节是窗体的核心部分,用于以不同形式显示数据记录,其他部分可以根据具体需要在“视图”菜单(图 4-23)中进行“页面页眉/页脚”和“窗体页眉/页脚”的选择来确定是否需要。

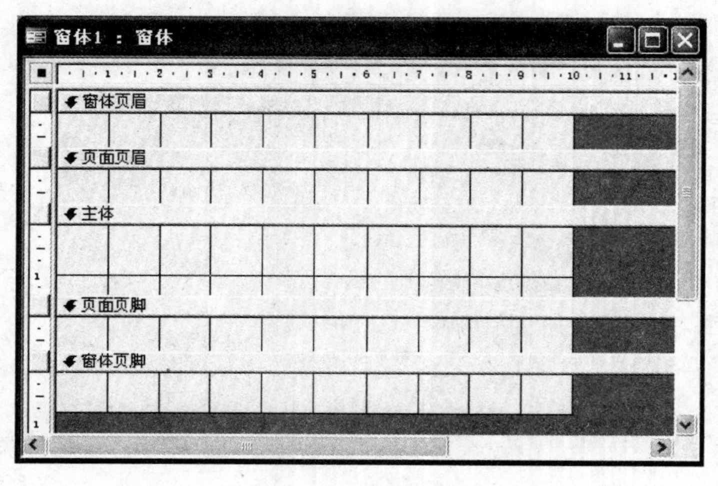

图 4-22　窗体结构

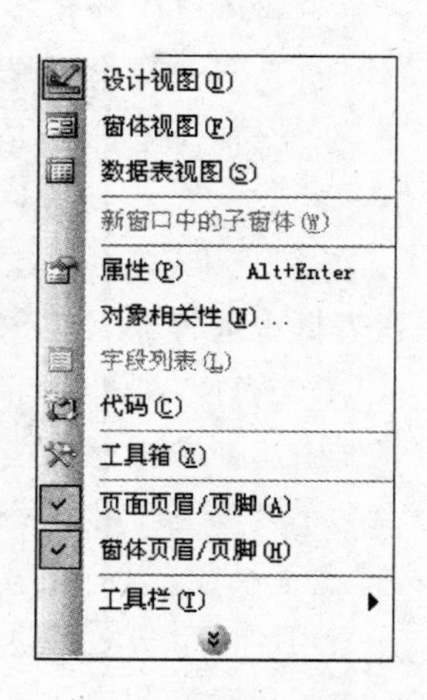

图 4-23　视图　菜单

窗体各部分功能及内容说明如下：

（1）窗体页眉和页脚 窗体页眉一般用于显示窗体标题，窗体页脚用于显示对所有记录都需要显示的内容和一些窗体的说明信息。

（2）页面页眉和页脚 主要用于显示相关的打印信息，例如日期、页码、页数等信息（更多地用于报表，在窗体中使用较少）。

（3）主体 用于以不同形式显示数据记录，可以在页面中显示一条记录，也可以显示多条记录。

4.3.2 工具箱

通过工具箱可在窗体各节中添加不同类型的控件，以完善对窗体的外观设计及功能需求。

在窗体设计视图下单击工具栏中“工具箱”按钮可以显示或隐藏工具箱（图 4-24）。

图 4-24 工具箱

工具箱中各按钮的名称及作用介绍如下：

选择对象，用于选取窗体、窗体中的节或窗体中的控件。单击该按钮可以释放前面锁定的控件。

控件向导，用于打开或关闭“控件向导”。使用控件向导可以创建列表框、组合框、选项组、命令按钮、图表、子窗体或子报表。要使用向导来创建这些控件，必须按下“控件向导”按钮。

标签，用于显示说明文本的控件，如窗体上的标题或指示文字。

文本框，用于显示、输入或编辑窗体数据源的数据，显示计算结果，或接收用户输入的数据。

选项组，选项组与复选框、单选按钮或切换按钮搭配使用，用于显示一组可选值。

切换按钮，切换按钮是与“是/否”型数据相结合的控件，或用来接收用户在自定义对话框中输入数据的非结合控件，或者选项组的一部分。按下切换按钮其值为“是”，否则其值为“否”。

单选按钮，单选按钮是可以代表“是/否”值的空心圆形，选中时圆形内有一个小黑点，代表“是”，未选中时代表“否”。

复选框，复选框是代表“是/否”值的小方框，选中方框时代表“是”，未选中时代表“否”。

组合框，该控件组合了列表框和文本框的特性，可以在文本框中输入文字，也可以在列表框中选择输入项，然后将值添加到基础字段中。

列表框，列表框中包含了可供选择的数据列表项。和组合框不同的是，用户只能从列表框中选择数据作为输入，而不能输入列表项以外的其他值。

命令按钮，用于完成各种操作，这些操作是通过设置该控件的事件属性实现的。例如，查找记录、打印记录等。

图像，用于在窗体中显示静态图片，美化窗体。由于静态图片并非 OLE 对象，所以一旦将图片添加到窗体或报表中，便不能在 Access 内进行图片编辑。

非绑定对象框，用于在窗体中显示非结合 OLE 对象，例如 Excel 电子表格。当在记录间移动时，该对象将保持不变。

绑定对象框，用于在窗体或报表上显示结合 OLE 对象，这些对象与数据源的字段有关。在窗体中显示不同记录时，将显示不同的内容。

分页符，分页符控件在创建多页窗体时用来指定分页位置。

选项卡控件，用于创建多页选项卡窗体或选项卡对话框，可以在选项卡控件上复制或添加其他控件。

子窗体/子报表，用于显示来自多个表的数据。

直线，用于在窗体中分隔不同对象，美化界面。

矩形，在窗体中绘制矩形，将相关的数据组织在一起，突出某些内容的显示。

其他控件，单击将弹出一个列表，可以从中选择所需要的控件源加到当前窗体中。

4.3.3 在窗体中添加控件

窗体中添加的每个对象都是控件，控件构成了窗体的核心内容，是窗体中数据的载体。窗体中的控件分为 3 种类型。

1. 结合型控件

结合型控件又称为绑定型控件，与表或查询中字段相结合，可直接显示、输入或更新数据库中字段值。在窗体设计视图下“字段列表”中选中字段后，拖动到窗体预设定位置即可实现结合型控件的添加。

2. 非结合型控件

非结合型控件又称为非绑定型控件，此类控件没有数据来源，主要用于显示文本信息、直线、矩形或图像，可在工具箱中选择所需的控件类型并在窗体选定位置进行添加。

3. 计算型控件

使用表达式作为数据源，表达式中引用的数据可以来自表或查询，也可以来自窗体中其他控件。

不同类型的控件在窗体中的创建方法不尽相同，下面通过操作案例来介绍如何创建各类控件。

【操作案例】44：使用“工具箱”，创建“员工信息窗体”窗体。要求通过标签控件生成窗体标题，通过结合型文本框控件显示“工号”、“姓名”、“出生日期”、“基本工资”和“电话”等字段信息。

(1) 单击“新建”按钮，在“新建窗体”对话框中选择“设计视图”，并选择数据来源表为“员工信息”表(图 4-25)。

(2) 单击“确定”按钮，得到只包含主体节的窗体设计视图(图 4-26)。

(3) 单击“视图”菜单，选中“窗体页眉/页脚”命令，使得设计视图中出现窗体页眉和窗体页脚区域(图 4-27)。

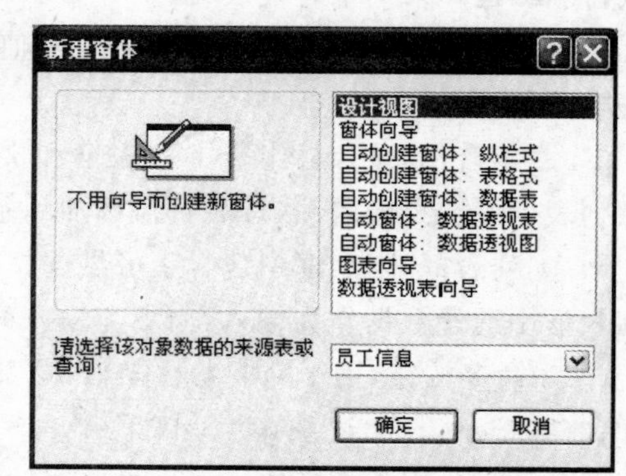

图 4-25 新建窗体 对话框

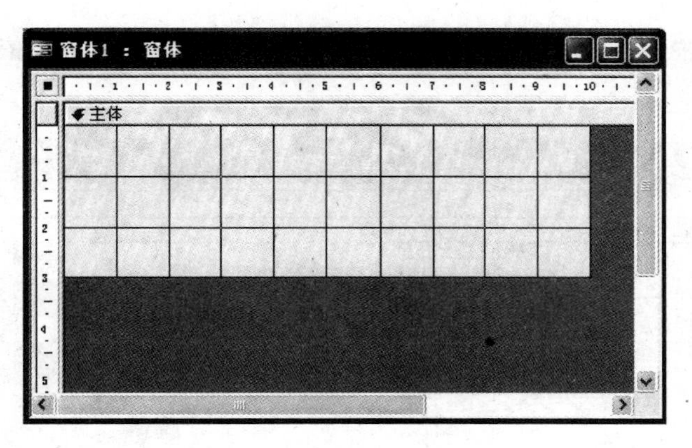

图 4-26 窗体设计视图-1

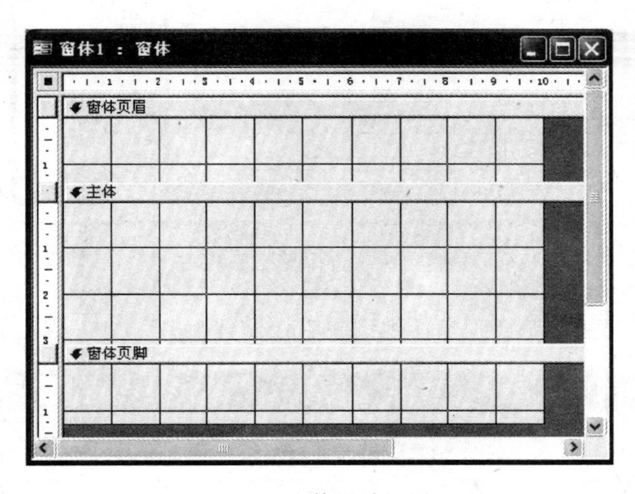

图 4-27 窗体设计视图-2

(4) 单击工具箱中“标签”工具按钮，在窗体页眉中选定位置处拖出一矩形框确认添加标签，在其中输入“员工信息窗体”文本，并在控件激活状态下设置文本格式(图 4-28)。

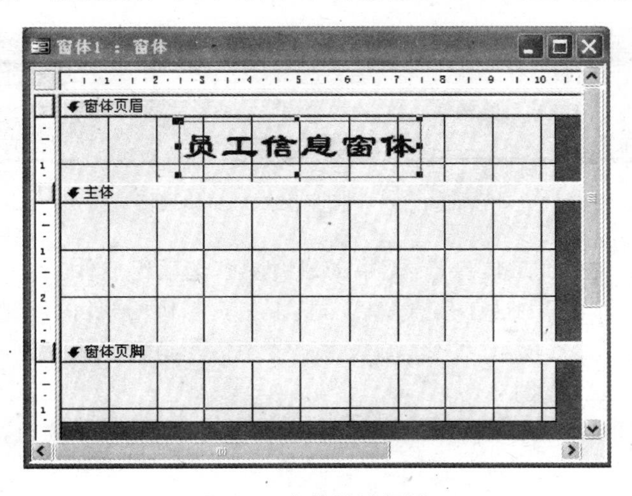

图 4-28 窗体设计视图-3

(5) 将“工号”、“姓名”、“出生日期”、“基本工资”和“电话”等字段依次从字段列表中拖至主体节(图 4-29)。

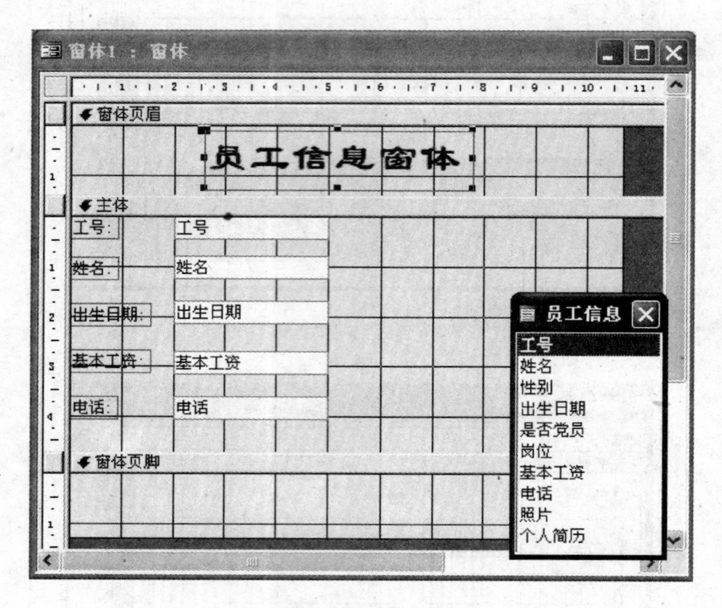

图 4-29 窗体设计视图-4

(6) 单击“视图”按钮,切换到窗体视图查看该窗体(图 4-30)并保存为“员工信息窗体”。

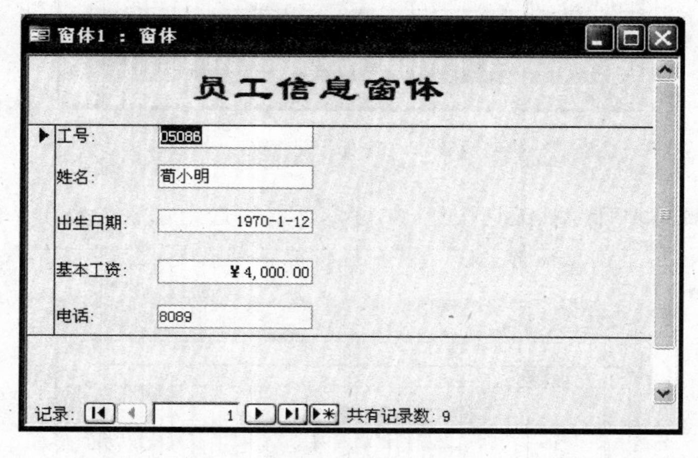

图 4-30 员工信息窗体 窗体视图

【操作案例】45:在“员工信息窗体”中创建“性别”选项组控件。

(1) 在设计视图中打开“员工信息窗体”,按下工具箱中“控件向导”按钮。

(2) 单击工具箱中“选项组”按钮,单击主体节中适当位置以确认添加选项组控件,此时弹出“选项组向导”对话框(图 4-31)。

(3) 在“标签名称”框内分别输入“男”、“女”,并单击“下一步”按钮,确定使用“男”为默认选项(图 4-32)。

(4) 单击“下一步”按钮,为选项赋值(图 4-33)。

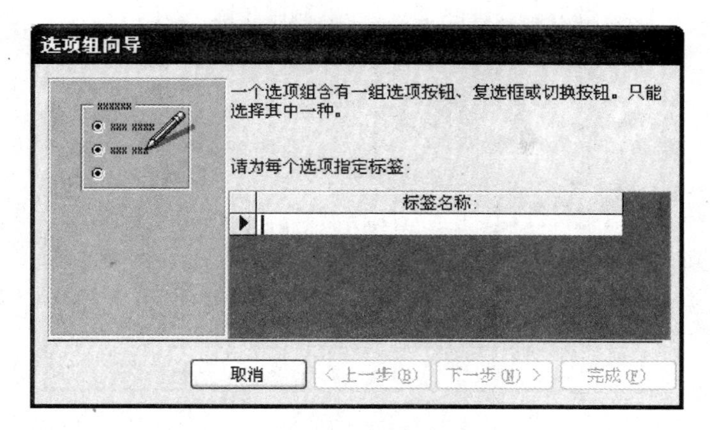

图 4-31　选项组向导-1

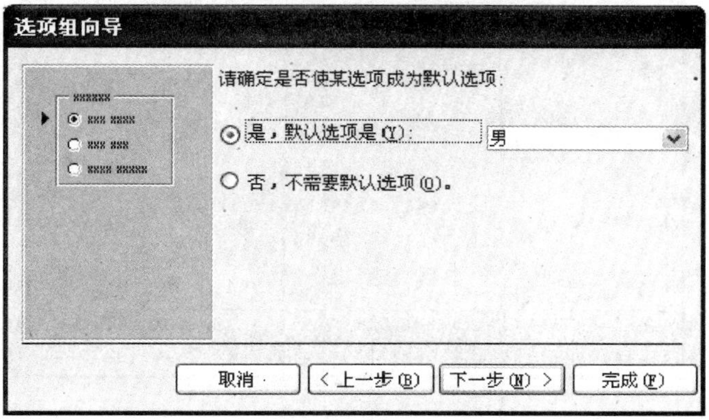

选项组向导

请确定是否使某选项成为默认选项:

是，默认选项是(Y): 男

否，不需要默认选项(O)。

取消　< 上一步(B)　下一步(N) >　完成(F)

图 4-32　选项组向导-2

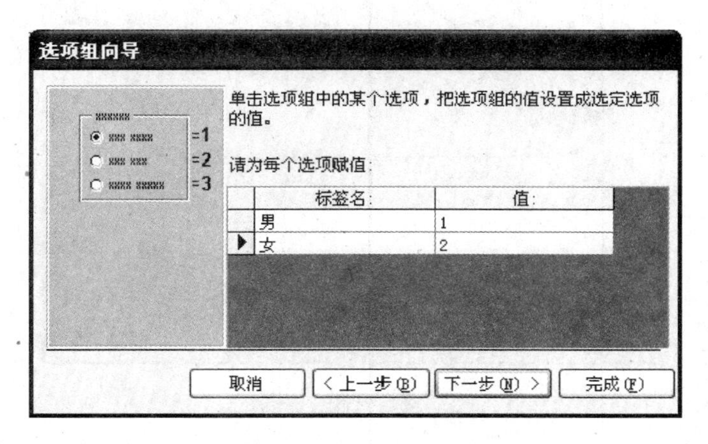

图 4-33　选项组向导-3

(5) 单击“下一步”按钮，选择在“性别”字段中保存所赋值(图 4-34)。

(6) 单击“下一步”按钮，选择使用的控件类型及样式(图 4-35)。

(7) 单击“下一步”按钮，为选项组指定标题为“性别”(图 4-36)。

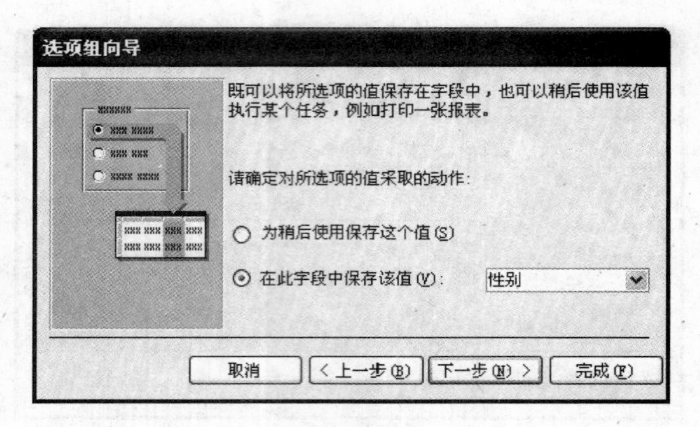

图 4-34　选项组向导-4

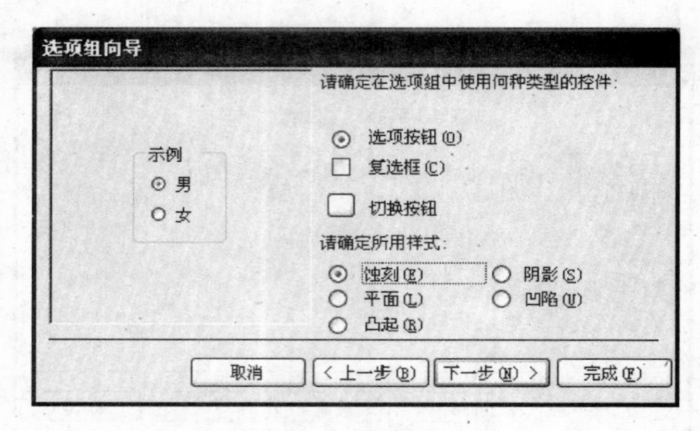

图 4-35　选项组向导-5

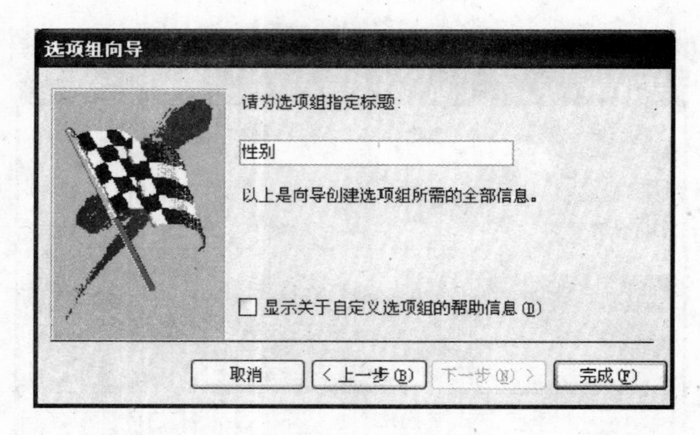

图 4-36　选项组向导-6

(8) 单击“完成”按钮，得到“员工信息窗体”设计视图(图 4-37)。

(9) 切换到窗体视图效果如图 4-38 所示，保存对窗体的更改。

【操作案例】46：在“员工信息窗体”中创建“岗位”结合型组合框控件。

(1) 在设计视图中打开“员工信息窗体”，按下工具箱中“控件向导”按钮。

员工信息窗体 : 窗体
窗体页眉
员工信息窗体
主体
工号:
工号
性别
男
女
姓名:
姓名
出生日期:
出生日期
基本工资:
基本工资
电话:
电话
窗体页脚

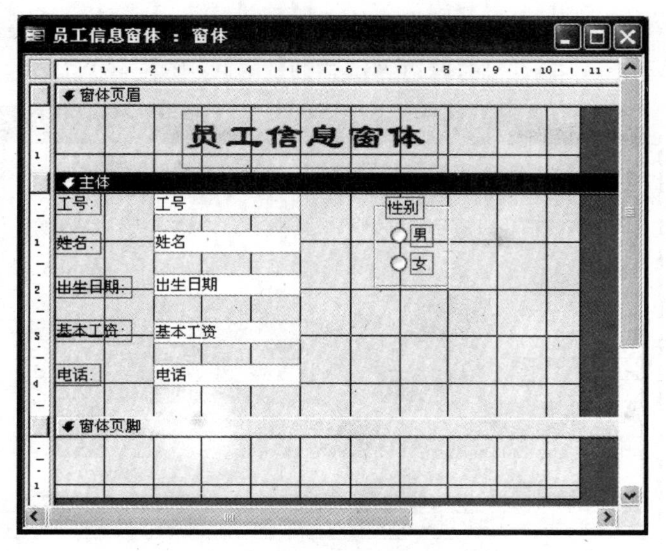

图 4-37　员工信息窗体　设计视图

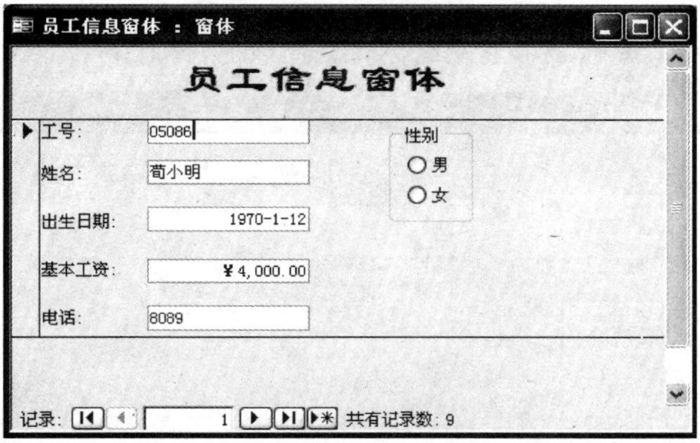

员工信息窗体 : 窗体
员工信息窗体
工号:
05086
性别
男
女
姓名:
荀小明
出生日期:
1970-1-12
基本工资:
¥4,000.00
电话:
8089
记录:
1
共有记录数: 9

图 4-38　员工信息窗体　窗体视图

（2）单击工具箱中“组合框”按钮，单击主体节中适当位置以确认添加组合框控件，此时弹出“组合框向导”对话框，并选择组合框获取数值的方式为“自行键入所需的值”（图 4-39）。

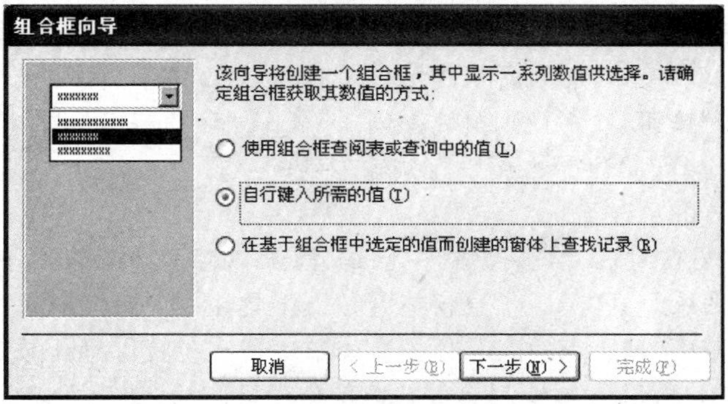

组合框向导
该向导将创建一个组合框，其中显示一系列数值供选择。请确定组合框获取其数值的方式：
使用组合框查阅表或查询中的值(L)
自行键入所需的值(T)
在基于组合框中选定的值而创建的窗体上查找记录(R)
取消
< 上一步(B)
下一步(N) >
完成(F)

图 4-39　组合框向导-1

(3) 单击“下一步”按钮，输入列表框中所需的列数，然后输入列表框中所需的值“管理”、“采购”和“销售”。可拖动列的右边缘调整列的宽度(图 4-40)。

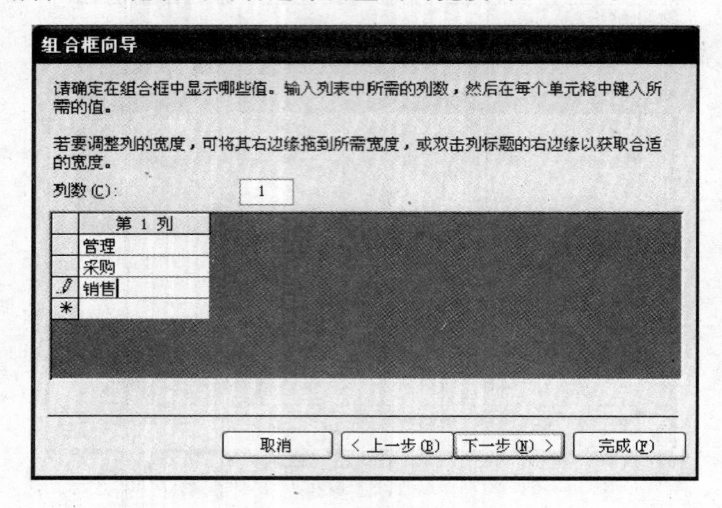

图 4-40　组合框向导-2

(4) 单击“下一步”按钮，选择将从组合框中选定的数值保存在“岗位”字段中(图 4-41)。

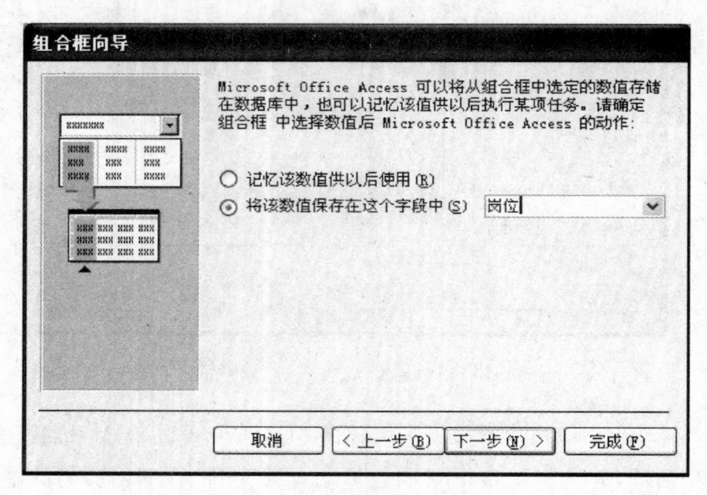

图 4-41　组合框向导-3

(5) 单击“下一步”按钮，为组合框指定标签“岗位”(图 4-42)。

(6) 单击“完成”按钮，并切换到窗体视图(图 4-43)查看，“岗位”组合框控件创建成功，可以在下拉列表中选择列表项，也可以直接输入新的项目。

(7) 保存对窗体的更改。

【操作案例】47：在“员工信息窗体”中创建“岗位”结合型列表框控件。

(1) 在设计视图中打开“员工信息窗体”，按下工具箱中“控件向导”按钮。

(2) 单击工具箱中“列表框”按钮，单击主体节中适当位置以确认添加列表框控件，此时弹出“列表框向导”对话框，并确定列表框获取数值的方式为“使用列表框查阅表或查询中的值”(图 4-44)。

组合框向导
请为组合框指定标签:
岗位
以上是向导创建组合框所需的全部信息。
显示有关自定义组合框的帮助信息(D)
取消
< 上一步(B)
下一步(N) >
完成(F)

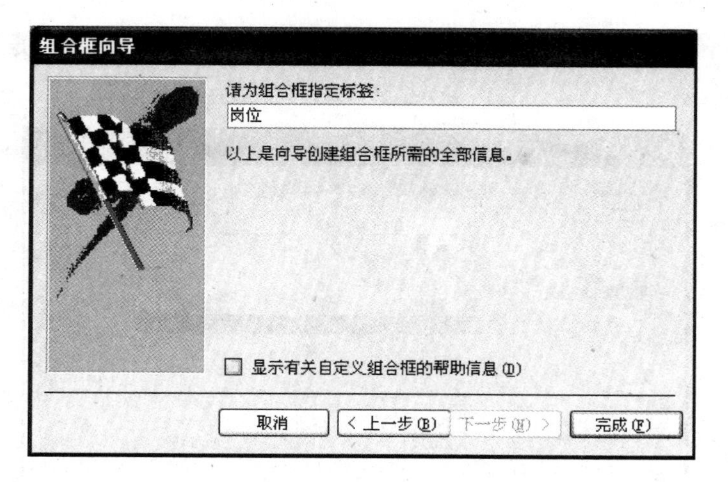

图 4-42　组合框向导-4

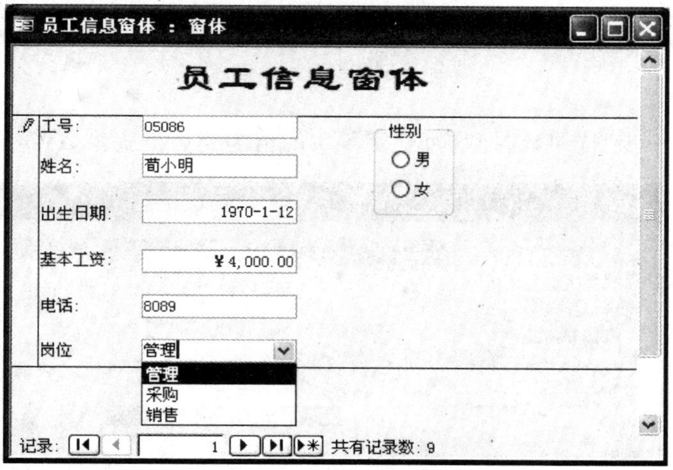

员工信息窗体 : 窗体
员工信息窗体
工号:
05086
姓名:
荀小明
出生日期:
1970-1-12
基本工资:
¥4,000.00
电话:
8089
岗位
管理
管理
采购
销售
性别
男
女
记录:
1
共有记录数: 9

图 4-43　员工信息窗体中组合框

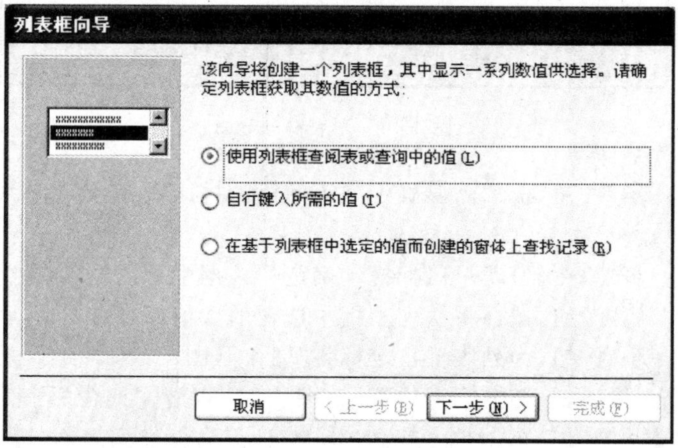

列表框向导
该向导将创建一个列表框，其中显示一系列数值供选择。请确定列表框获取其数值的方式:
使用列表框查阅表或查询中的值(L)
自行键入所需的值(T)
在基于列表框中选定的值而创建的窗体上查找记录(R)
取消
< 上一步(B)
下一步(N) >
完成(F)

图 4-44　列表框向导-1

(3) 单击“下一步”按钮，选择为列表框提供数值的表或查询为“表：员工信息”，并选择视图方式为“表”(图 4-45)。

图 4-45　列表框向导-2

(4) 单击“下一步”按钮，选择“岗位”字段中的值为列表框提供数值(图 4-46)。

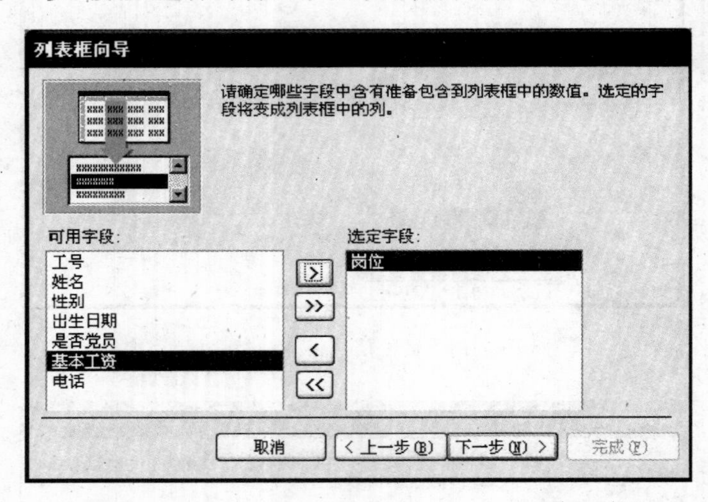

图 4-46　列表框向导-3

(5) 单击“下一步”按钮，根据需要确定列表使用的排序次序，在此选择依据“岗位”字段升序排列(图 4-47)。

(6) 单击“下一步”按钮，可通过鼠标拖动确定列表框中列的宽度(图 4-48)。

(7) 单击“下一步”按钮，选择将从列表框中选定的数值保存在“岗位”字段中(图 4-49)。

(8) 单击“下一步”按钮，为列表框指定标签“岗位”(图 4-50)。

(9) 单击“完成”按钮，并切换到窗体视图(图 4-51)查看，“岗位”列表框控件创建成功。此时，在同一个窗体中创建了针对同一字段“岗位”的组合框和列表框，可以看到二者在功能上的差别。

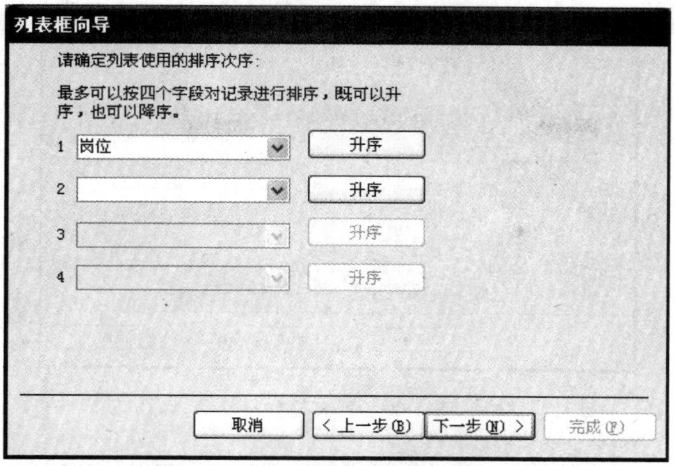

列表框向导
请确定列表使用的排序次序:
最多可以按四个字段对记录进行排序，既可以升序，也可以降序。
1 岗位
升序
2
升序
3
升序
4
升序
取消
< 上一步(B)
下一步(N) >
完成(F)

图 4-47　列表框向导-4

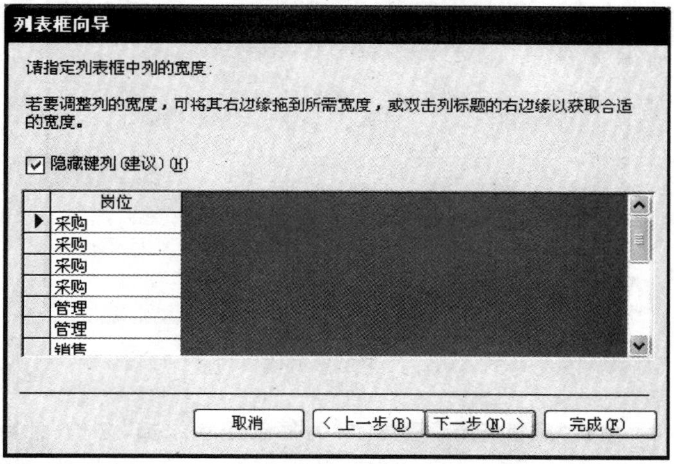

列表框向导
请指定列表框中列的宽度:
若要调整列的宽度，可将其右边缘拖到所需宽度，或双击列标题的右边缘以获取合适的宽度。
隐藏键列(建议)(H)
岗位
采购
采购
采购
采购
管理
管理
销售
取消
< 上一步(B)
下一步(N) >
完成(F)

图 4-48　列表框向导-5

列表框向导
Microsoft Office Access 可以将从列表框中选定的数值存储在数据库中，也可以记忆该值供以后执行某项任务。请确定列表框 中选择数值后 Microsoft Office Access 的动作:
记忆该数值供以后使用(R)
将该数值保存在这个字段中(S)
岗位
取消
< 上一步(B)
下一步(N) >
完成(F)

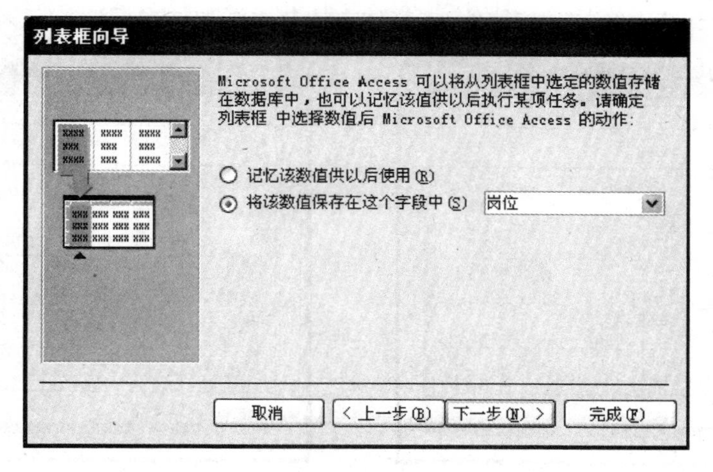

图 4-49　列表框向导-6

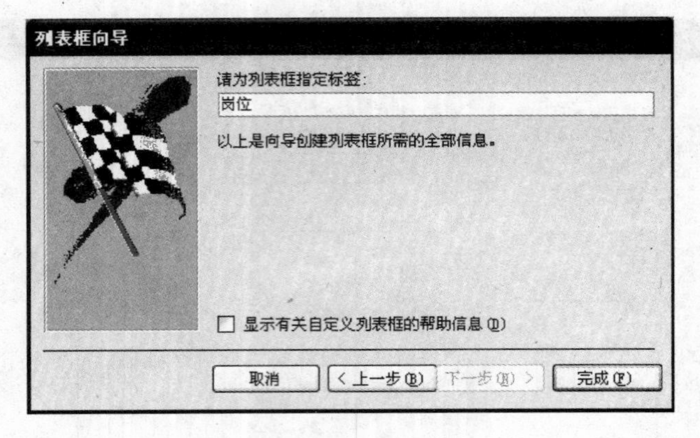

图 4-50　列表框向导-7

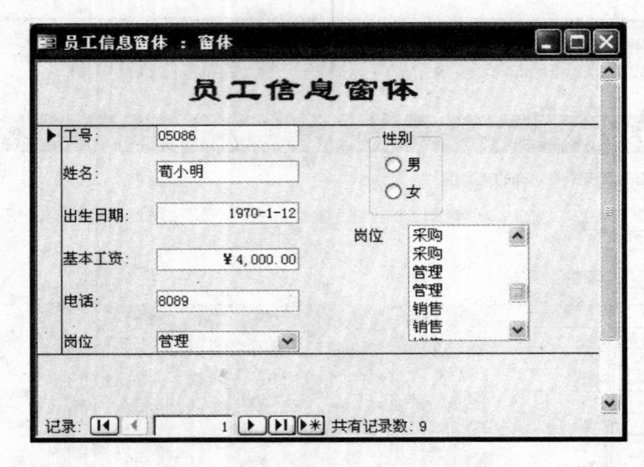

图 4-51　员工信息窗体中列表框

【操作案例】48：创建“采购记录”窗体，并为每条记录添加“总价”计算控件。

(1) 通过“新建”按钮，以“采购记录”表为数据源，自动创建“采购记录”纵栏式窗体，并在设计视图中打开窗体(图 4-52)。

(2) 使用工具箱中“文本框”控件，在窗体主体节中添加文本框(图 4-53)。

图 4-52　采购记录窗体　设计视图

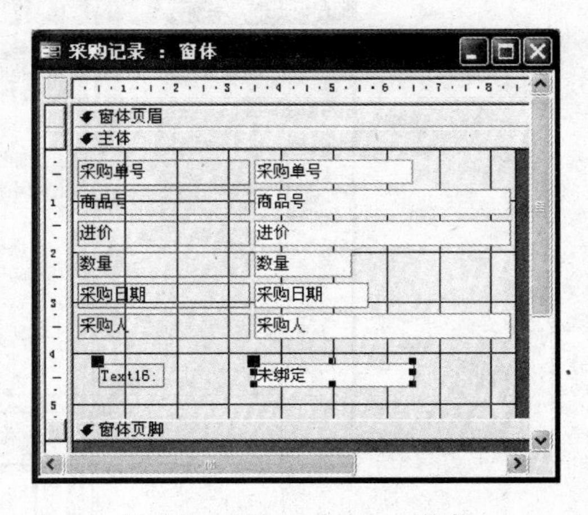

图 4-53　添加　文本框　控件

(3) 修改其标签标题为“总价”,在文本框中输入“=[进价]*[数量]”(图 4-54)。

(4) 修改文本框属性,在“格式”选项卡中设置“格式”为“货币”(图 4-55)。

图 4-54 修改 文本框 控件

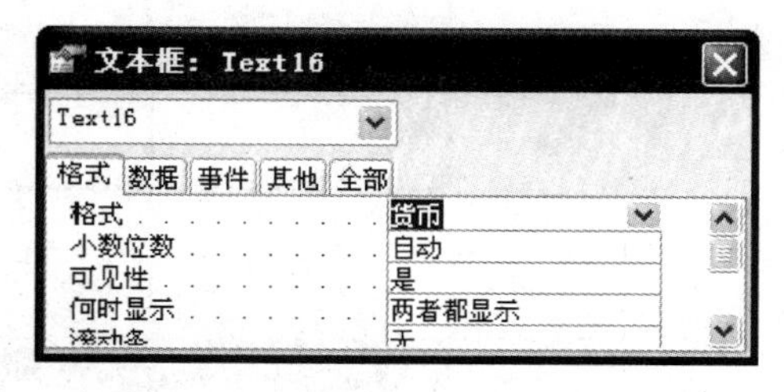

图 4-55 修改 文本框 属性

(5) 关闭文本框属性对话框,调整新建计算控件位置与其他控件对齐,切换窗体至窗体视图(图 4-56)查看并保存。

【操作案例】49: 在“供应商信息纵栏式”窗体中添加“前一条记录”和“下一条记录”两个命令按钮,且不显示系统默认的窗体记录导航条。

(1) 在“设计视图”下打开“供应商信息纵栏式”窗体。

(2) 单击工具箱中“控件向导”按钮,使其处于淡棕色激活状态;单击工具箱中“命令按钮”控件,在主体节中选定位置处单击,系统弹出“命令按钮向导”对话框;在该对话框“类别”列表中选择“记录导航”,在“操作”列表中选择“转至前一条记录”作为按下按钮时产生的动作(图 4-57)。

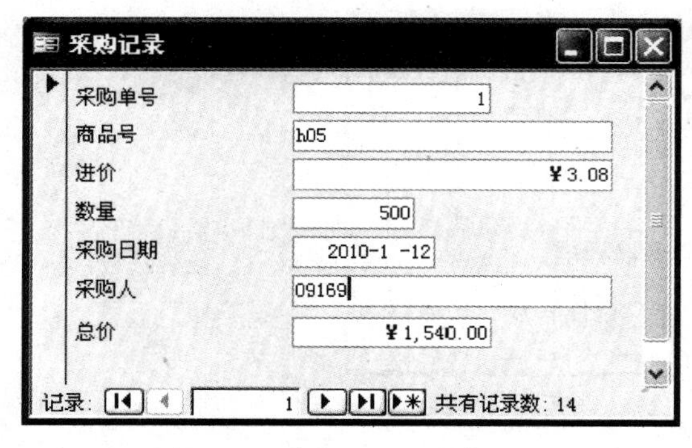

图 4-56 采购记录 窗体视图

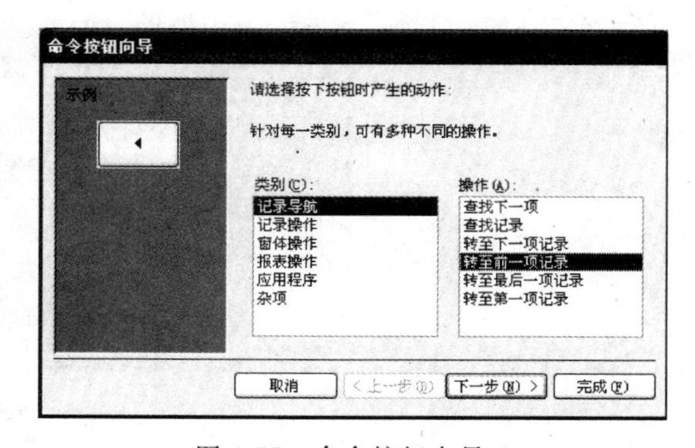

图 4-57 命令按钮向导-1

(3) 单击“下一步”按钮,在随后的“命令按钮向导”对话框中选择在命令按钮上显示“文本”,并输入“前一条记录”(图 4-58)。

(4) 单击“下一步”按钮,指定命令按钮的名称为“前一条记录”(图 4-59)。

(5) 单击“完成”按钮,“前一条记录”命令按钮创建完成;按照上述方法创建“下一条记录”命令按钮,并切换到“窗体视图”查看窗体(图 4-60)。

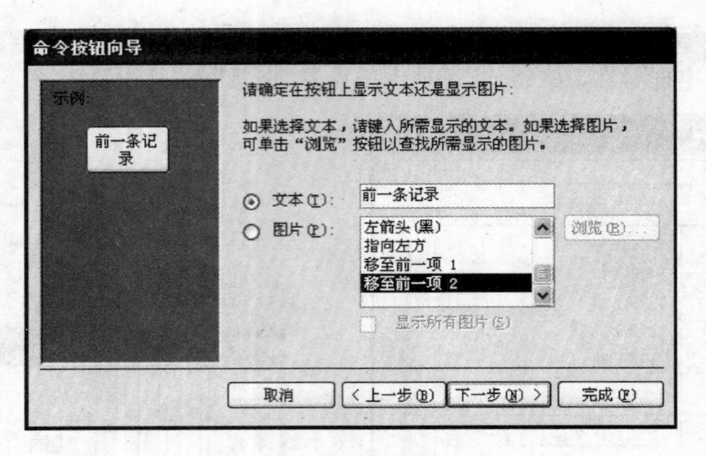

图 4-58　命令按钮向导-2

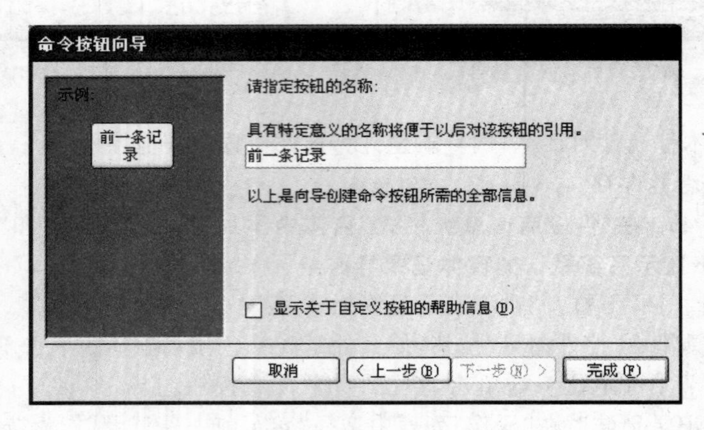

图 4-59　命令按钮向导-3

图 4-60　供应商信息窗体中命令按钮

(6) 切换回"设计视图"，右击窗体左上角的"窗体选择器"按钮，在弹出的菜单中选择执行"属性"命令(图 4-61)。

(7) 在窗体"属性"对话框中单击"格式"选项卡，更改"导航按钮"选项为"否"(图 4-62)，并关闭"属性"对话框。

(8) 切换到"设计视图"查看窗体(图 4-63)，记录导航条已经不再显示，保存对当前窗体的更改。

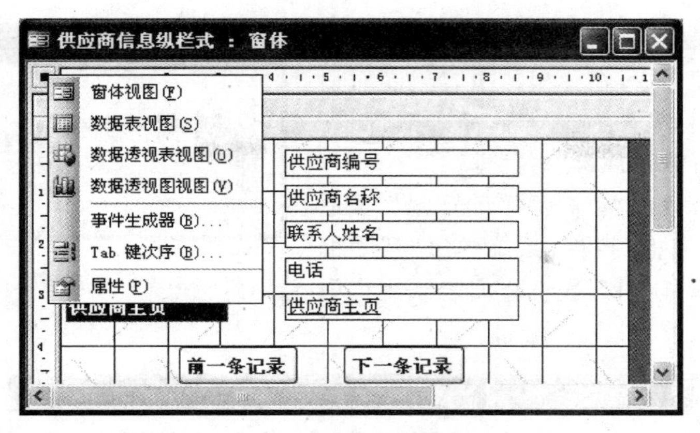

图 4-61 窗体 属性菜单

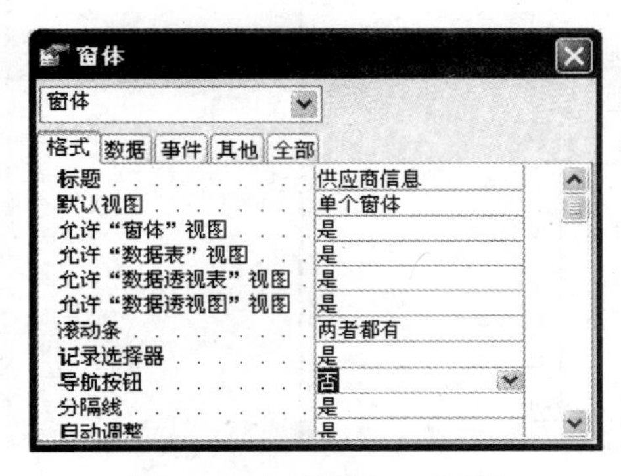

图 4-62 窗体属性 对话框

图 4-63 供应商信息 窗体视图

【操作案例】50：创建“商品进销记录”窗体，要求以选项卡形式分别呈现“商品采购记录”和“商品销售记录”信息。

(1) 在数据库中选中“窗体”对象后，双击“在设计视图中创建窗体”，弹出空白窗体“设计视图”。

(2) 单击工具箱中“控件向导”按钮，使其处于淡棕色激活状态；单击工具箱中“选项卡控件”按钮，在主体节中选定位置处单击并拖出合适尺寸的矩形框添加选项卡控件(图 4-64)。

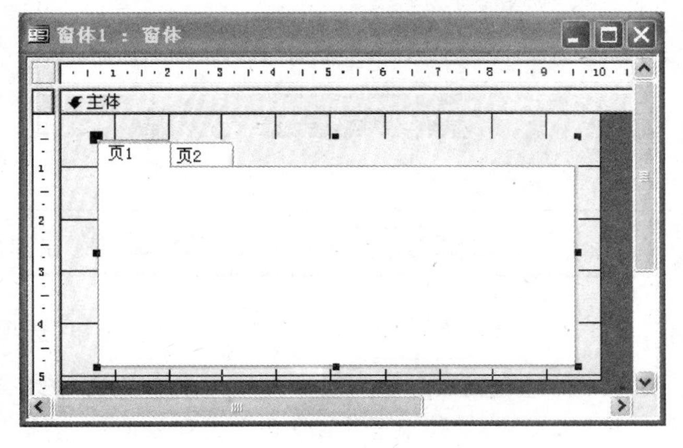

图 4-64 添加选项卡控件

(3) 右击选项卡“页 1”，在弹出的快捷菜单中选择执行“属性”命令，在弹出的页“属性”对话框“格式”选项卡“标题”中输入“商品采购记录”(图 4-65)，然后关闭页“属性”对话框。

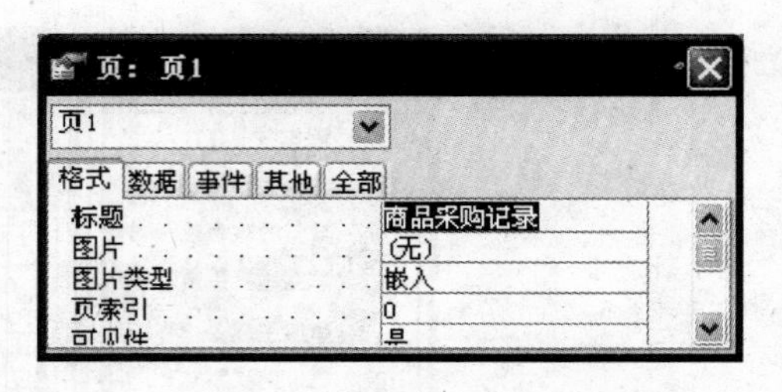

图 4-65　页属性　对话框

(4) 使用“工具箱”在“商品采购记录” 页适当位置上添加“列表框”控件，系统弹出“列表框向导”对话框，选择“使用列表框查阅表或查询中的值”(图 4-66)。

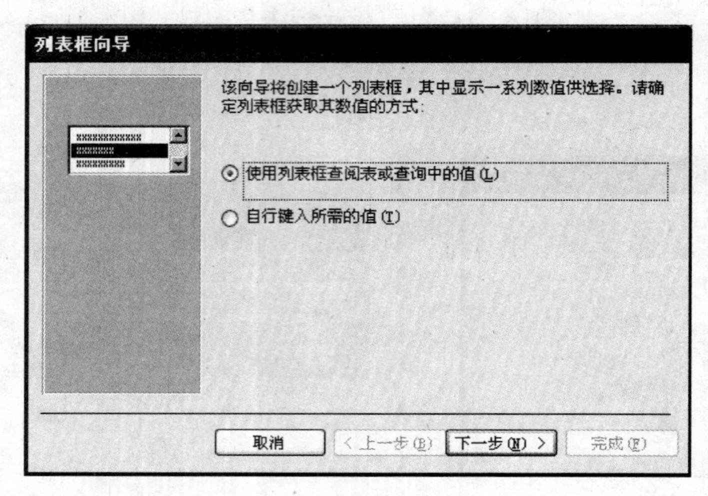

图 4-66　列表框向导-1

(5) 单击“下一步”按钮，选择“表：采购记录”为列表框提供数值(图 4-67)。

图 4-67　列表框向导-2

(6) 单击“下一步”按钮，选定表中全部字段作为列表框中的列(图 4-68)。

(7) 单击“下一步”按钮，指定以“商品号”字段升序为列表使用的排序次序(图 4-69)。

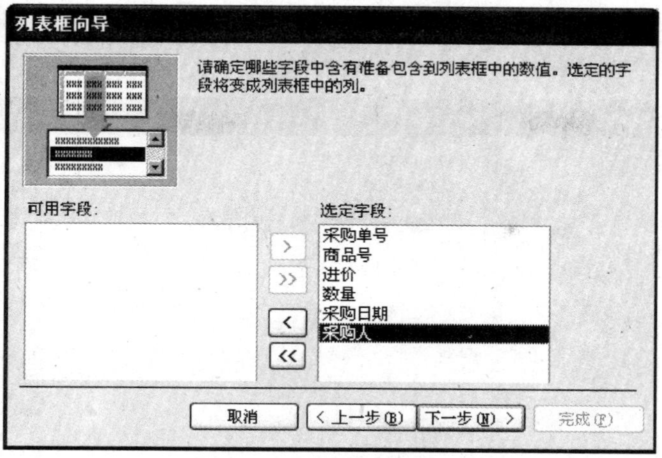

列表框向导

请确定哪些字段中含有准备包含到列表框中的数值。选定的字段将变成列表框中的列。

可用字段:

选定字段:
采购单号
商品号
进价
数量
采购日期
采购人

取消 < 上一步(B) 下一步(N) > 完成(F)

图 4-68　列表框向导-3

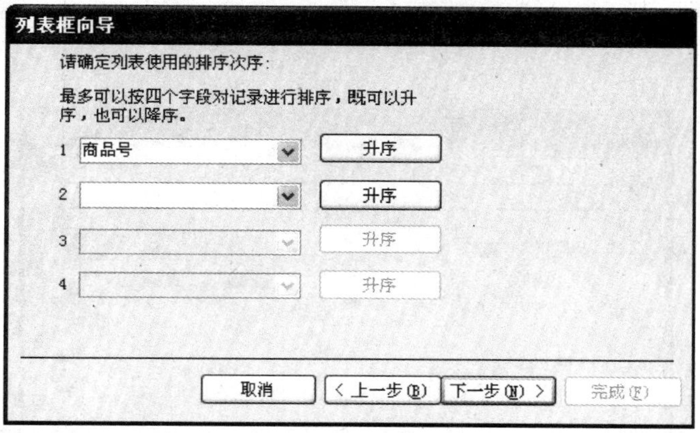

列表框向导

请确定列表使用的排序次序:

最多可以按四个字段对记录进行排序，既可以升序，也可以降序。

1 商品号 升序

2 升序

3 升序

4 升序

取消 < 上一步(B) 下一步(N) > 完成(F)

图 4-69　列表框向导-4

(8) 单击“下一步”按钮，调整列表框中各列的宽度(图 4-70)。

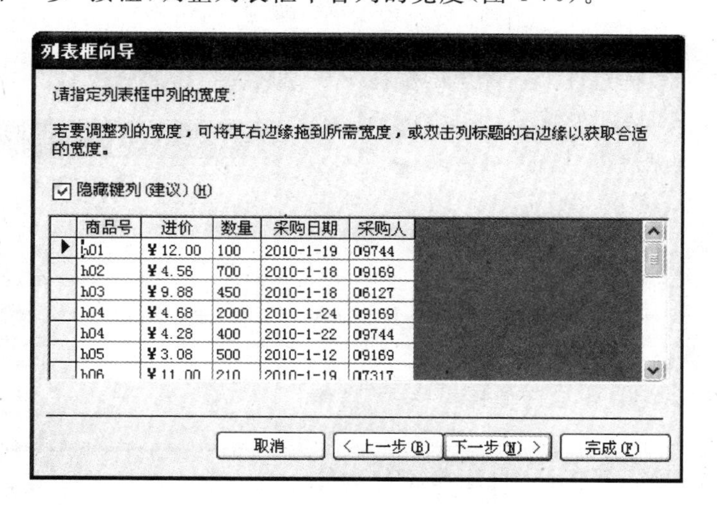

图 4-70　列表框向导-5

(9) 单击"下一步"按钮,为列表框指定标签为"商品采购记录"(图 4-71),并单击"完成"按钮,得到窗体"设计视图"(图 4-72)。

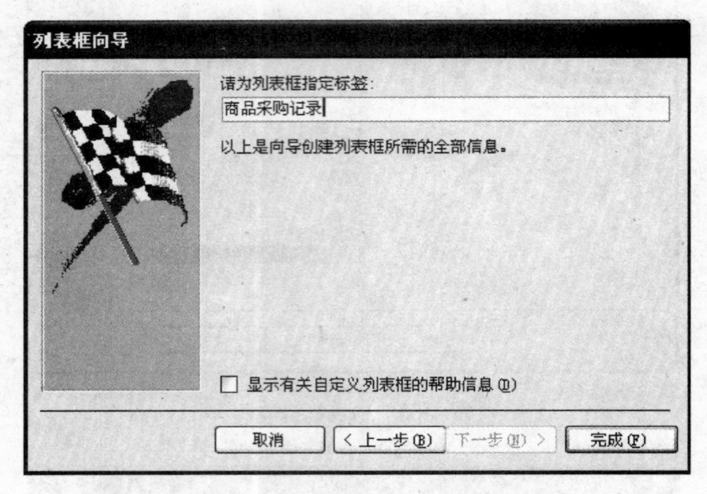

图 4-71　列表框向导-6

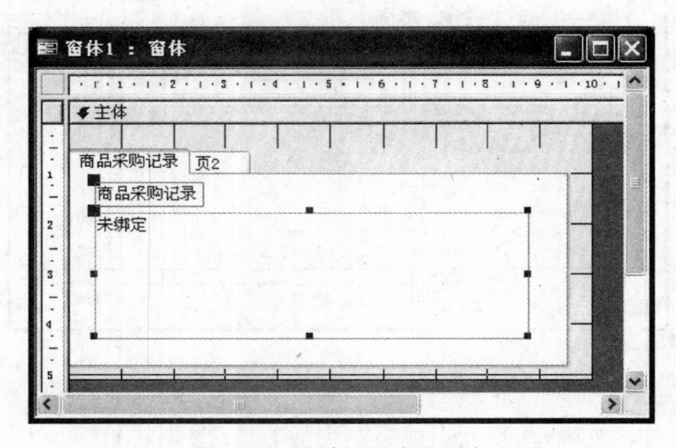

图 4-72　设计视图中选项卡

(10) 右击"列表框控件",在弹出的快捷菜单中选择执行"属性"命令,在弹出的列表框"属性"对话框"格式"选项卡"列标题"中选择"是"(图 4-73),然后关闭列表框"属性"对话框。

(11) 切换至"窗体视图"查看设计结果(图 4-74),并按照上述步骤完成"商品销售记录"选项卡的创建。

(12) 保存对窗体设计的更改,命名为"商品进销记录",窗体创建完成(图 4-75)。

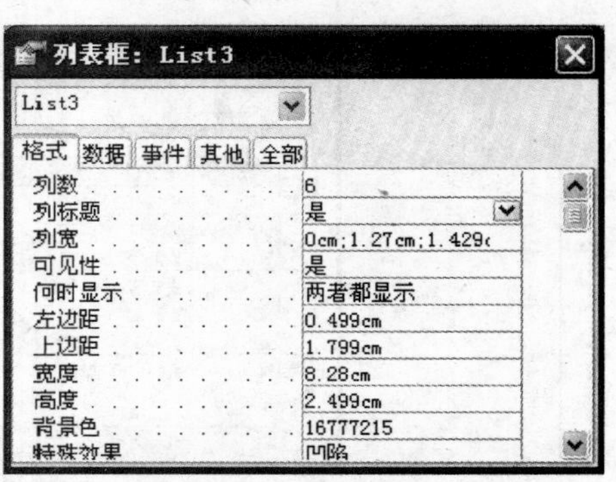

图 4-73　列表框属性　对话框

【操作案例】51:为"供应商信息纵栏式"窗体添加图像背景。

(1) 在"设计视图"下打开"供应商信息纵栏式"窗体。

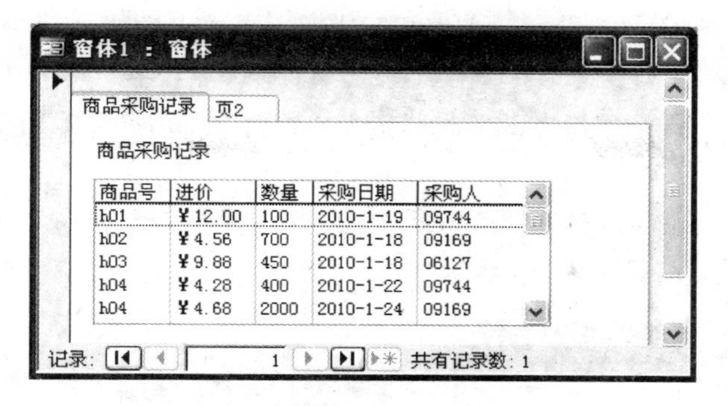

图 4-74　商品采购记录　选项卡

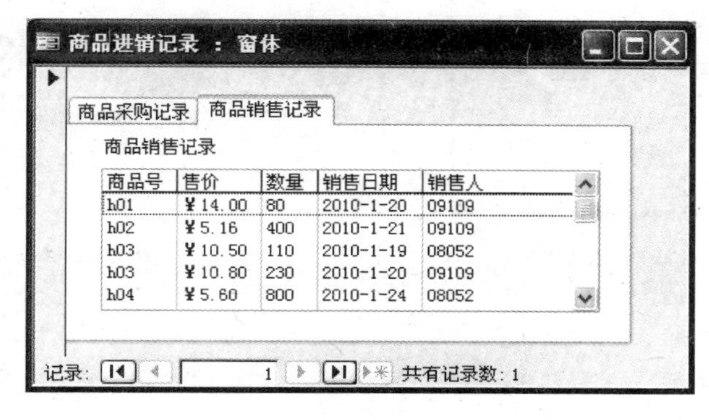

图 4-75　商品进销记录　窗体视图

(2) 单击工具箱中“控件向导”按钮,使其处于淡棕色激活状态;单击工具箱中“图像”控件按钮,在主体节中选定位置处单击并拖动至合适的尺寸添加图像控件,系统弹出“插入图片”对话框,在对话框中选择要作为背景的图片(图 4-76)。

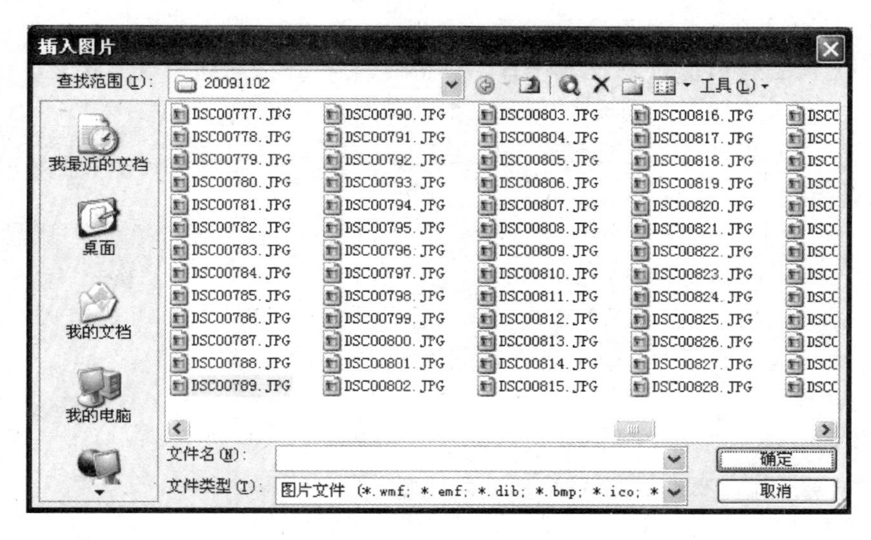

图 4-76　选择图片文件

(3) 单击“确定”按钮，右击插入的“图像”控件，在弹出的快捷菜单中选择执行“属性”命令，在弹出的图像“属性”对话框“格式”选项卡“图片类型”中选择“嵌入”，“缩放模式”中选择“拉伸”，“图片对齐方式”中选择“中心”(图 4-77)，然后关闭图片“属性”对话框。

(4) 单击“格式”菜单，选择“置于底层”命令，并切换至“窗体视图”查看(图 4-78)，图片背景添加完成，保存对窗体设计的修改。

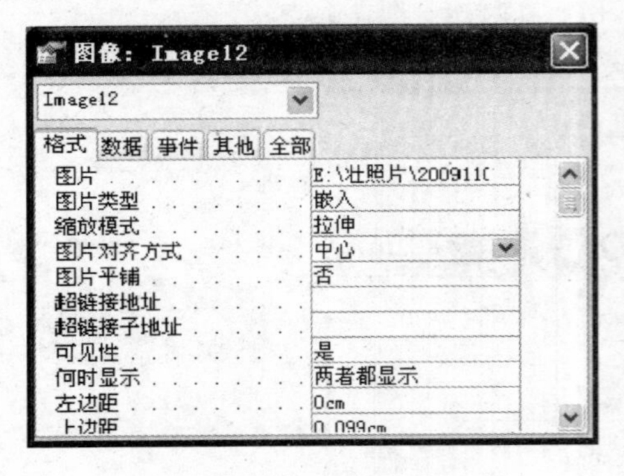

图 4-77　图像属性　对话框

图 4-78　供应商信息　窗体视图

4.4 美化窗体

对于已经创建好的窗体，有时需要进一步进行美化，以达到较好的视觉效果，为窗体使用者提供更大便利。对窗体进行美化主要可以通过菜单栏中“格式”菜单和窗体中控件的“格式”属性来加以设置。

4.4.1 “格式”菜单

对控件进行操作前，首先要选中控件。选中控件后，控件周围会出现 8 个控点，当鼠标指针指向控点时会变成双向箭头，此时可以拖动调整控件尺寸。选中控件后可通过“格式”菜单中相应命令对控件位置进行修改。

1. 组合控件

在设计视图中可以将多个控件组合起来，使其作为一个整体进行统一的位置移动、尺寸缩放等操作。要将多个控件进行组合，首先选中多个控件，然后单击“格式”菜单“组合”命令，可以看到选中的多个控件四周出现包含控点的矩形框(图 4-79)，此时可以对组合控件进行操作。如果需要取消对控件的组合，单击“格式”菜单“取消组合”命令即可。

2. 移动控件

在控件选中状态下，可以直接通过键盘方向键进行位置调整。也可以将鼠标指针指向选中的控件，鼠标指针变成手形状时，拖动鼠标调整控件位置(图 4-80)。

3. 对齐控件

要将多个控件对齐，首先选中多个控件，然后单击“格式”菜单“对齐”级联菜单，在其中可以选择不同对齐方式(图 4-81)。

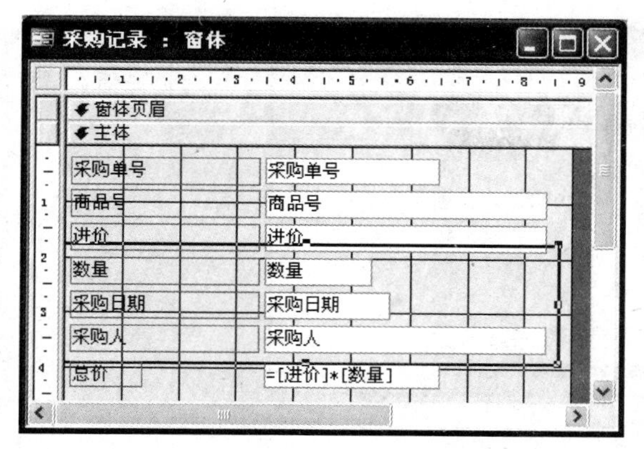

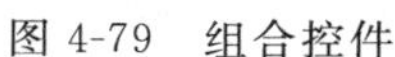
图 4-79　组合控件

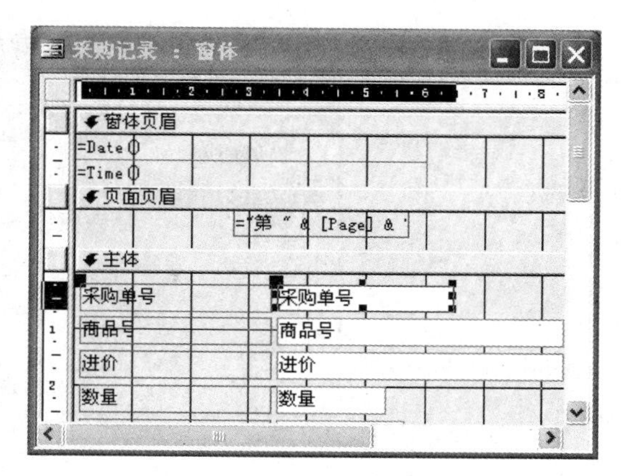

图 4-80　移动控件

4. 更改控件大小

要将多个控件对齐，首先选中多个控件，然后单击“格式”菜单“大小”级联菜单，在其中可以选择不同方式控制控件尺寸(图 4-82)。

5. 更改控件间距

设计窗体时，经常需要调整控件间间距以美化窗体布局，选中控件后单击“格式”菜单“水平间距”或“垂直间距”级联菜单，在其中可以选择相应选项(图 4-83)。

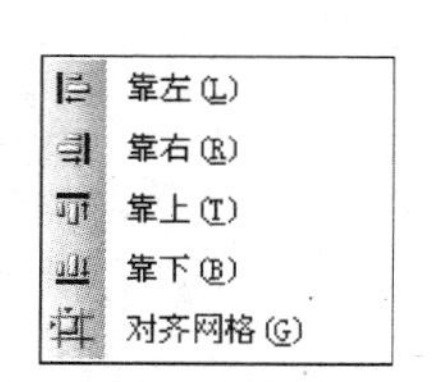

图 4-81　对齐　级联菜单

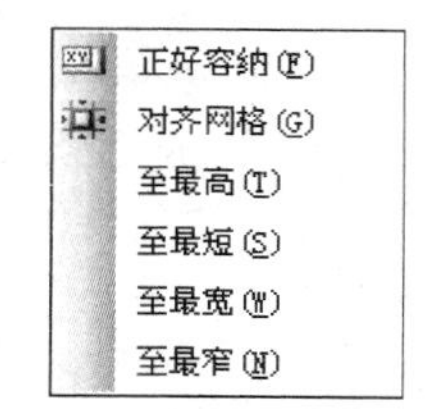

图 4-82　大小　级联菜单

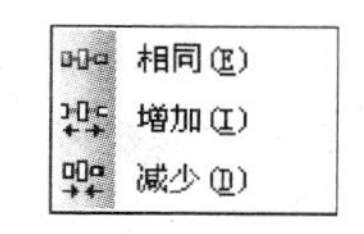

图 4-83　间距　级联菜单

6. 更改控件层级关系

窗体中多个控件有重叠时，可根据需要设置控件的层级关系，选中控件后单击“格式”菜单“置于顶层”或“置于底层”命令以确认控件放置的层级位置。

4.4.2　控件“格式”属性

在窗体“设计视图”下，每个控件都有独立的属性，选中控件，右击鼠标弹出的快捷菜单最底端一项即为“属性”命令。可以通过对“属性”对话框“格式”选项卡中具体项目的设置来确认控件所需的格式，以达到美化窗体的目的。

不同控件的属性各有不同，“格式”选项卡中的项目也有很大差别，在实际操作中可根据控件类别以及具体需要进行设置。

4.4.3　自动套用格式

窗体“设计视图”下，“格式”菜单中有一项特殊的命令——“自动套用格式”，能够提供成套的格式供当前窗体选用(图 4-84)，并且还能通过“自定义”来实现新的自动套用格式的创建(图 4-85)，以方便后期选用。

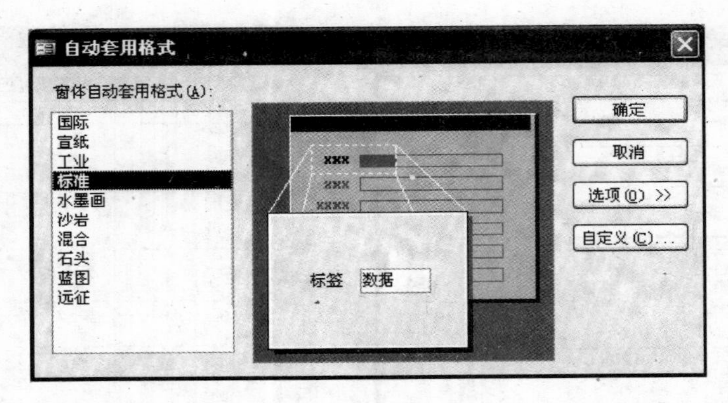

图 4-84 自动套用格式 对话框

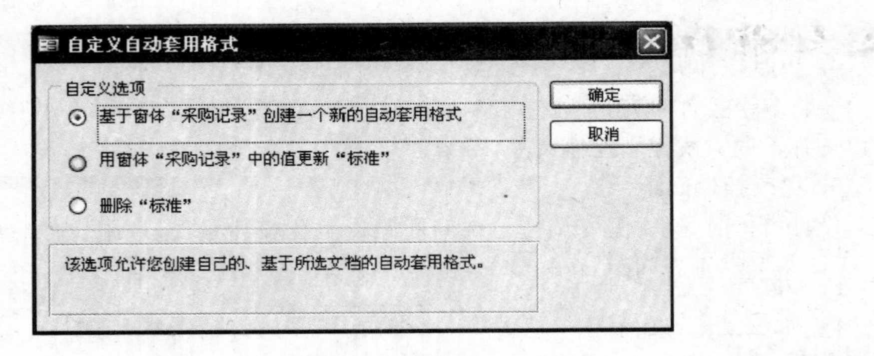

图 4-85 自定义自动套用格式 对话框

4.4.4 “插入”菜单

在窗体设计过程中，有时还会需要在窗体中加入“图表”、“日期和时间”、“超链接”等内容，可以通过“插入”菜单(图 4-86)来实现。系统会自动识别确认插入内容的位置，如在“页面页眉”节插入“页码”，在“窗体页眉”节插入“日期和时间”，在“主体”节插入“超链接”(图 4-87)。

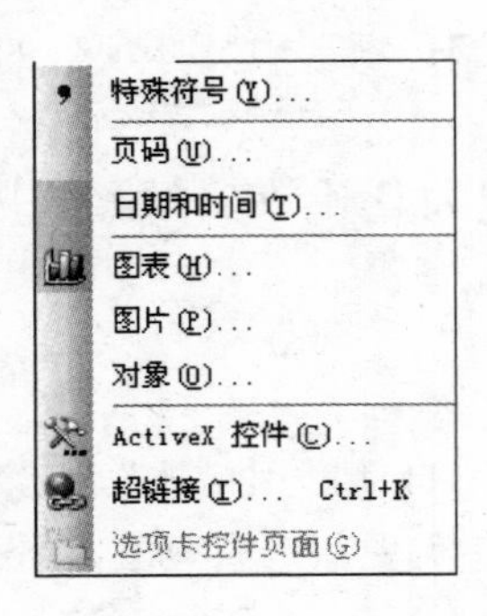

图 4-86 插入 菜单

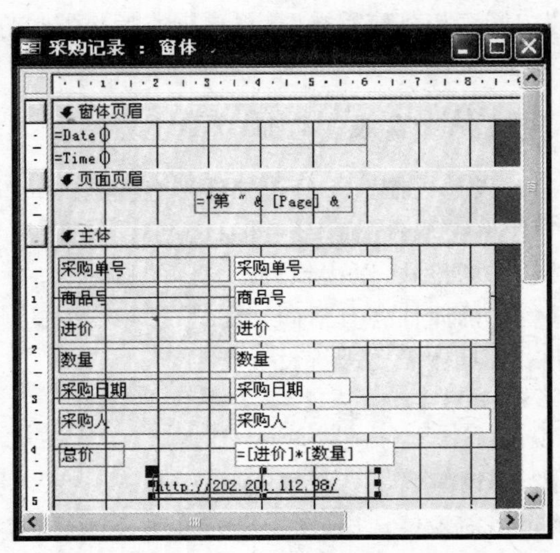

图 4-87 窗体设计视图中插入内容

习 题 4

一、填空题

1. 窗体中的数据来源主要包括表和________。

2. 窗体通常由窗体页眉、窗体页脚、页面页眉、页面页脚及________ 5部分组成。

3. Access 中有 7 种类型的窗体，分别是________、________、________、主/子窗体、________、________和数据透视图窗体。

4. 设计视图下，通过使用________可在窗体各节中添加不同类型的控件，以完善对窗体的外观设计及功能需求。

5. 窗体中的控件分为 3 种类型：________、________和________。

6. 对窗体进行美化主要可以通过菜单栏中"格式"菜单和窗体中控件的________来加以设置。

二、选择题

1. 下面关于窗体的作用叙述错误的是(　　)。

A. 可以接收用户输入的数据或命令

B. 可以编辑、显示数据库中的数据

C. 可以构造方便、美观的输入输出界面

D. 可以直接存储数据

2. 在窗体的"窗体视图"中可以进行(　　)。

A. 创建或修改窗体　　B. 显示、添加或修改表中的数据

C. 创建报表　　D. 以上都可以

3. 不是窗体组成部分的是(　　)。

A. 窗体页眉　　B. 窗体页脚

C. 主体　　D. 窗体设计器

4. 下面关于列表框和组合框叙述正确的是(　　)。

A. 列表框和组合框都可以显示一行或多行数据

B. 可以在列表框中输入新值，而组合框不能

C. 可以在组合框中输入新值，而列表框不能

D. 在列表框和组合框中均可以输入新值

5. 自动创建的窗体不包括(　　)。

A. 纵栏式　　B. 图表式　　C. 表格式　　D. 数据表

6. 纵栏式窗体同一时刻能显示(　　)。

A. 1条记录　　B. 2条记录　　C. 3条记录　　D. 多条记录

7. 主窗体和子窗体通常用于显示具有(　　)关系的多个表或查询的数据。

A. 一对一　　B. 一对多　　C. 多对一　　D. 多对多

8. 主/子窗体中，主窗体只能显示为(　　)。

A. 纵栏式窗体　　B. 表格式窗体

C. 数据表式窗体　　D. 图表式窗体

9. 用表达式作为数据源的控件类型是(　　)。

A. 结合型　　B. 非结合型　　C. 计算型　　D. 以上都是

10. 没有数据来源的控件类型是(　　)。

A. 结合型和非结合型　　B. 非结合型

C. 结合型　　D. 计算型

三、操作题

1. 创建"商品/销售信息"主/子窗体。

2. 依据"商店管理"数据库中已有数据信息创建"控件练习1"窗体，在其中使用多种类型的控件，要求设计合理、美观(可重点考虑组合框、列表框、命令按钮等常用控件，并注意各个控件属性设置)。

第5章　报　表

Access 的报表对象可将数据库中数据以格式化的形式显示并且打印输出，还可以根据需要对报表中数据进行一些统计运算。报表的数据来源与窗体相同，但通过报表只能查看数据，而不能对数据进行编辑。

5.1　报表概述

报表最主要的功能是将表或查询的数据按照设计的方式打印出来。报表还能够对数据进行比较和汇总，其中的数据来自表、查询或 SQL 语句，其他信息存储在报表的设计中。

Access 中常用的报表有文字报表、图表报表和标签报表等类型。其中文字报表又包括纵栏式报表和表格式报表。

报表有 3 种视图方式，分别是设计视图、打印预览和版面预览。其主要功能如下：

(1) 设计视图 可以自行设计报表，也可以修改报表的布局。

(2) 打印预览 可以看到报表的打印外观，并以不同的缩放比例对报表进行预览。

(3) 版面预览 可以预览报表的版式。在该视图中，报表只显示几个记录作为示例。

报表的设计视图中，除了包含和窗体相同的 5 个节：主体、报表页眉/页脚、页面页眉/页脚之外，还出现了报表的组页眉/组页脚，用于呈现报表中的一些分组信息。

5.2　创建简单报表

报表的创建和窗体有很多类似之处，既可以通过使用 Access 提供的自动创建方式，也可以使用向导创建简单的报表，还可以通过设计视图自定义特殊格式及功能的报表。

5.2.1　插入自动报表

【操作案例】52：在“商店管理”数据库中插入“供应商信息”自动报表。

(1) 选中“商店管理”数据库中“表”对象，选择“供应商信息”表(图 5-1)。

(2) 单击菜单栏中“插入” 插入(I) 按钮并选择其中“自动报表”命令(图 5-2)。

(3) 得到“供应商信息”自动窗体(图 5-3)。

(4) 单击“关闭”按钮并保存。

注意：通过直接“插入”方式生成的“自动报表”布局为纵栏式。

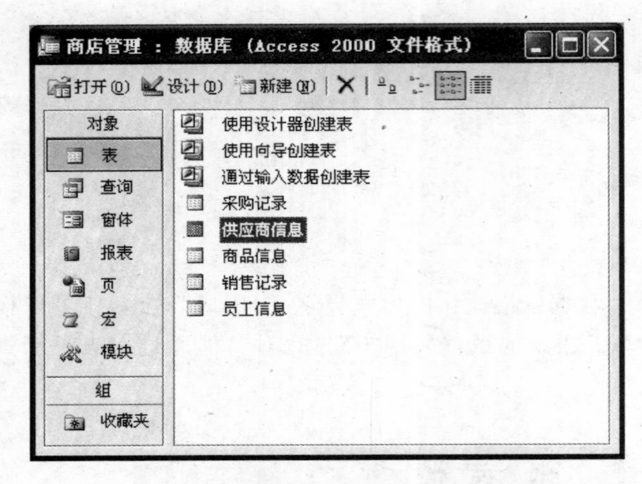

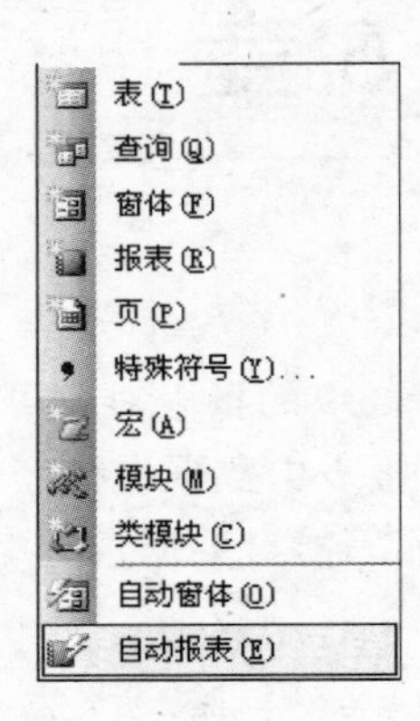

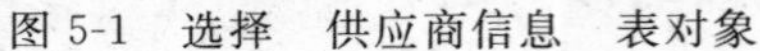
图 5-1 选择 供应商信息 表对象

图 5-2 插入 菜单

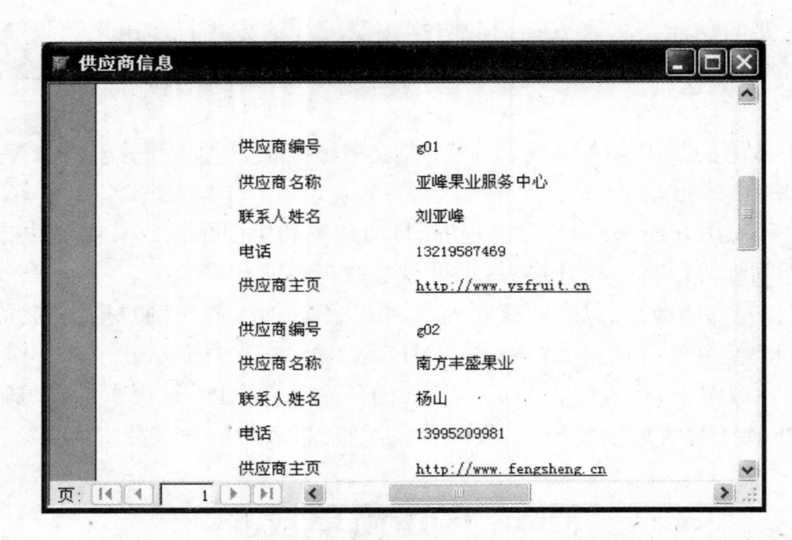

图 5-3 供应商信息 自动窗体

5.2.2 自动创建报表

在数据库中选中“报表”对象后，单击“新建”[新建(N)]按钮会弹出“新建报表”对话框(图 5-4)，其中包含所有类型报表的简明创建方式，可以根据需要选择合适的新建报表方式并添加报表所需的数据源。

【操作案例】53：通过“新建”，自动创建“供应商信息纵栏式”报表。

(1) 在图 5-4 中选择“自动创建报表：纵栏式”，选择数据来源表为“供应商信息”表(图 5-5)。

(2) 单击“确定”按钮后直接得到“供应商信息”纵栏式窗体(图 5-6)。

(3) 单击“关闭”按钮并保存为“供应商信息纵栏式”。此种方式下生成的纵栏式报表被自动添加了报表标题。

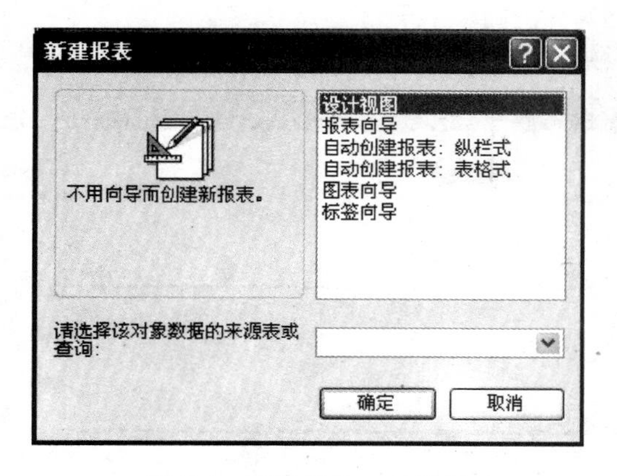

图 5-4　新建报表　对话框

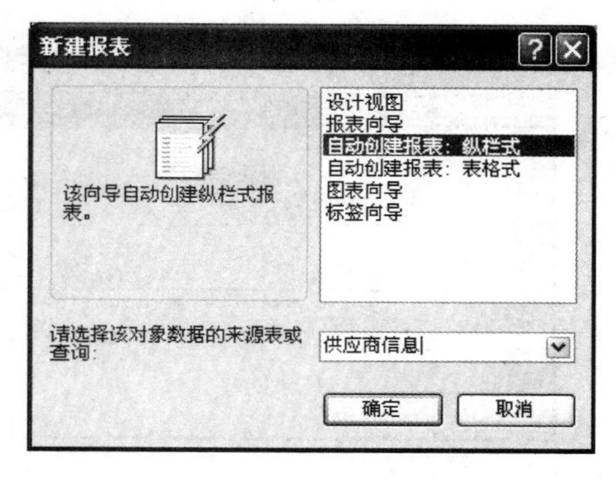

图 5-5　选择　自动创建报表：纵栏式

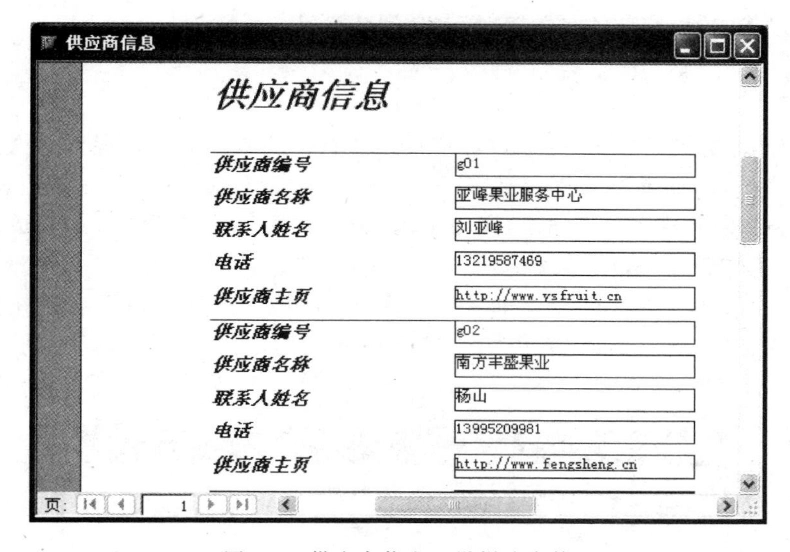

图 5-6　供应商信息　纵栏式窗体

【操作案例】54：通过“新建”，自动创建“供应商信息表格式”报表。

(1) 在图 5-4 中选择“自动创建报表：表格式”，选择数据来源表为“供应商信息”表(图 5-7)。

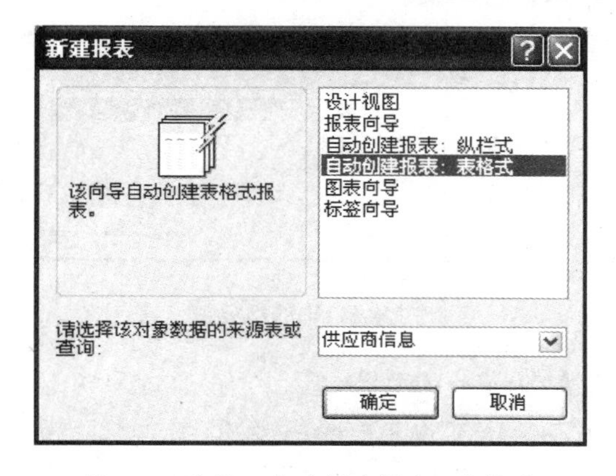

图 5-7　选择　自动创建报表：表格式

(2) 单击“确定”按钮后直接得到“供应商信息”表格式窗体(图 5-8)。

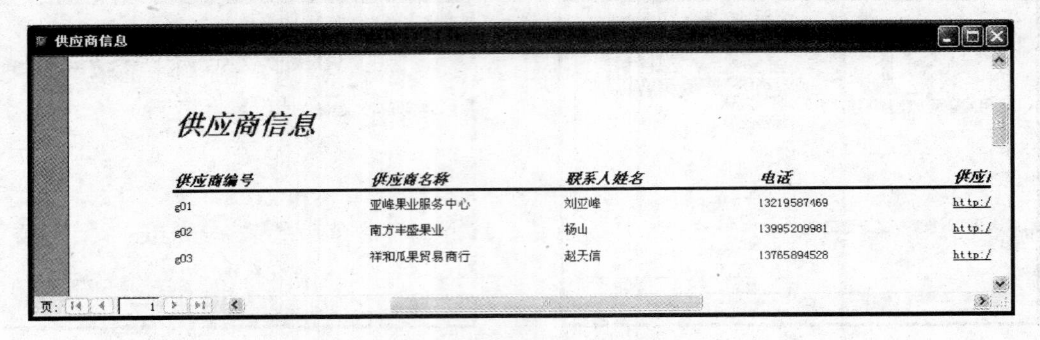

图 5-8 供应商信息 表格式窗体

(3) 单击“关闭”按钮并保存为“供应商信息表格式”。

5.2.3 使用向导创建报表

在“自动创建报表:”过程中,只可以选择报表数据的来源表或查询,而不能进一步选择表或查询中的字段。如果要创建指定字段的报表,就要通过“使用向导创建报表”来完成。

【操作案例】55:使用向导创建“商品采购”表格式报表,要求其中包含“员工信息”表中“姓名”字段、“采购记录”表中“采购单号”、“商品号”、“进价”、“数量”和“采购日期”字段。

(1) 选中“商店管理”数据库中“报表”对象,双击“使用向导创建报表”,在弹出的“报表向导”对话框中选择“员工信息”表中“姓名”字段、“采购记录”表中“采购单号”、“商品号”、“进价”、“数量”和“采购日期”字段作为“选定的字段”(图 5-9)。

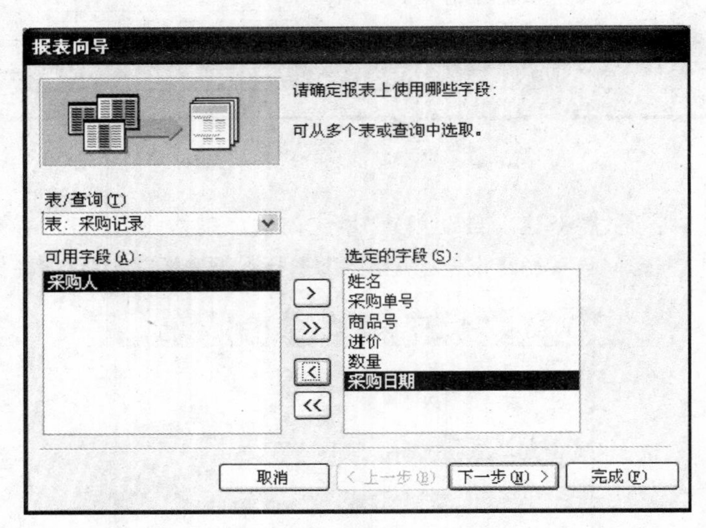

图 5-9 报表向导-1

(2) 单击“下一步”按钮,确定查看数据的方式为“通过采购记录”(图 5-10)。

(3) 单击“下一步”按钮,不添加报表的分组级别(图 5-11)。

(4) 单击“下一步”按钮,确定按照“商品号”升序对报表中记录排序(图 5-12)。

报表向导
请确定查看数据的方式：
通过员工信息
通过采购记录
显示更多信息
姓名，采购单号，商品号，进价，数量，采购日期
取消
< 上一步(B)
下一步(N) >
完成(F)

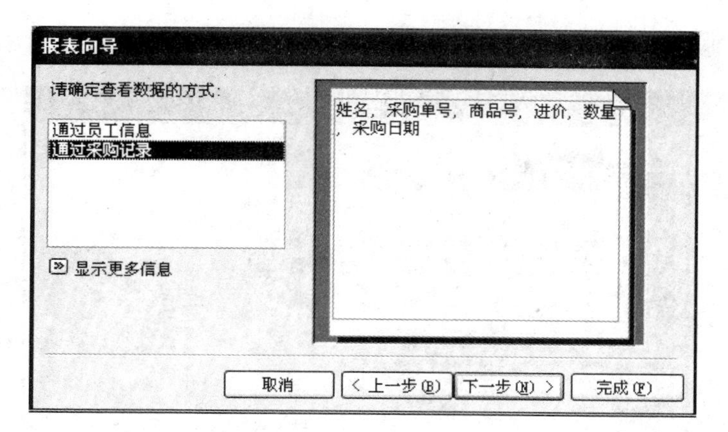

图 5-10　报表向导-2

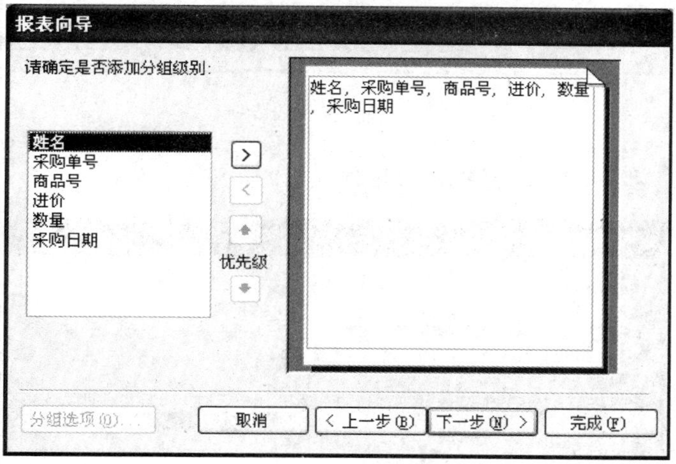

报表向导
请确定是否添加分组级别：
姓名
采购单号
商品号
进价
数量
采购日期
优先级
姓名，采购单号，商品号，进价，数量，采购日期
分组选项(O)...
取消
< 上一步(B)
下一步(N) >
完成(F)

图 5-11　报表向导-3

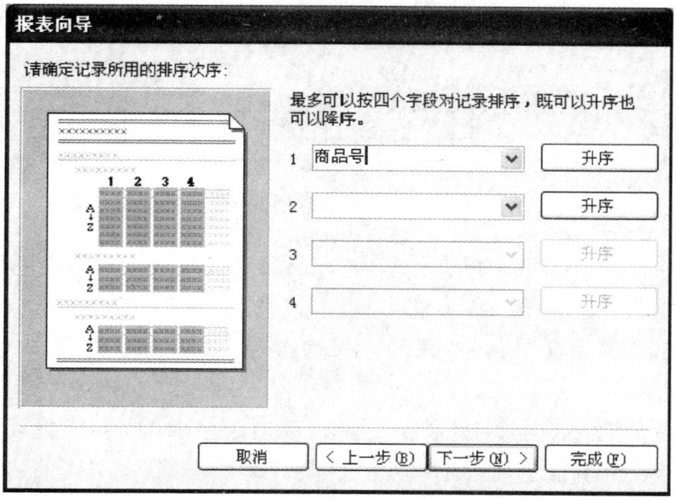

报表向导
请确定记录所用的排序次序：
最多可以按四个字段对记录排序，既可以升序也可以降序。
1 商品号 升序
2 升序
3 升序
4 升序
取消
< 上一步(B)
下一步(N) >
完成(F)

图 5-12　报表向导-4

(5) 单击"下一步"按钮，选择报表的布局为"表格"，方向为"纵向"(图 5-13)。

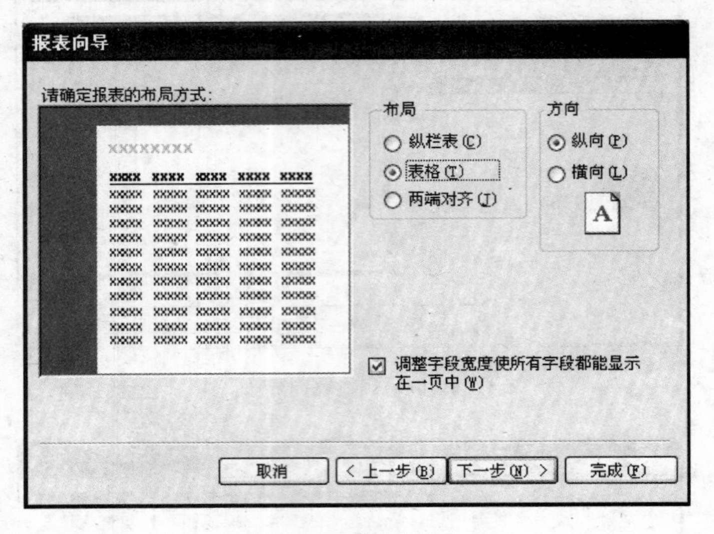

图 5-13　报表向导-5

(6) 单击"下一步"按钮，选择报表所用样式为"组织"(图 5-14)。

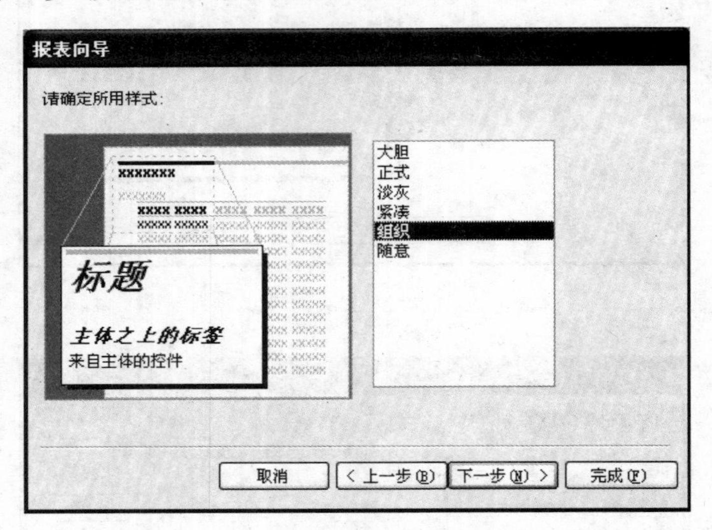

图 5-14　报表向导-6

(7) 单击"下一步"按钮，指定报表标题为"商品采购"，并选择对报表进行预览(图 5-15)。

(8) 单击"完成"按钮，得到"商品采购"表格式报表(图 5-16)。

【操作案例】56：使用向导创建"采购人采购数量"表格式报表，要求统计各个采购人员采购商品数量合计。

(1) 选中"商店管理"数据库中"报表"对象，双击"使用向导创建报表"，在弹出的"报表向导"对话框中选择"员工信息"表中"姓名"字段、"采购记录"表中"采购单号"、"商品号"、"进价"、"数量"和"采购日期"字段作为"选定的字段"(图 5-9)。

(2) 单击"下一步"按钮，确定查看数据的方式为"通过员工信息"(图 5-17)。

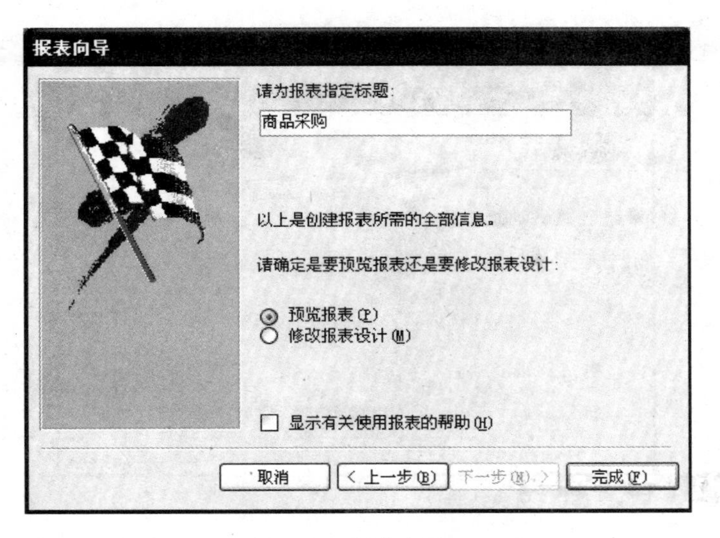

图 5-15　报表向导-7

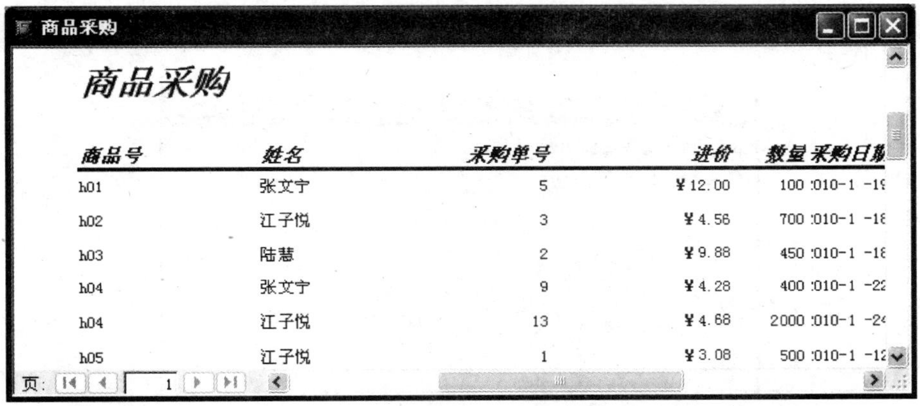

商品采购

商品采购

商品号	姓名	采购单号	进价	数量	采购日期
h01	张文宁	5	¥12.00	100	:010-1 -19
h02	江子悦	3	¥4.56	700	:010-1 -18
h03	陆慧	2	¥9.88	450	:010-1 -18
h04	张文宁	9	¥4.28	400	:010-1 -22
h04	江子悦	13	¥4.68	2000	:010-1 -24
h05	江子悦	1	¥3.08	500	:010-1 -12

页: 1

图 5-16　商品采购　表格式报表

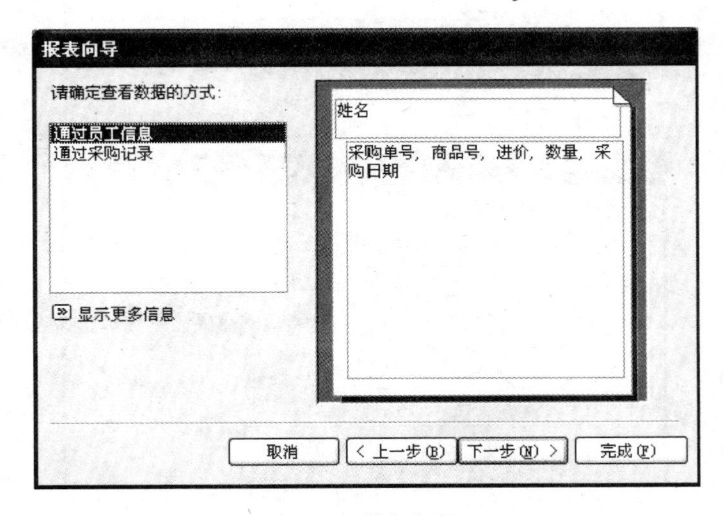

图 5-17　报表向导-8

（3）单击“下一步”按钮，不添加报表的分组级别（图 5-18）。

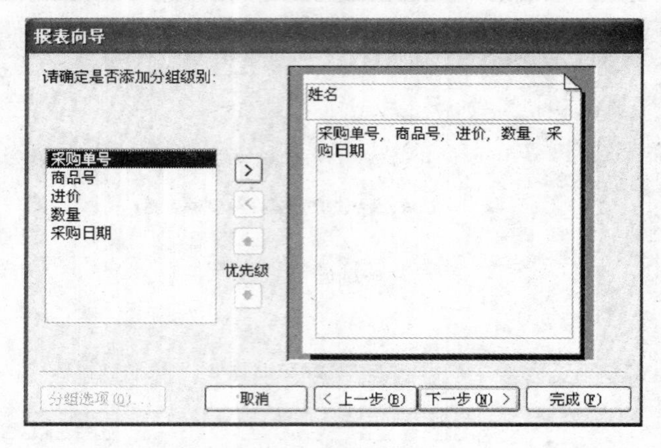

图 5-18　报表向导-9

（4）单击“下一步”按钮，确定按照“商品号”升序对报表中记录排序（图 5-19），并单击“汇总选项”按钮，在弹出的“汇总选项”对话框中选择对“数量”进行“汇总”计算方式（图 5-20），然后单击“确定”按钮。

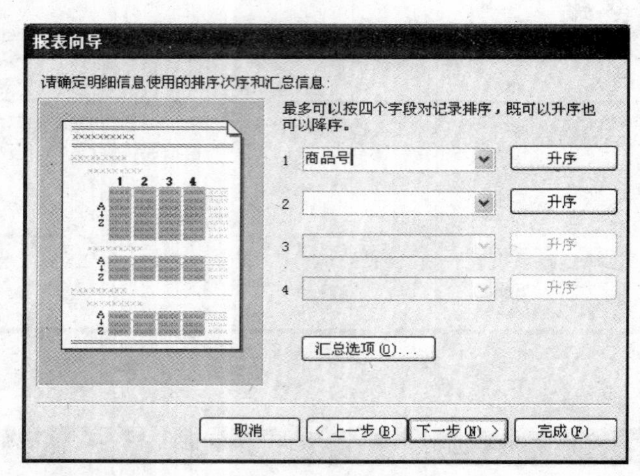

图 5-19　报表向导-10

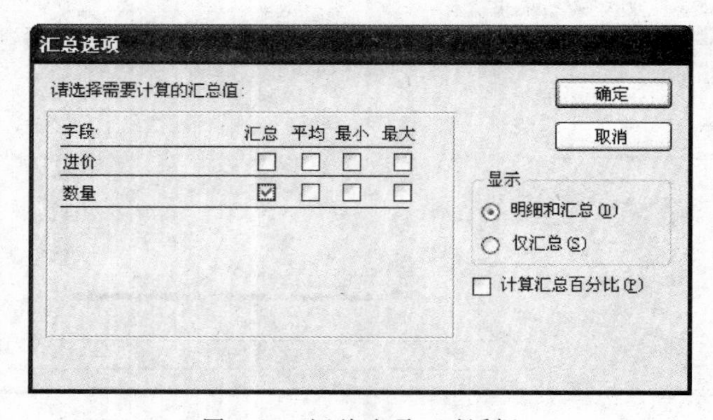

图 5-20　汇总选项　对话框

（5）单击“下一步”按钮，选择报表的布局为“递阶”，方向为“纵向”（图 5-21）。

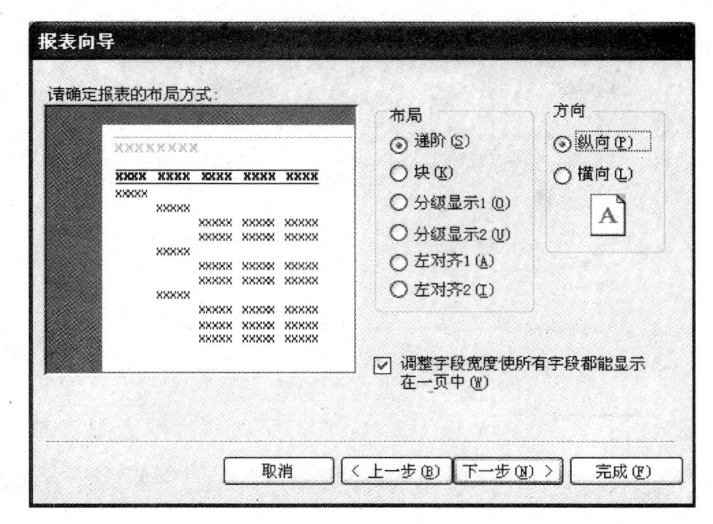

图 5-21　报表向导-11

（6）单击“下一步”按钮，选择报表所用样式为“组织”（图 5-14）。

（7）单击“下一步”按钮，指定报表标题为“采购人采购数量”，并选择对报表进行预览，报表创建完成（图 5-22）。

采购人采购数量

采购人采购数量

姓名	商品号	采购单号	进价	数量	采购日期
陆慧					
	h03	2	¥9.88	450	)10-1 -18
	h08	8	¥5.80	200	)10-1 -22
	h11	7	¥18.80	200	)10-1 -19
汇总 ‘工号’ = 06127 (3 项明细记录)					
总计				850	
李洋					
	h06	4	¥11.00	210	)10-1 -19
	h07	10	¥6.80	1000	)10-1 -22
	h08	14	¥5.90	1000	)10-1 -24
	h09	11	¥27.10	300	)10-1 -23
	h10	6	¥48.00	280	)10-1 -19
汇总 ‘工号’ = 07317 (5 项明细记录)					
总计				2790	

页： 1

图 5-22　采购人采购数量　报表

5.2.4　创建图表报表

【操作案例】57：以“商品销售额信息”查询为数据源，创建“销售人员业绩”图表报表，要求能够反映每个销售人员销售总额的比对关系。

（1）在数据库中选中“报表”对象后，单击“新建” 新建(N) 按钮，在弹出的“新建报表”对话框中单击“图表向导”，并选择“商品销售额信息”作为数据来源(图 5-23)。

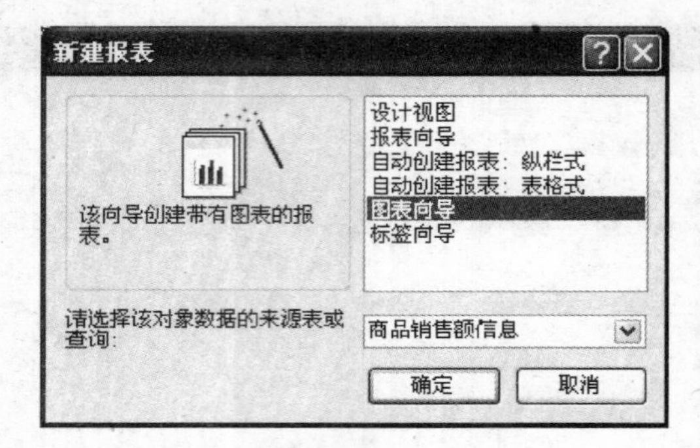

图 5-23 新建报表 对话框

(2) 单击“确定”按钮，选择“销售额”和“销售人”字段作为用于图表的字段(图 5-24)。

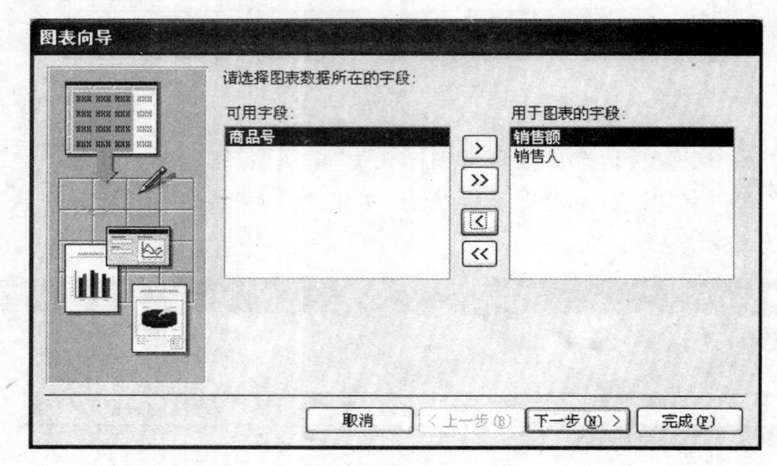

图 5-24 图表向导-1

(3) 单击“下一步”按钮，选择“柱形图”为图表类型(图 5-25)。

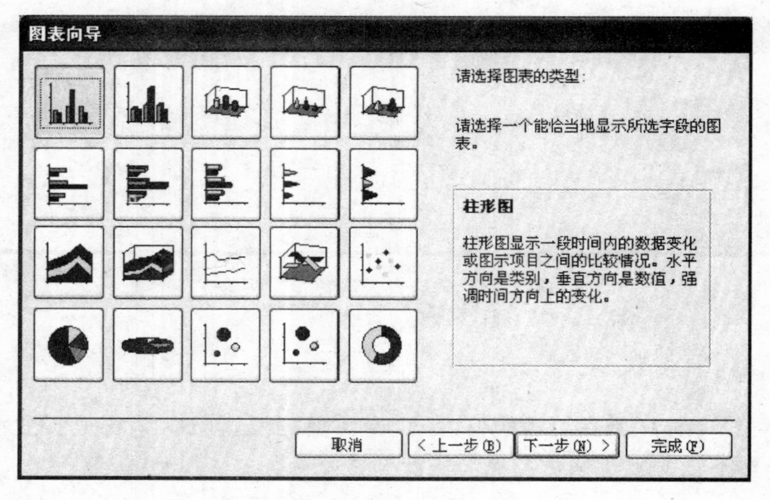

图 5-25 图表向导-2

(4) 单击“下一步”按钮，指定数据在图表中的布局方式(图 5-26)。

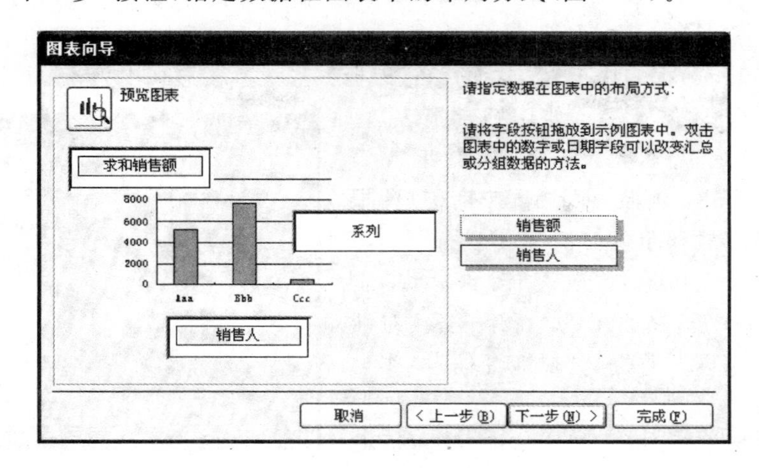

图 5-26　图表向导-3

(5) 单击“下一步”按钮，输入图表标题为“销售人员业绩”，选择“否，不显示图例”(图 5-27)。

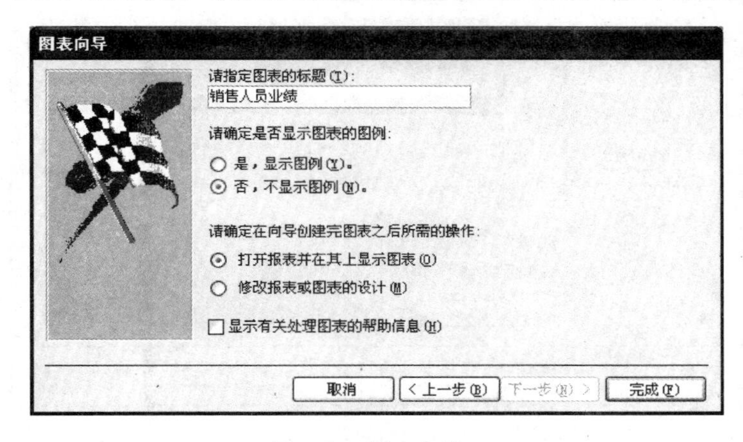

图 5-27　图表向导-4

(6) 单击“完成”按钮，得到“销售人员业绩”柱形图表(图 5-28)。

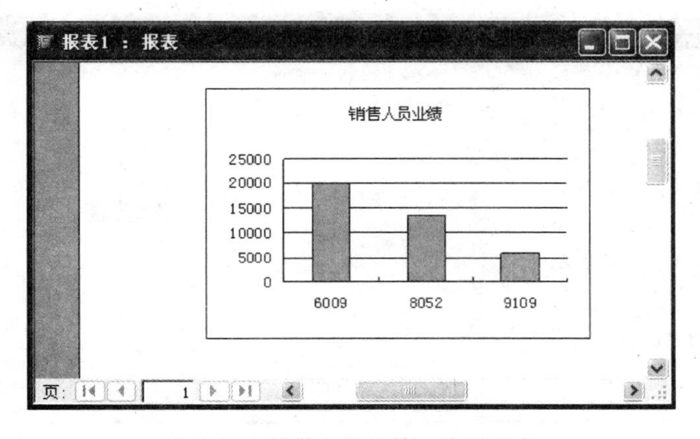

图 5-28　销售人员业绩　柱形图表

5.2.5 创建标签报表

标签报表可将数据表中不同记录的信息以标签形式逐条显现出来，比如生成人员名片、会议桌签、群发信件信封等。使用标签报表，可以简化多次重复的工作，大大提高工作效率。

【操作案例】58：创建“标签 供应商信息”报表，要求以标签形式显示供应商信息。

（1）在数据库中选中“报表”对象后，单击“新建” 新建(N) 按钮，在弹出的“新建报表”对话框中单击“标签向导”，并选择“供应商信息”作为数据来源（图 5-29）。

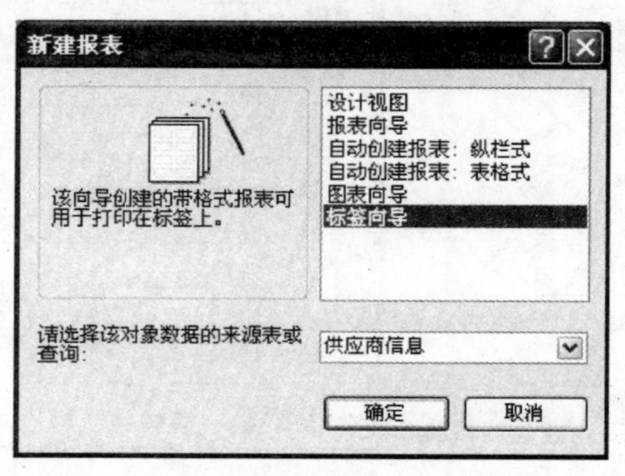

图 5-29 使用 标签向导

（2）单击“确定”按钮，在“标签向导”对话框中指定标签尺寸及相关参数（图 5-30）。

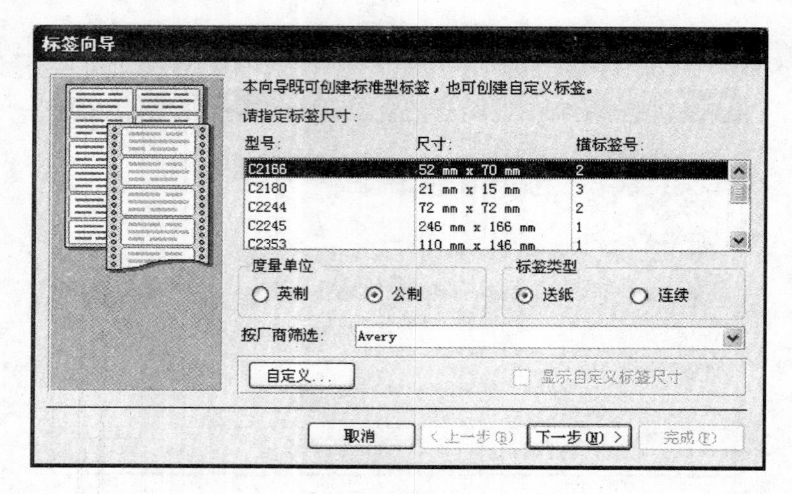

图 5-30 标签向导-1

（3）单击“下一步”按钮，选择标签所需的文本字体和颜色（图 5-31）。

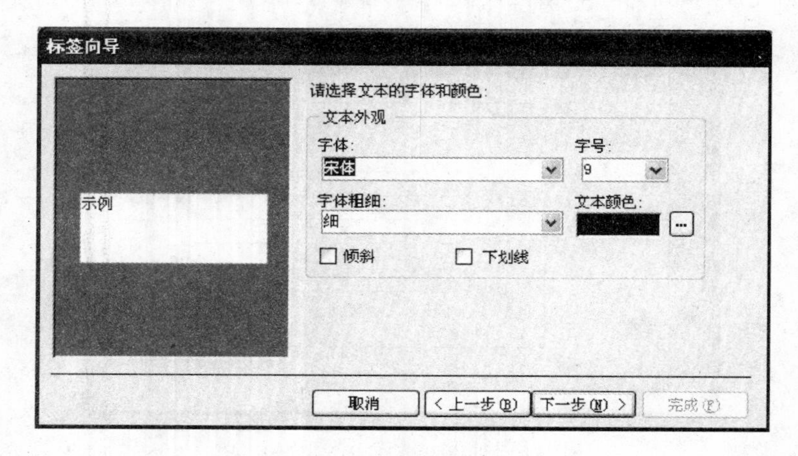

图 5-31 标签向导-2

(4) 单击“下一步”按钮，选择标签所需的字段(图 5-32)，也可以根据需要在标签原型上进行文本输入。

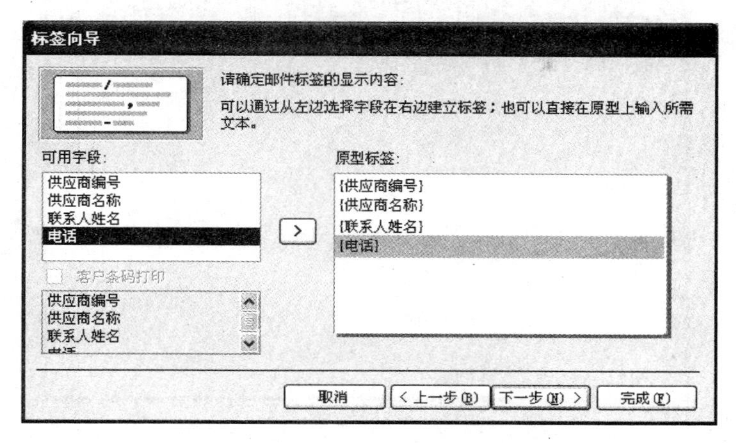

图 5-32　标签向导-3

(5) 单击“下一步”按钮，选择按照“供应商编号”字段对报表中标签进行排序(图 5-33)。

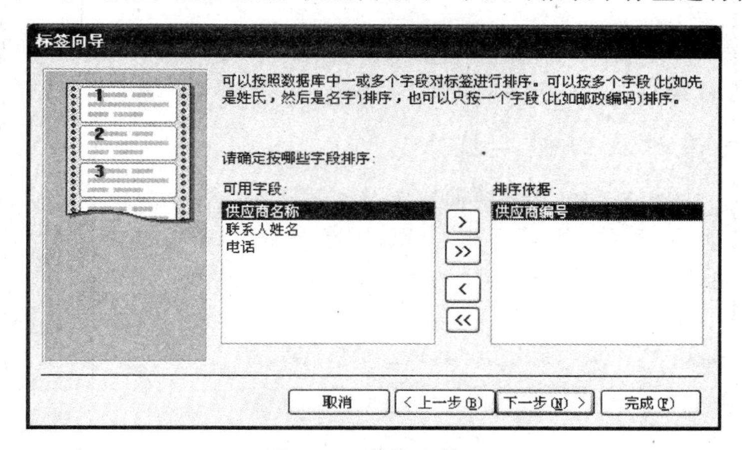

图 5-33　标签向导-4

(6) 单击“下一步”按钮，指定报表名称为“标签 供应商信息”(图 5-34)。

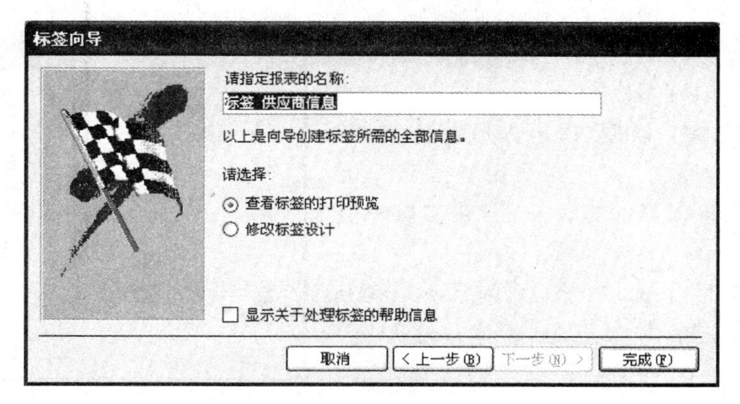

图 5-34　标签向导-5

(7) 单击“完成”按钮，查看“标签 供应商信息”报表(图 5-35)。

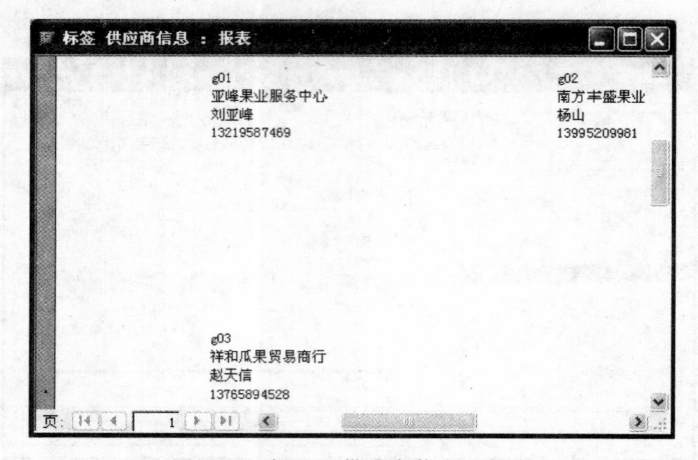

图 5-35　标签　供应商信息　报表

5.3　使用设计视图创建及修改报表

使用设计视图可以根据具体需要创建较为复杂的自定义报表，在设计视图下也可对已经创建的报表进行修改。

5.3.1　使用设计视图创建报表

在用户自定义的报表中经常需要通过一些函数及表达式来表现报表信息。比如在报表页眉/页脚、页面页眉/页脚中显示页码/页数、当前日期和时间，在组页眉/页脚中对分组字段求和、求平均值等内容。报表中常用的函数和表达式主要有：

- [page] 页码
- “第”&[page]& “页” 第几页(页码)
- “共”&[pages]& “页” 共几页(页数)
- Date() 当前日期
- Now() 当前时间
- Sum() 求和
- Avg() 求平均值

这些函数可在设计视图中以文本框控件的形式添加到报表中所需位置。

【操作案例】59：创建“销售人员销售信息”报表，要求报表标题为“销售人员销售信息”，报表中统计不同销售人员的销售总额，并在报表中显示页码和页数。

(1) 在数据库中选中“报表”对象后，单击“新建”新建(N)按钮，在弹出的“新建报表”对话框中单击“设计视图”，并选择“商品销售额信息”作为数据来源(图 5-36)。

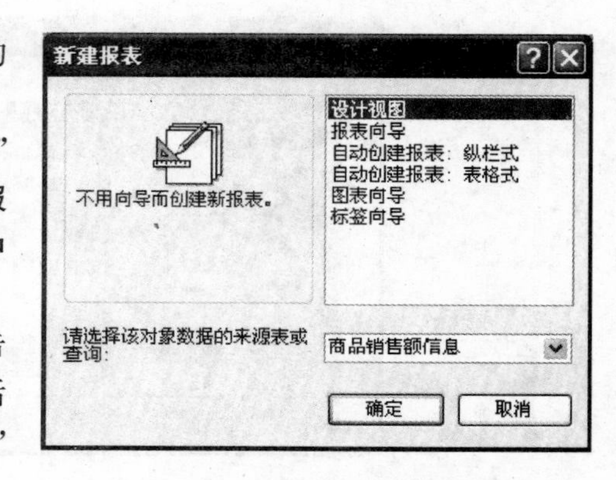

图 5-36　新建报表　对话框

(2) 单击“确定”按钮，得到新建报表的设计视图窗口(图 5-37)。

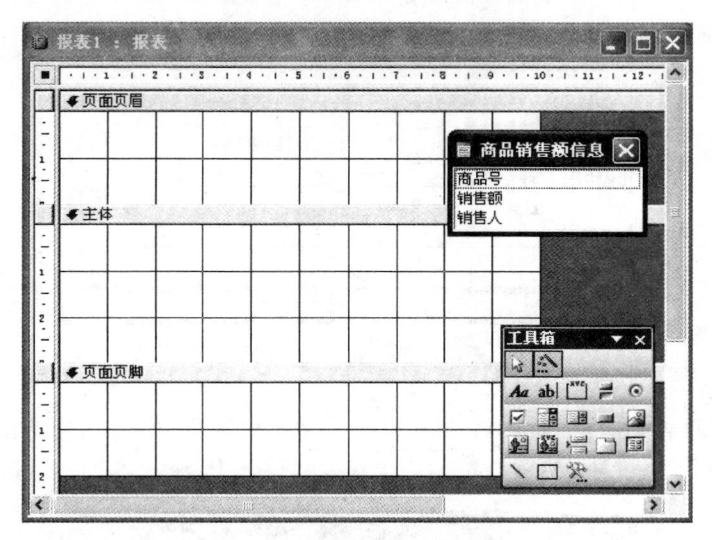

图 5-37 报表 设计视图-1

(3) 从字段列表框中拖动字段到报表主体节区域(图 5-38)。

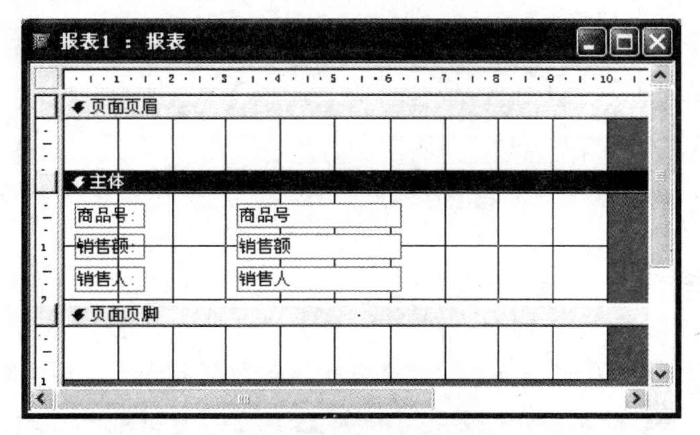

图 5-38 报表 设计视图-2

(4) 剪切主体节中字段标签至页面页眉区域，并调整标签和文本框的位置使其上下对应，然后调整页面页眉区域和主体区域的大小(图 5-39)。

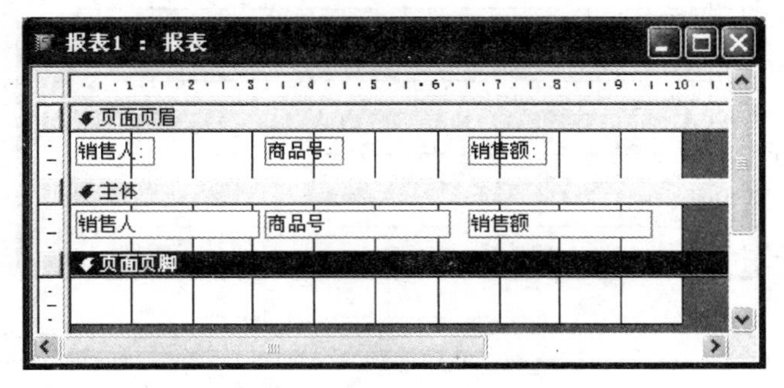

图 5-39 报表 设计视图-3

(5) 选中页面页眉中所有控件,在格式工具栏中设置字符格式(图 5-40)。

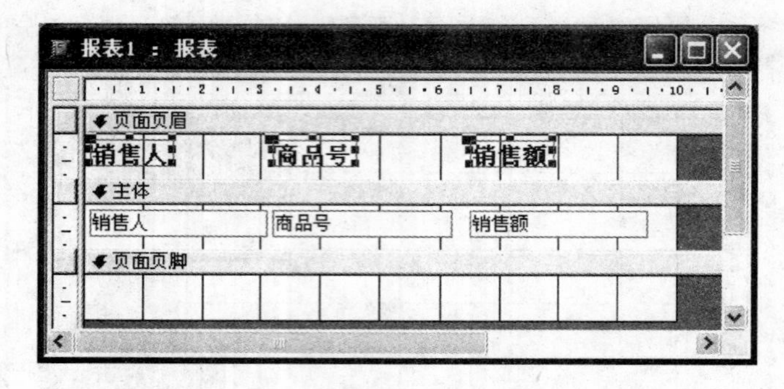

图 5-40 报表 设计视图-4

(6) 使用工具箱,在页面页脚区域添加一个文本框控件,删除其标签部分,在文本框中输入表达式"="第"& [Page] &"页" &","& "共"& [Pages] &"页""(图 5-41)。

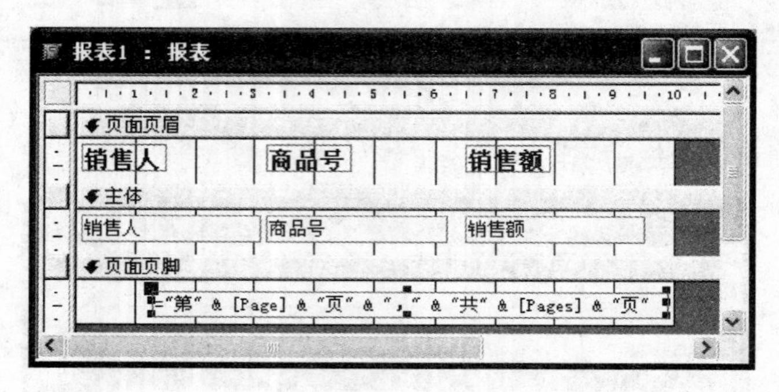

图 5-41 报表 设计视图-5

(7) 单击"视图"菜单,选择"报表页眉/页脚"命令,使设计视图中显示报表页眉/页脚区域,在报表页眉中添加一个标签控件,在其中输入"销售人员销售信息"作为报表标题,并调整字符格式,且在标签下方加一条直线控件分隔标题与报表信息(图 5-42)。

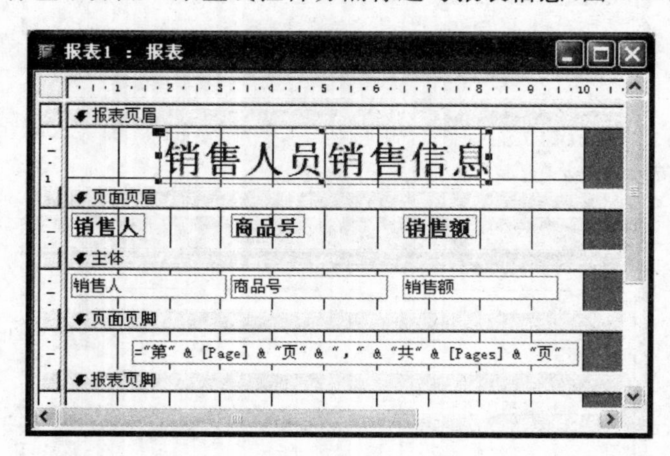

图 5-42 报表 设计视图-6

(8) 单击“视图”菜单，选择“排序与分组”命令，在“排序与分组”对话框中设置按照“销售人”字段进行分组，并在组属性中选择组页眉“是”、组页脚“是”，使组页眉/页脚显示在报表设计视图中(图 5-43)，然后关闭对话框。

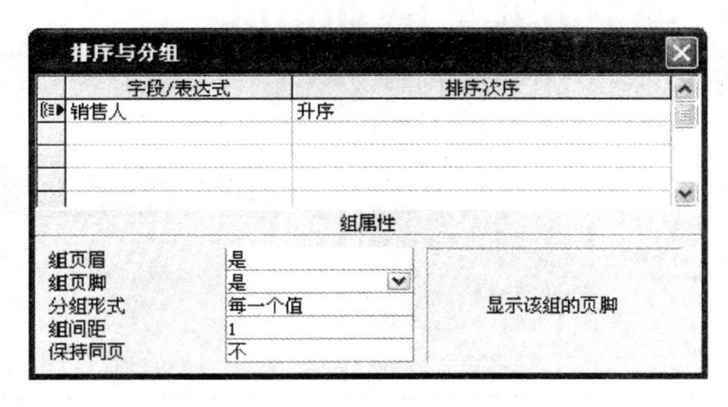

图 5-43　排序与分组　对话框

(9) 剪切主体节中“销售人”字段文本框到“销售人页眉”中作为分组信息，并设置其字符格式(图 5-44)。

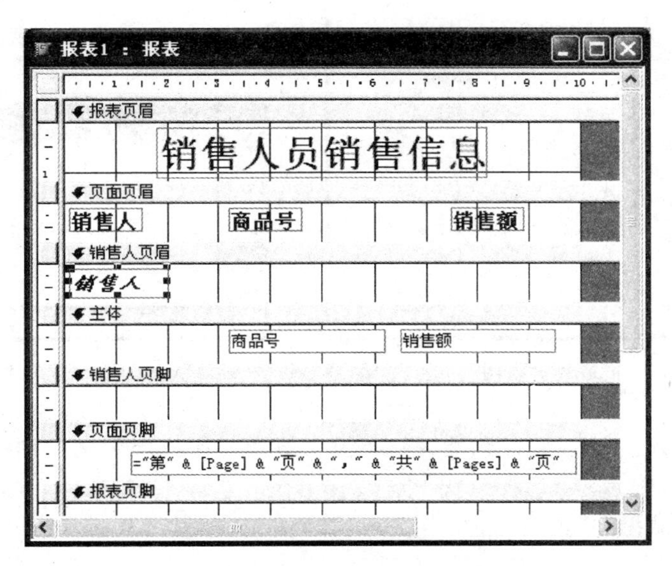

图 5-44　报表　设计视图-7

(10) 使用工具箱，在“销售人页脚”中添加一个文本框，在其标签中输入“总销售额：”，在文本框中输入“=Avg([销售额])”(图 5-45)，并设置文本框属性格式为货币，小数位数为2(图 5-46)。

(11) 切换到预览视图，可以看到手工设计的“销售人员销售信息”报表(图 5-47)，报表下方显示页码、页数信息(图 5-48)。

在设计视图下，可对已经生成的报表进行修改。有时，先通过向导生成一个大致符合要求的报表，再回到设计视图进行个性化的细节设置，往往能够更快地完成自定义报表创建。

图 5-45　报表　设计视图-8

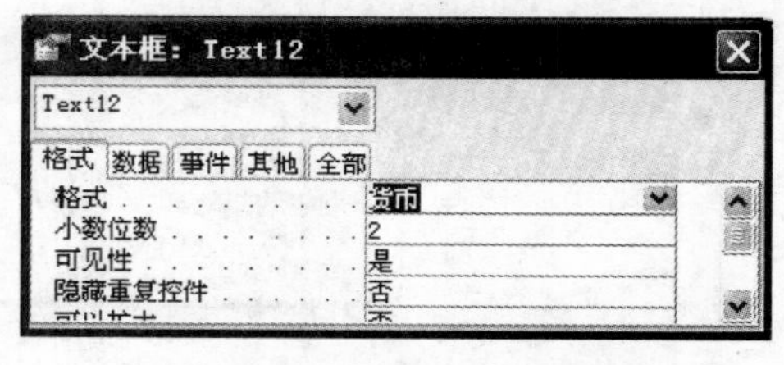

图 5-46　文本框属性　对话框

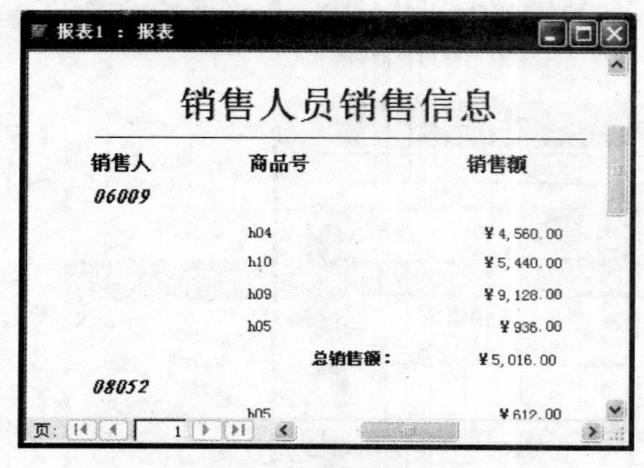

图 5-47　报表预览视图

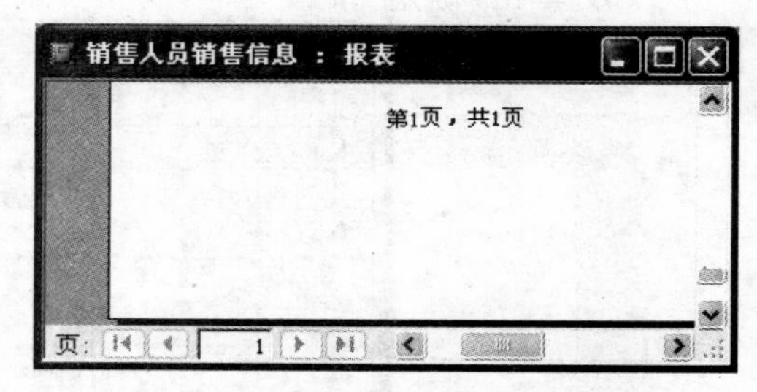

图 5-48　报表中页码/页数

【操作案例】60：**修改“商品采购”报表，要求页面打印方向为横向，并调整字段间距，使所有字段信息完整显示。**

(1) 选择“商品采购”报表对象，单击“设计”按钮，在设计视图下打开“商品采购”报表(图 5-49)。

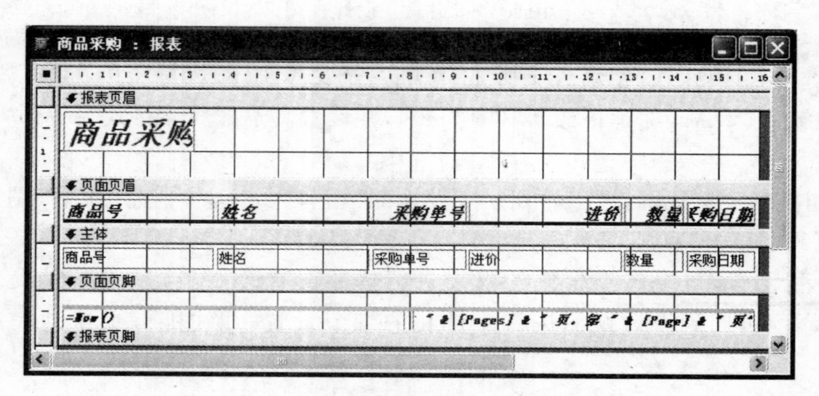

图 5-49　商品采购　设计视图

(2) 单击“文件”菜单选择“页面设置”命令，在弹出的“页面设置”对话框中选择“页”选项卡，修改打印方向为“横向”(图 5-50)。

页面设置
边距
页
列
打印方向
纵向(R)
横向(L)
纸张
大小(Z):
A4
来源(S):
默认纸盒
用下列打印机打印 商品采购
默认打印机(D)
使用指定打印机(P)
打印机(N)...
确定
取消

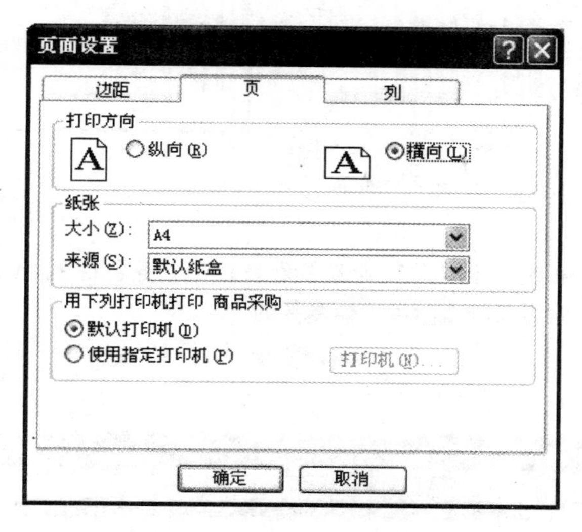

图 5-50　页面设置　对话框

(3) 单击“确定”按钮，回到设计视图调整各控件尺寸及位置，调整过程中可不断切换到预览视图查看，使所有字段都能完整显示，以获得良好的显示效果(图 5-51)。

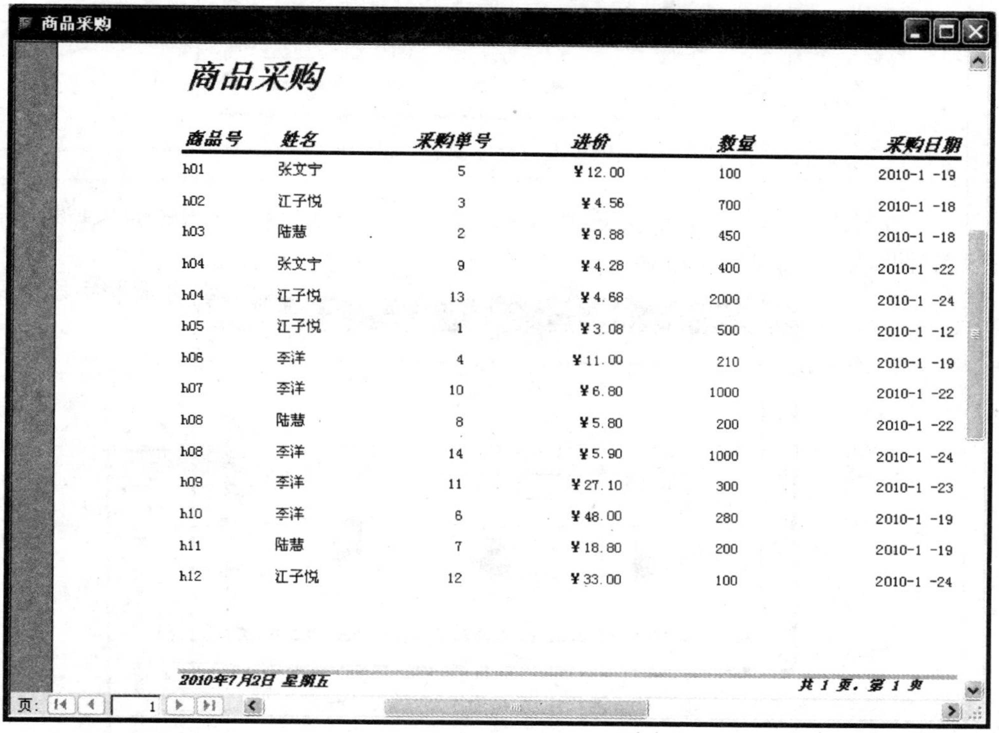

商品采购
商品采购
商品号 姓名 采购单号 进价 数量 采购日期
h01 张文宁 5 ￥12.00 100 2010-1-19
h02 江子悦 3 ￥4.56 700 2010-1-18
h03 陆慧 2 ￥9.88 450 2010-1-18
h04 张文宁 9 ￥4.28 400 2010-1-22
h04 江子悦 13 ￥4.68 2000 2010-1-24
h05 江子悦 1 ￥3.08 500 2010-1-12
h06 李洋 4 ￥11.00 210 2010-1-19
h07 李洋 10 ￥6.80 1000 2010-1-22
h08 陆慧 8 ￥5.80 200 2010-1-22
h08 李洋 14 ￥5.90 1000 2010-1-24
h09 李洋 11 ￥27.10 300 2010-1-23
h10 李洋 6 ￥48.00 280 2010-1-19
h11 陆慧 7 ￥18.80 200 2010-1-19
h12 江子悦 12 ￥33.00 100 2010-1-24
2010年7月2日 星期五
共 1 页，第 1 页
页:
1

图 5-51　报表　预览视图

(4) 单击“文件”选择“另存为”命令，将报表另存为“商品采购_修改后”(图 5-52)，然后单击“确定”按钮，完成对报表的修改。

图 5-52　另存为　对话框

5.3.2　修改图表报表

对已生成的图表报表进行修改，通常可从“设置图标区格式”、“图表类型”和“图表选项”等方面进行设置。

【操作案例】61：修改“销售人员业绩”图表报表，要求增加纵坐标数值轴单位名称“(元)”，并设置图表标题及坐标轴格式，使其美观。

(1) 选择“销售人员业绩”报表对象，单击“设计”按钮，在设计视图下打开“销售人员业绩”图表报表，并适当加大主体节区域(图 5-53)。

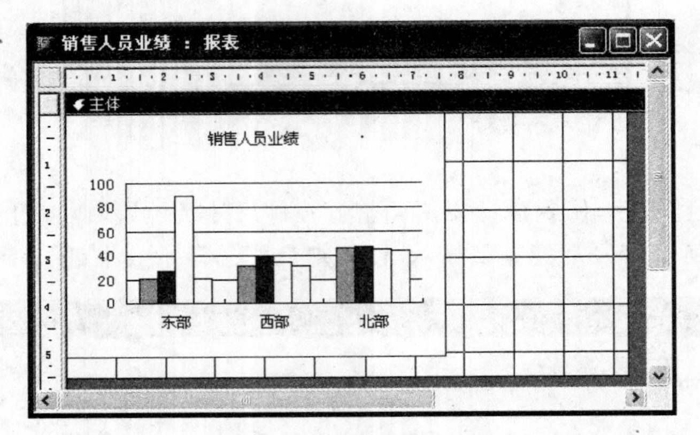

图 5-53　销售人员业绩图表　设计视图-1

(2) 单击主体节中图表区域，通过拖动控点调整图表尺寸，然后双击图表区域进入图表编辑状态(图 5-54)，此时图表边界为短斜线边框。

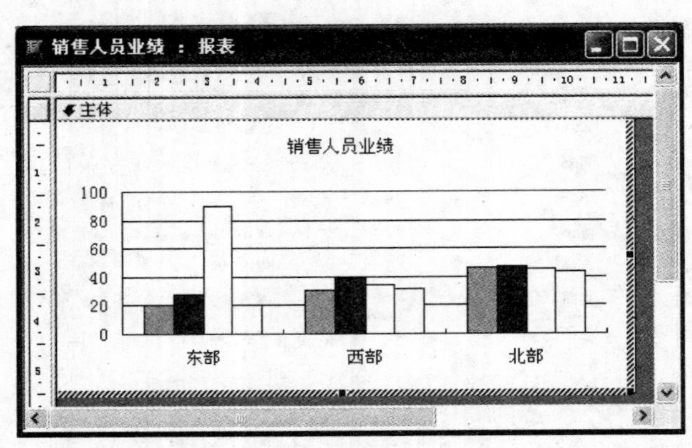

图 5-54　销售人员业绩图表　设计视图-2

(3) 双击图表标题区域，在弹出的“图表标题格式”对话框“字体”选项卡中设置字体“隶书”、字号“18”(图 5-55)。

（4）同样方式设置横坐标字号“12”，字体“加粗 倾斜”，纵坐标字号“12”，字体“加粗”。

（5）右击图表区域，在弹出的快捷菜单（图 5-56）中选择“图表选项”命令，在“图表选项”对话框“标题”选项卡中给数值轴添加标题“（元）”作为数值轴单位（图 5-57）。

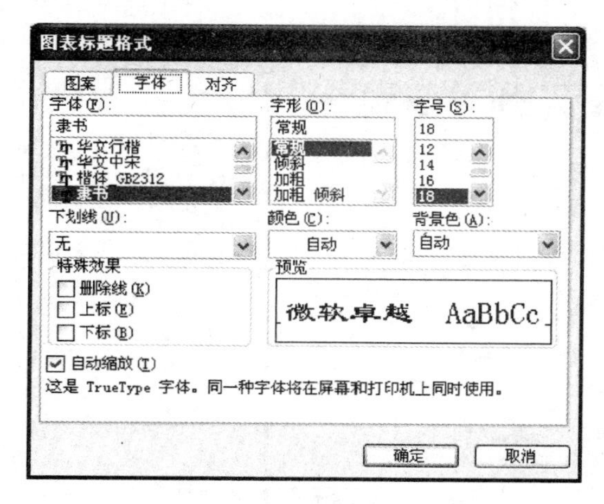

图 5-55 图表标题格式 对话框

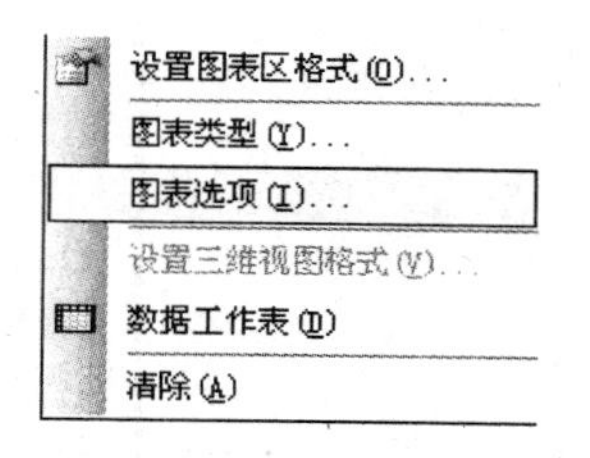

图 5-56 右击图表区域的快捷菜单

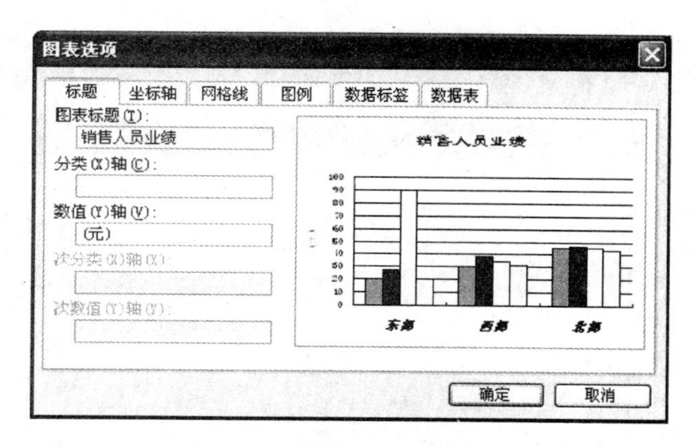

图 5-57 图表选项 对话框

（6）单击“确定”按钮，得到图表报表（图 5-58）。

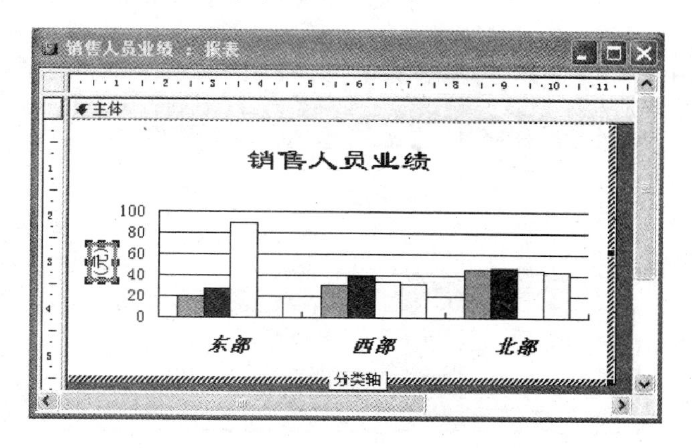

图 5-58 销售人员业绩图表 设计视图-3

(7) 右击图表中纵向的"(元)"区域，在弹出的快捷菜单(图 5-59)中选择"设置坐标轴标题格式"命令，在"坐标轴标题格式"对话框"对齐"选项卡中调整文本方向为水平(图 5-60)，在"字体"选项卡中设置字号为"10"。

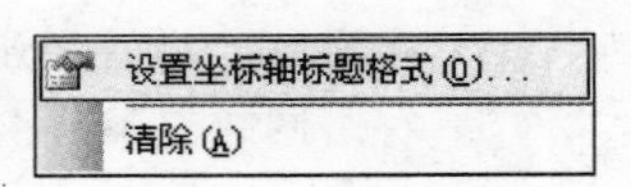

图 5-59 右击(元)区域的快捷菜单

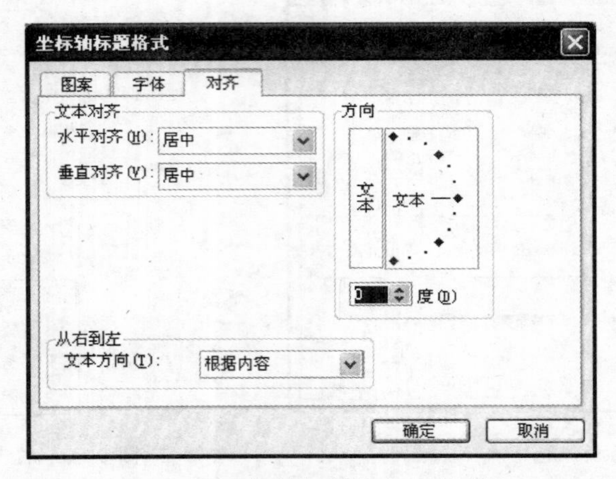

图 5-60 坐标轴标题格式 对话框

(8) 单击"确定"按钮，拖动"(元)"区域边框使其移动至数值轴顶端(图 5-61)。

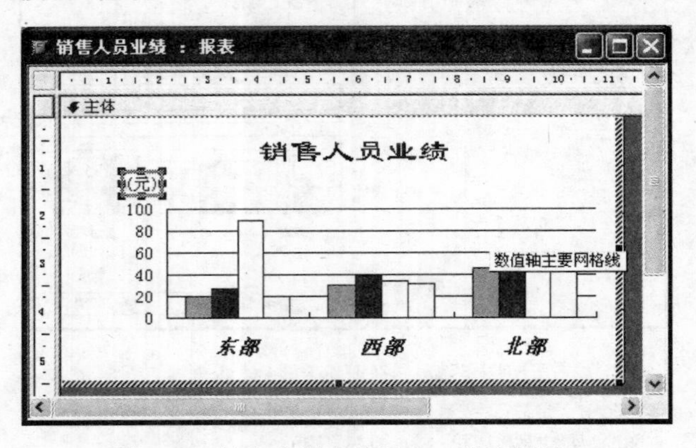

图 5-61 销售人员业绩图表 设计视图-4

(9) 单击报表中非图表区域，取消图表编辑状态，并切换至预览视图查看(图 5-62)。

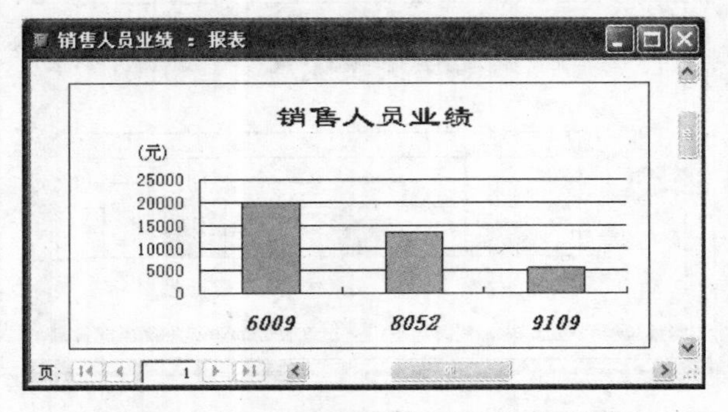

图 5-62 销售人员业绩图表 预览视图

(10) 单击“文件”选择“另存为”命令，将报表另存为“销售人员业绩_修改后”，完成修改。

5.3.3 修改标签报表

【操作案例】62：修改“标签 供应商信息”报表，要求设置为每页显示 3 列标签，给单个标签加矩形边框，并且设置标签中字符格式使标签美观。

(1) 选择“标签 供应商信息”报表对象，单击“设计”按钮，在设计视图下打开“标签 供应商信息”报表(图 5-63)。

(2) 单击“文件”菜单选择“页面设置”命令，在弹出的“页面设置”对话框 “页”选项卡中修改打印方向为“横向”，在“列”选项卡“网格设置”项目中调整“列数”为 3，并设置适当的行、列间距(图 5-64)。

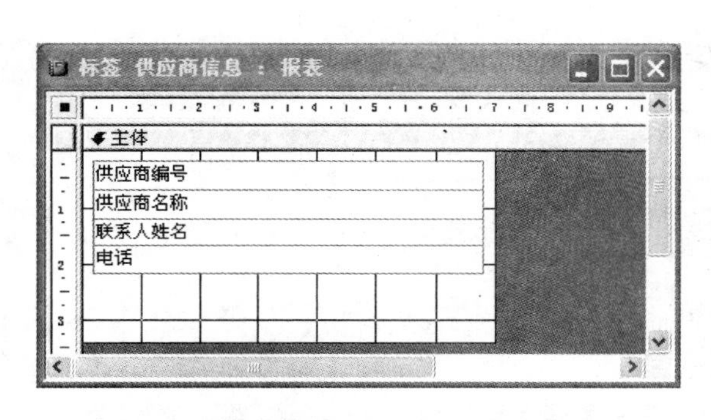

图 5-63 标签 供应商信息 设计视图-1

图 5-64 页面设置 对话框

(3) 单击“确定”按钮，回到设计视图，选中控件后通过格式工具栏调整各控件中字符格式及对齐方式，调整过程中可随时切换到预览视图查看，以获得良好的显示效果(图 5-65)。

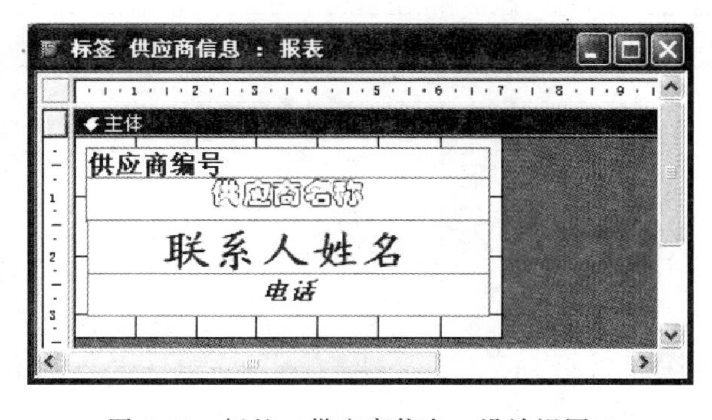

图 5-65 标签 供应商信息 设计视图-2

(4) 使用工具箱，在报表中添加“矩形”控件(图 5-66)，并调整矩形框尺寸使之覆盖标签中所有控件(图 5-66)。

(5) 单击“格式”菜单“置于底层”命令，使矩形框作为标签的边框(图 5-67)。

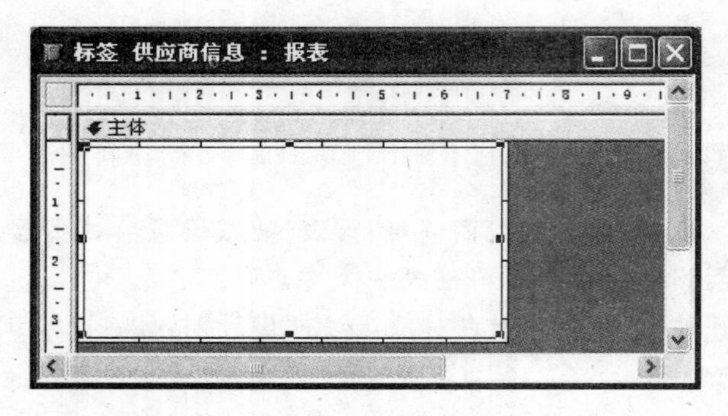

图 5-66　标签　供应商信息　设计视图-3

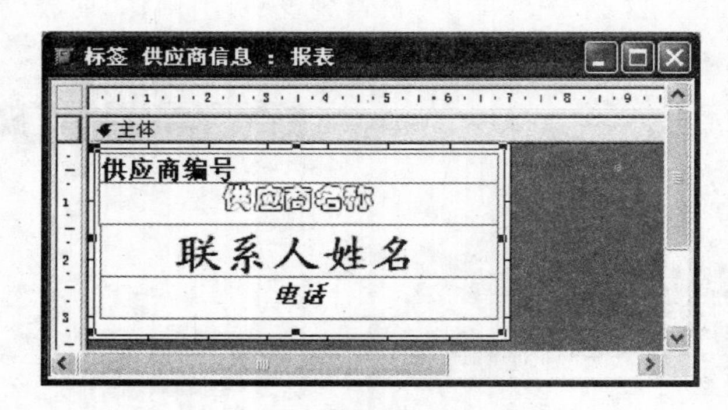

图 5-67　标签　供应商信息　设计视图-4

(6) 切换至预览视图查看(图 5-68),单击“文件”选择“另存为”命令,将报表另存为“标签 供应商信息_修改后”,完成修改。

图 5-68　标签　供应商信息　预览视图

习　题　5

一、填空题

1. 报表有 3 种视图方式,分别是________、________、________。其中________视图用于查看报表的页面数据输出外观,________视图用于查看报表版面设置。

2. 报表的设计视图中,除了包含和窗体相同的 5 个节:主体、报表页眉/页脚、页面页眉/页脚之外,还出现了报表特有的________,用于表现报表中的一些分组信息。

3. Access 中常用的报表有 4 种,它们分别是________、________、________和________。

4. 通过设置________属性可以指定图片在报表页面上的位置。

二、选择题

1. 以下叙述正确的是(　　)。

A. 报表只能输入数据　　B. 报表只能输出数据

C. 报表可以输入和输出数据　　D. 报表不能输入和输出数据

2. 在 Access 中,创建报表的方式为(　　)。

A. 使用"自动报表"功能　　B. 使用向导功能

C. 使用设计视图　　D. 以上均可

3. 纵栏式报表的字段名信息被安排在(　　)节区显示。

A. 报表页眉　　B. 主体　　C. 页面页眉　　D. 页面页脚

4. 要实现报表的分组统计,其操作区域是(　　)。

A. 报表页眉或报表页脚区域　　B. 页面页眉或页面页脚区域

C. 主体区域　　D. 组页眉或组页脚区域

5. 在报表设计中,以下可以做绑定控件显示普通字段数据的是(　　)。

A. 文本框　　B. 标签　　C. 命令按钮　　D. 图像控件

6. 在报表中添加时间时,Access 将在报表中添加一个(　　),并将其"控件来源"属性设置为所需要的时间表达式。

A. 标签控件　　B. 组合框控件

C. 文本框控件　　D. 列表框控件

7. 要显示格式为"页码/总页数"的页码,应当设置文本框的控件来源属性值为(　　)。

A. [Page]/[Pages]　　B. =[Page]/[Pages]

C. [Page]&"/"&[Pages]　　D. =[Page]&"/"&[Pages]

三、操作题

1. 创建"标签 员工信息"报表,要求以标签形式显示员工信息。

2. 创建"各商品采购数量"图表报表,要求能够反映每种商品采购数量的比对关系。

3. 依据"商店管理"数据库中已有数据信息创建 "控件练习 2"报表,在其中使用多种类型的控件,要求设计合理、美观。

第6章　数据访问页

随着 Internet 的迅速发展和广泛应用，互联网已成为信息社会的一个重要的组成部分，网页成为重要的信息发布形式。Access 2003 提供了数据访问页对象。数据访问页是一种特殊的 Web 页，支持跨网络存储数据和发送数据，它允许用户使用 IE 5. x 或以上版本的浏览器查看和使用数据，给用户提供了跨因特网或局域网访问动态（实时）和静态（不可更新）数据信息的能力，使 Access 与 Internet 紧密结合起来。

6.1　数据访问页概述

使用 Access 可以创建各种不同类型的网页。如果要直接在数据库中处理数据，可以使用数据访问页；如果要以只读方式查看最新的只读数据，可以使用服务器生成的 ASP 文件；如果要查看数据快照，可使用静态 HTML 文件。

虽然数据访问页也是一种数据库对象，但是数据访问页不保存在数据库. mdb 文件中，而是以 HTML 文件格式独立存储于数据库之外，仅在数据库的页对象中保存一个快捷方式。默认状态下数据访问页. htm 文件与对应的数据库. mdb 文件保存在同一路径。

数据访问页有两种视图方式：页视图和设计视图。

页视图用于查看生成的数据访问页样式（图 6-1），可以通过页视图中的“记录浏览”工具栏对记录进行定位、编辑、排序和筛选等操作。

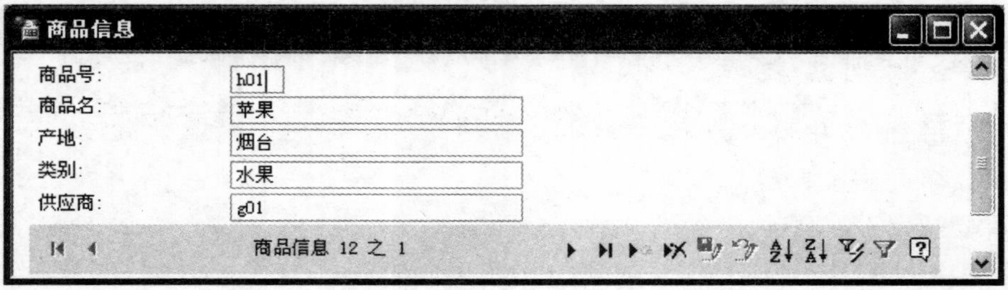

图 6-1　商品信息　页视图

设计视图用于创建和修改数据访问页（图 6-2），与窗体和报表的设计视图操作类似，在数据访问页的设计视图中可以使用工具箱设计添加相关控件。

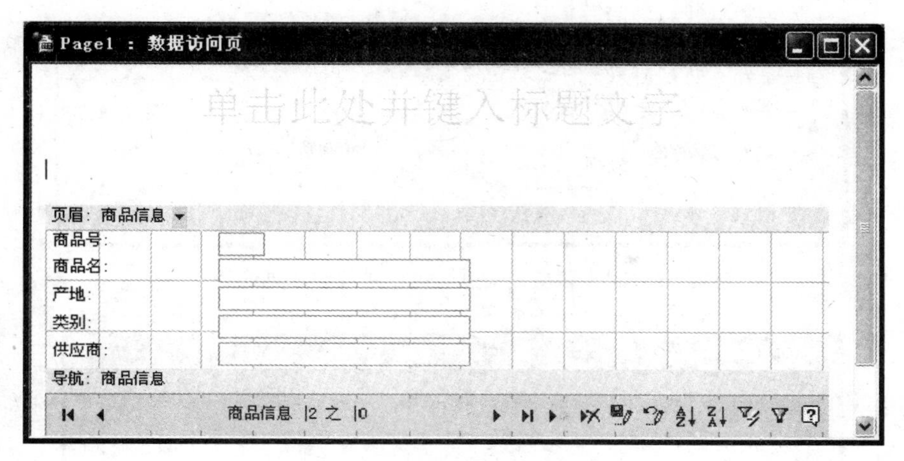

图 6-2　数据访问页　设计视图

6.2　创建数据访问页

在数据库窗口中单击“新建”按钮，打开“新建数据访问页”对话框(图 6-3)，可通过系统提供的多种方式来创建数据访问页。

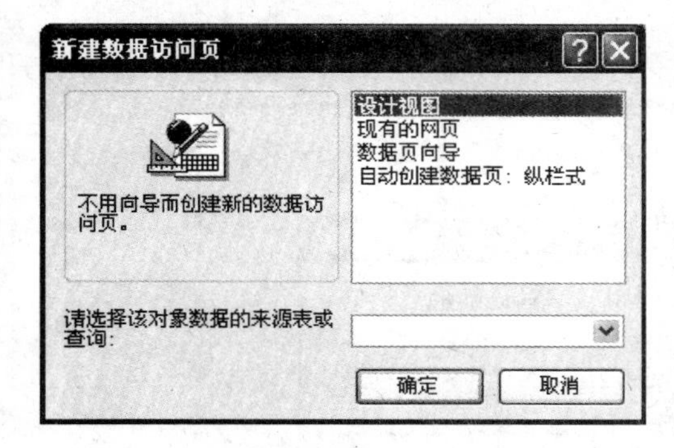

图 6-3　新建数据访问页　对话框

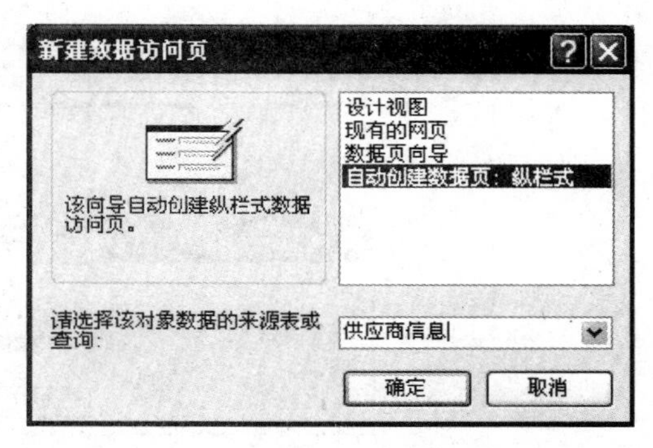

图 6-4　选择　自动创建数据页：纵栏式

6.2.1　自动创建数据访问页

选择使用图 6-3 中自动创建数据访问页的方式，可以直接生成纵栏式数据访问页，在对数据访问页样式没有要求时，能够迅速完成创建。

【操作案例】63：自动创建“供应商信息”数据访问页，并通过 IE 浏览器查看。

(1) 打开“新建数据访问页”对话框，选择“自动创建数据页：纵栏式”方式，选择“供应商信息”为页数据的来源表(图 6-4)。

(2) 单击“确定”按钮，自动生成纵栏式数据访问页(图 6-5)。

(3) 单击常用工具栏中“保存”按钮，在“另存为数据访问页”对话框中设置保存的路径和文件名(图 6-6)。

(4) 单击“保存”按钮，由于保存数据访问页使用的是绝对路径，系统弹出提示框(图 6-7)。

(5) 单击“确定”按钮，完成数据访问页的创建。

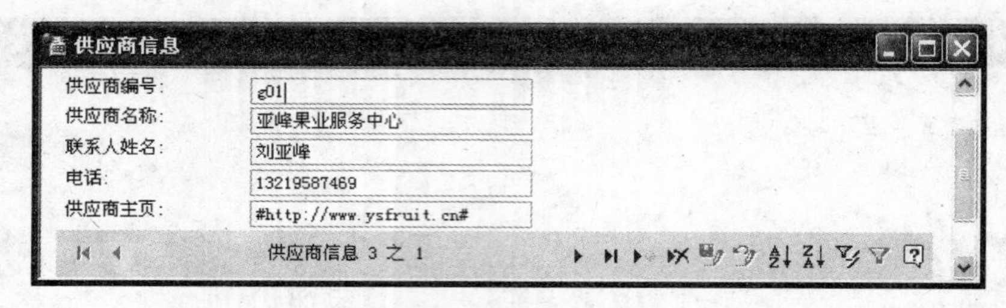

图 6-5　供应商信息　纵栏式数据访问页

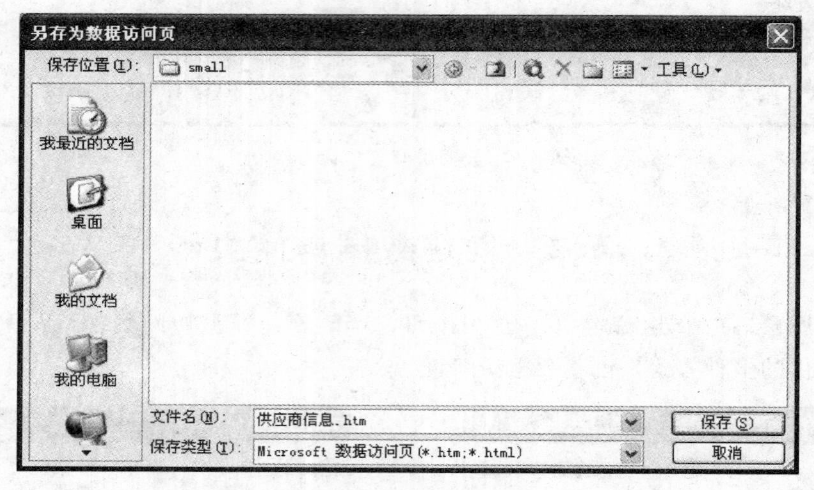

图 6-6　另存为数据访问页　对话框

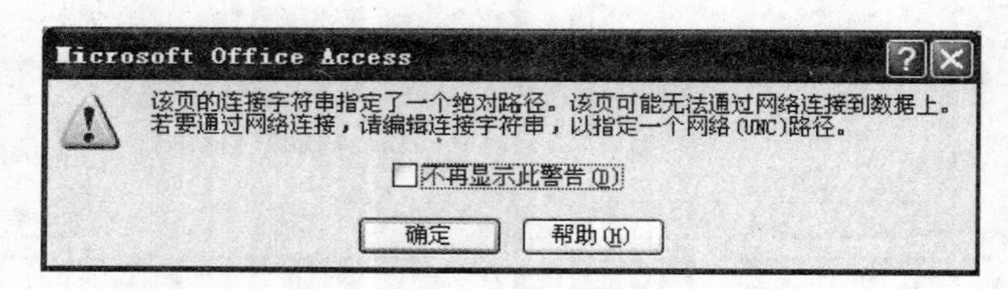

图 6-7　另存为　提示消息框

(6) 在保存数据访问页的文件夹中找到独立于数据库存储的“供应商信息.htm”页文件(图 6-8)，并通过 IE 浏览器打开查看。

图 6-8　独立于数据库存储的“供应商信息.htm”页文件

6.2.2 使用向导创建数据访问页

【操作案例】64：使用向导创建“商品信息”数据访问页，要求包含“商品信息”表所有字段并按供应商分组。

(1) 打开“新建数据访问页”对话框，选择“数据页向导”方式，选择“商品信息”为页数据的来源表(图 6-9)。

(2) 单击“确定”按钮，选定所需字段(图 6-10)。

(3) 单击“下一步”按钮，添加“供应商”作为分组字段(图 6-11)。

(4) 单击“下一步”按钮，确定按“商品号”字段对组内记录排序(图 6-12)。

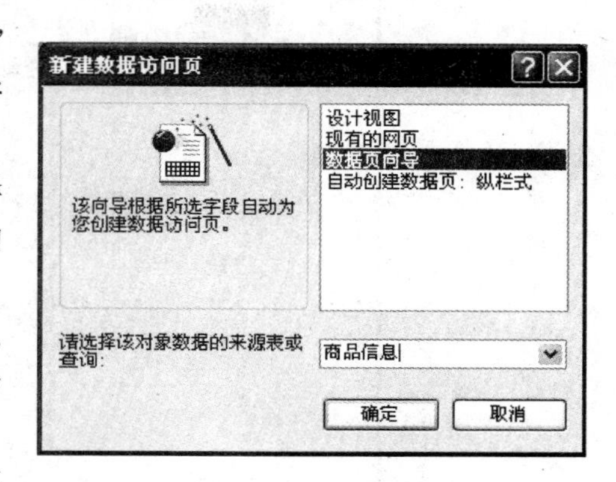

图 6-9 选择 数据页向导

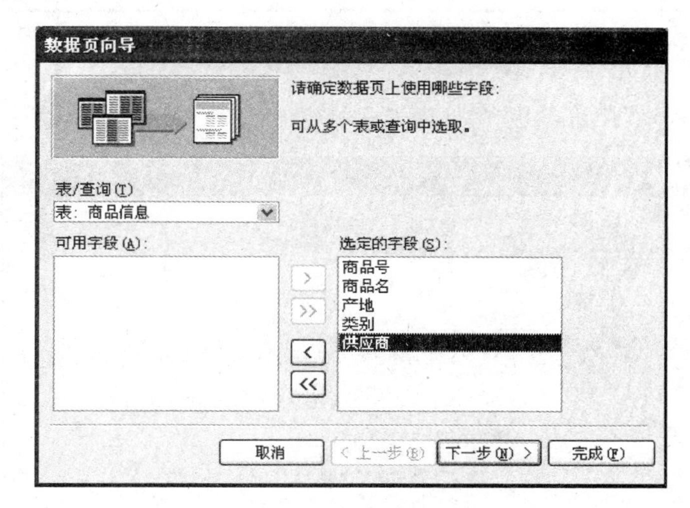

图 6-10 数据页向导-1

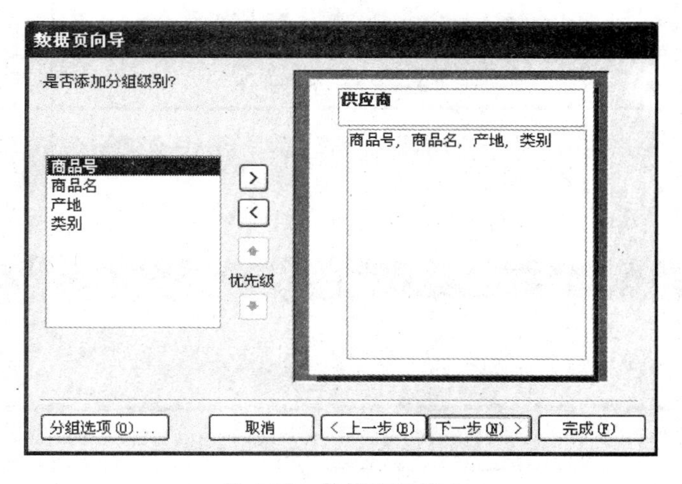

图 6-11 数据页向导-2

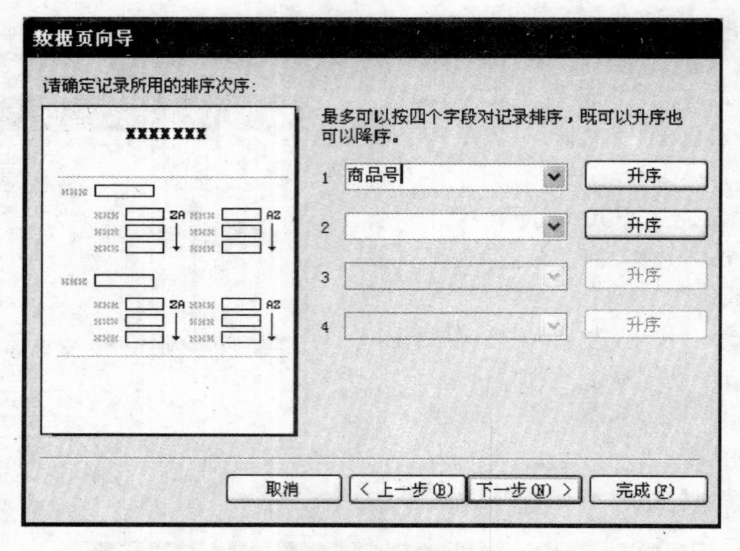

图 6-12 数据页向导-3

(5) 单击"下一步"按钮，为数据页指定标题"商品信息"(图 6-13)。

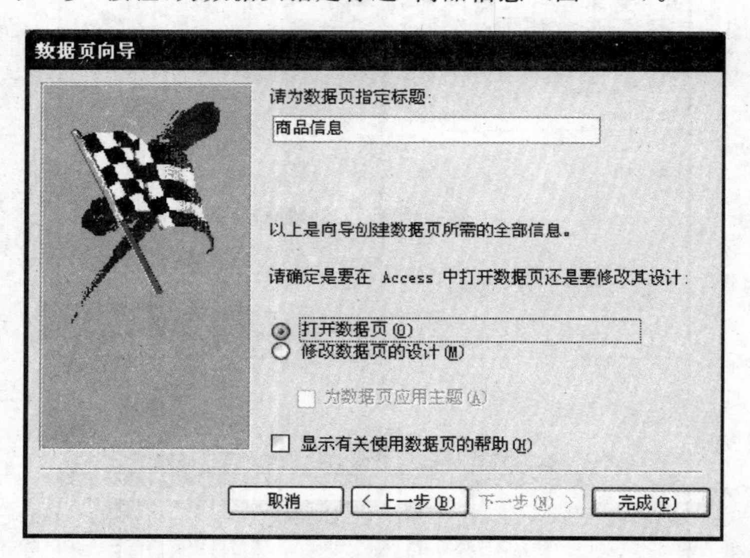

图 6-13 数据页向导-4

(6) 单击"完成"按钮，打开数据访问页查看分组记录信息(图 6-14)。

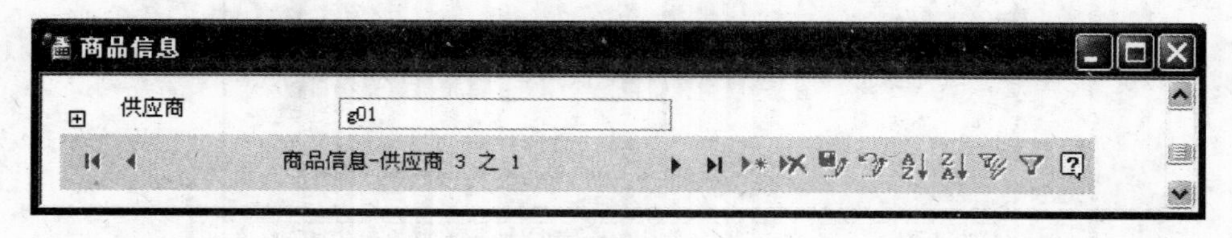

图 6-14 数据访问页 分组记录信息-1

(7) 单击“展开”按钮，可以查看组内记录信息(图 6-15)。

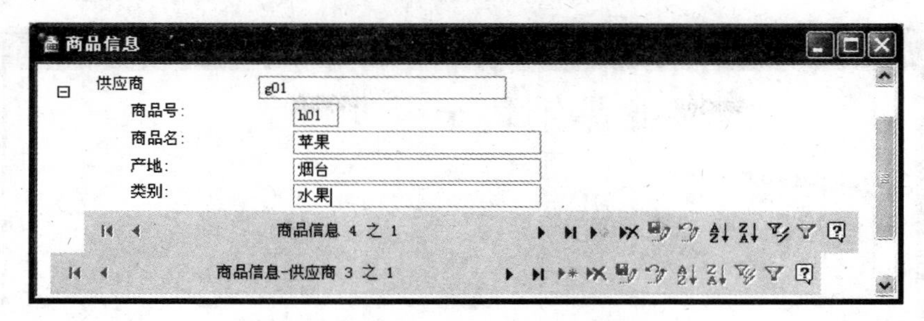

图 6-15 数据访问页 分组记录信息-2

6.2.3 通过设计视图创建数据访问页

通过设计视图可以创建更加灵活多样的自定义数据访问页。

【操作案例】65：创建“销售记录”数据访问页，要求包含“销售记录”表所有字段并计算每单交易销售额。

(1) 在数据库中选择“页”对象，双击“在设计视图中创建数据访问页”方式，打开设计视图。从右侧“字段列表”(图 6-16)中拖动“销售记录”表至数据访问页设计视图主体节。如果一次拖动添加的字段是多个或是整个表，系统会弹出“版式向导”对话框(图 6-17)。

图 6-16 字段列表

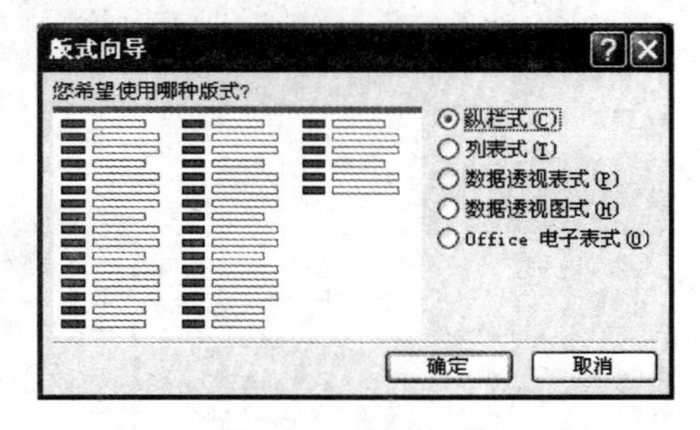

图 6-17 版式向导

(2) 选择“纵栏式”版式，单击“确定”按钮，“销售记录”表中字段出现在页主体节中(图 6-18)。

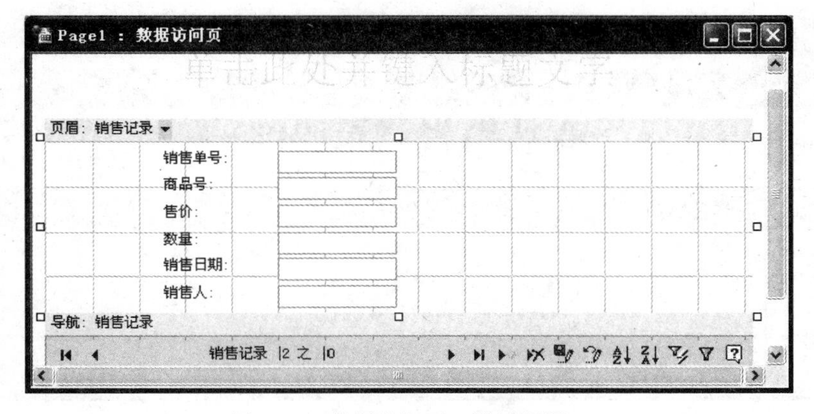

图 6-18 数据访问页 设计视图-1

(3) 输入标题“商品销售记录明细”,调整字段排列方式及间距(图 6-19)。

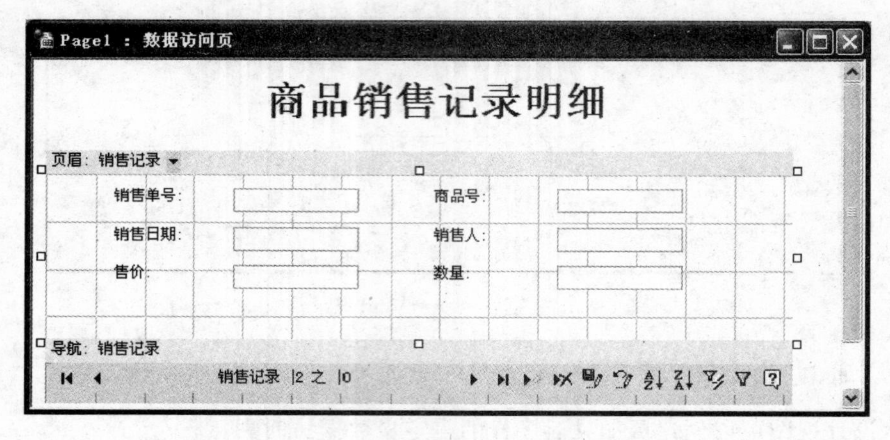

图 6-19 数据访问页 设计视图-2

(4) 使用“工具箱”,在主体节中添加文本框控件,更改其标签文本为“销售额:”,设置文本框属性,“数据”选项卡中 ControlSource 为“销售额:[售价]*[数量]”,Format 为“Currency”(图 6-20)。

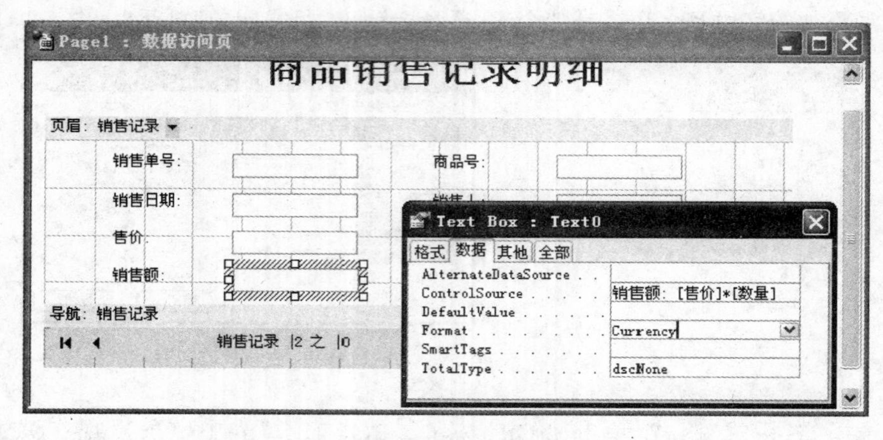

图 6-20 数据访问页 设计视图-3

(5) 关闭“属性”对话框,切换至页视图查看(图 6-21)并保存为“销售记录明细.htm”。

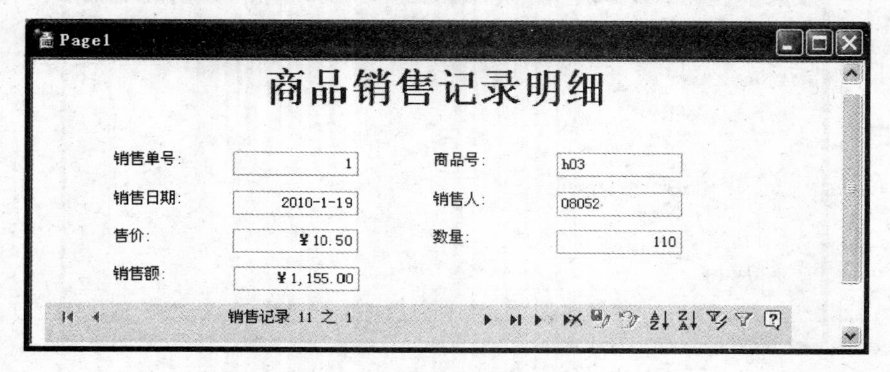

图 6-21 商品销售记录明细 数据访问页

6.3 编辑数据访问页

通过设计视图，还可以对已经创建的数据访问页进行编辑和修改。

【操作案例】66：编辑“销售记录明细”数据访问页，使其应用主题背景“长青树”，在主体中添加“采购记录明细”超链接，在标题下方添加滚动文字“good luck ！”。

(1) 在设计视图中打开“销售记录明细”数据访问页，单击“格式”菜单，选择“主题”命令，打开“主题”对话框，选择“长青树”作为主题背景(图 6-22)并确定。

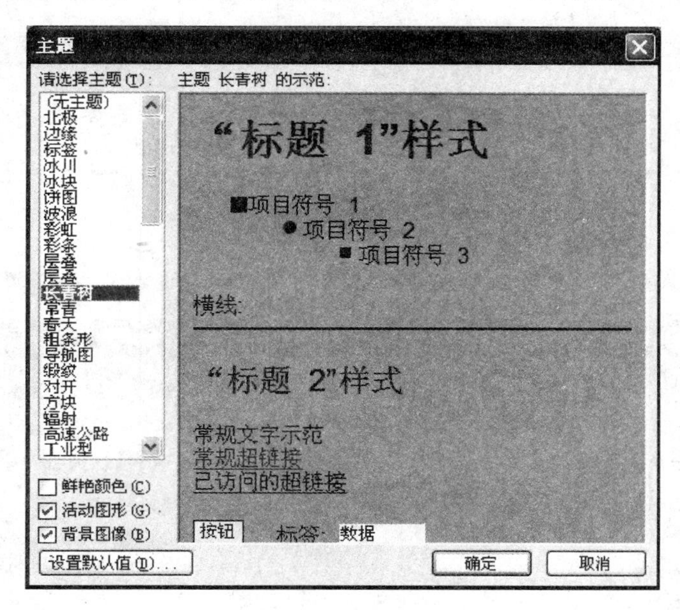

图 6-22 主题 对话框

(2) 使用“工具箱”，在主体节中添加“超链接”控件，在“插入超链接”对话框中输入“采购记录明细”作为超链接显示文字，并且输入超链接指向的地址(图 6-23)。

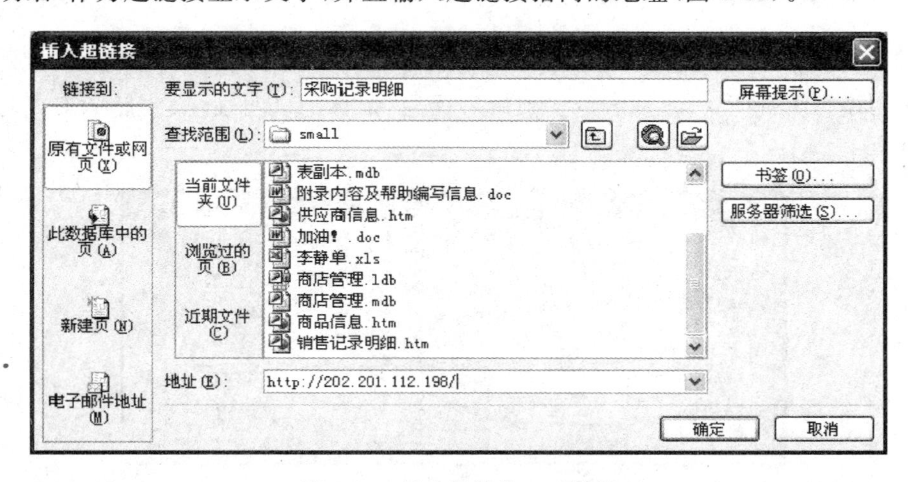

图 6-23 插入超链接 对话框

(3) 单击“确定”按钮，数据访问页主体节中出现“采购记录明细”超链接(图 6-24)。

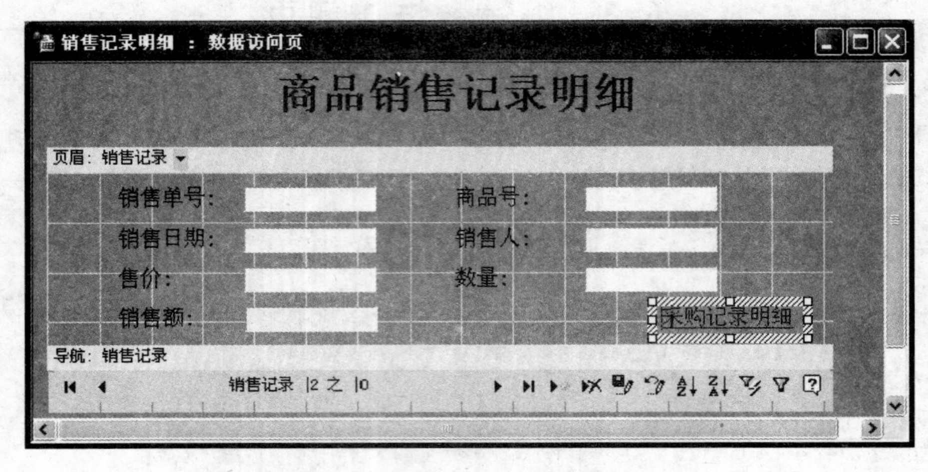

图 6-24　数据访问页　设计视图-4

(4) 使用“工具箱”，在标题下方添加“滚动文字”控件，并输入文本“good luck!”(图 6-25)。

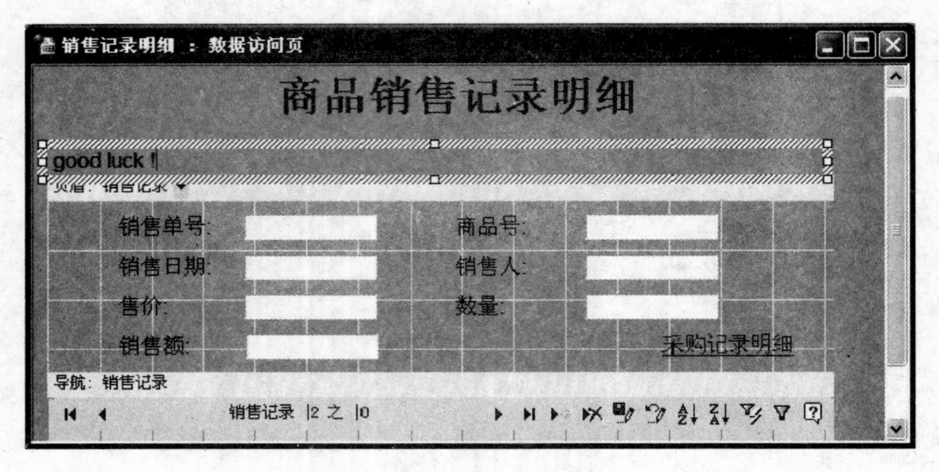

图 6-25　数据访问页　设计视图-5

(5) 切换至页视图查看(图 6-26)，然后另存为“销售记录明细_修改后”，完成对数据访问页的编辑。

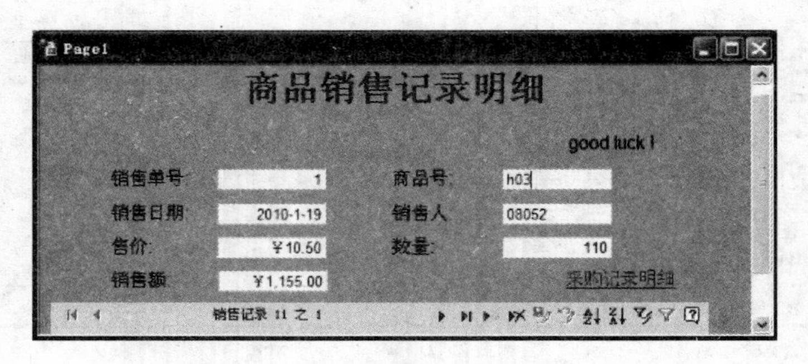

图 6-26　商品销售记录明细　页视图

6.4 数据访问页、窗体和报表的功能比较

数据访问页在功能上和窗体、报表有一些类似之处，但也有很大不同，三者间功能异同如表 6-1 所示。其中，“是”表示能够完成功能任务，“否”表示不能完成功能任务，“可能”表示可以完成但效果不理想。

表 6-1 数据访问页、窗体、报表功能比较

功能	数据访问页	窗体	报表
数据输入、编辑和交互式处理	是	是	否
通过 Internet 或 Intranet 发布、输入、编辑活动数据，并与其交互	是	否	否
打印输出数据	可能	可能	是
通过电子邮件发布数据	是	否	否

从表 6-1 中可以看出，数据访问页的优势在于可以通过网络发布数据，并且数据访问页是交互式的，用户可以对自己需要的数据进行排序、筛选和查看。

习　题　6

一、填空题

1. 数据访问页是一种特殊的________，支持跨网络存储数据和发送数据，通过数据访问页可以使 Access 与________紧密结合起来。

2. 数据访问页不保存在数据库. mdb 文件中，而是以________文件格式独立存储于数据库之外，仅在数据库的页对象中保存一个________。

3. 数据访问页有两种视图方式：________和________。

4. 数据访问页可以使用________控件链接其他的对象。

二、选择题

1. Access 通过数据访问页可以发布的数据(　　)。

A. 只能是数据库中保持不变的数据　　B. 只能是静态数据

C. 只能是数据库中变化的数据　　D. 是数据库中保存的数据

2. 在数据访问页中，应为所有将要排序分组或筛选的字段建立(　　)。

A. 主关键字　　B. 索引

C. 准则　　D. 条件表达式

3. 利用“自动数据访问页”向导创建的数据访问页的格式是(　　)。

A. 标签式　　B. 表格式　　C. 纵栏式　　D. 图表式

4. 标签控件在数据访问页中主要用来(　　)。

A. 显示字段内容　　B. 显示记录数据

C. 显示描述性文本信息　　D. 显示页码

5. 数据访问页的“主题”是指(　　)。

A. 数据访问页的标题

B. 对数据访问页目的、内容和访问要求等的描述

C. 数据访问页的布局与外观的统一设计和颜色方案的集合

D. 以上都对

6. 在默认情况下，当用户在 IE 窗口中打开创建的分组数据访问页时，下层组级别都呈(　　)状态。

A. 展开　　　　B. 折叠

C. 与父层相同　　　　D. 与父层不同

三、操作题

1. 创建任意数据访问页，要求在数据访问页中带有主题背景、计算字段并能呈现分组信息。

2. 创建“控件练习 3”数据访问页，并在其中使用多种类型的控件，对数据访问页的设计要合理，样式要美观。

第7章　宏

宏是 Access 中一个重要的对象，通过宏能够自动执行重复的任务，使用户方便快捷地对 Access 数据库系统进行操作。使用宏时用户不需要了解语法，也不需要进行编程，只是利用几个简单的宏操作就可以将已经创建的数据对象联系在一起，实现特定的功能。

7.1　宏　概　述

宏是由一个或多个操作组成的集合。Access 提供了 53 个基本宏，这些宏命令可以通过窗体中控件的某个触发事件来实现，或在数据库的运行过程中自动实现。

Access 中的宏可以分为以下 3 类：

(1) 操作序列宏　一系列宏操作组成的序列，运行时按序列中宏命令的先后顺序执行操作。

(2) 宏组　为便于管理所创建的包含多个宏的集合，其中每个宏名表示一个宏，每个宏单独运行，相互之间没有关联。宏组中的宏可通过"宏组名.宏名"格式调用。

(3) 条件宏　可以通过制定条件的方法创建条件宏，如果条件成立才执行对应的宏操作，否则跳过对应操作。

Access 中的宏命令主要包括打开或关闭数据库对象、运行和控制流程、设置值、记录操作、控制窗口、通知或警告、菜单操作、导入和导出数据等类别的操作。

7.2　创　建　宏

Access 只提供了一种创建宏的方式，即通过"新建"按钮，打开宏的设计器窗口(图 7-1)，并配合使用"宏设计"工具栏(图 7-2)进行所需操作设置。默认状态下的宏设计器窗口中并不包含"宏名"和"条件"列，在创建宏组或者条件宏时可通过"宏设计"工具栏中"宏名"按钮和"条件"按钮使其显示。

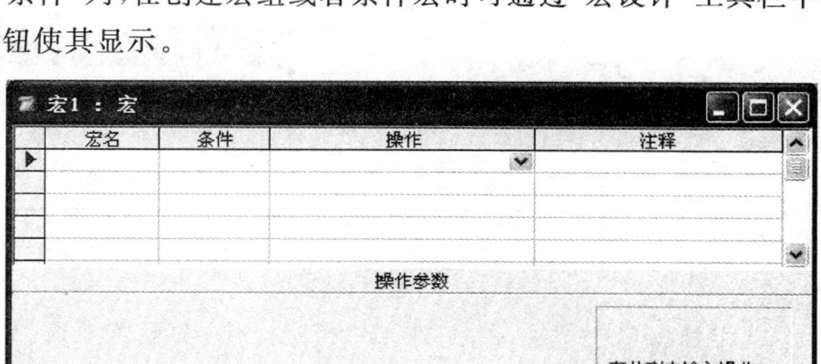

图 7-1　宏设计器　窗口

图 7-2　宏设计　工具栏

创建宏，就是要在宏设计窗口中选择宏命令并设置不同的操作参数，可以对宏操作添加注释信息，必要时还可以添加宏条件用来限定宏的运行。

7.2.1　创建简单宏

【操作案例】67：创建弹出消息框的宏，要求消息框中消息文本为“宏练习”，消息框标题为“创建简单宏”，消息框类型为“重要”，在消息框弹出的同时发出“嘟嘟”提示声响。

(1) 在数据库“宏”对象中，单击“新建”按钮，打开宏的设计器窗口，选择“操作”为“MsgBox”，在操作参数中按要求进行设置(图 7-3)。

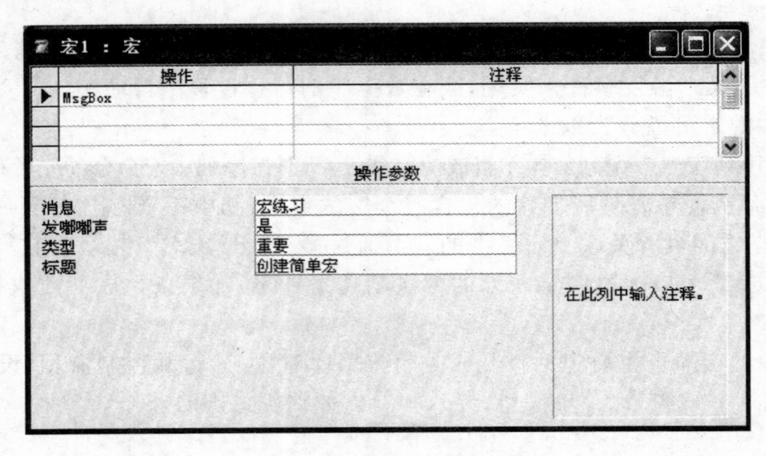

图 7-3　MsgBox 宏操作设计

(2) 保存设计好的宏，名称为“创建简单宏”(图 7-4)。

(3) 单击“宏设计”工具栏中“运行”按钮，运行宏，会弹出“创建简单宏”消息框(图 7-5)同时发出“嘟嘟”声响。

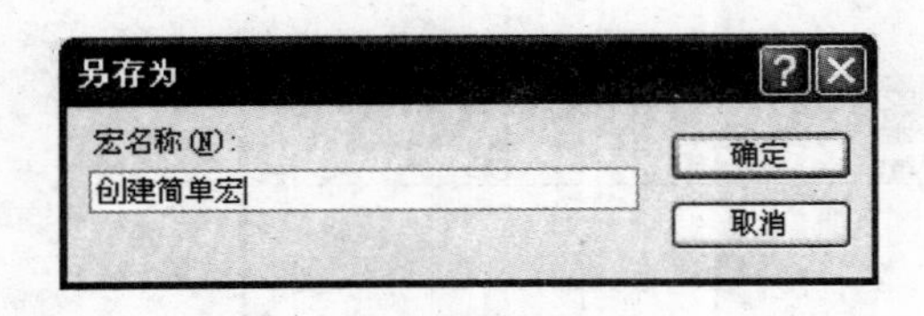

图 7-4　另存为　对话框

图 7-5　创建简单宏　消息框

如果在图 7-3 的设计窗口中增加一个“MsgBox”宏操作，并设置对应操作参数(图 7-6)就创建了一个操作序列宏，运行时会依次顺序弹出 2 个消息框，第一个如图 7-5 所示，第二个如图 7-7 所示。

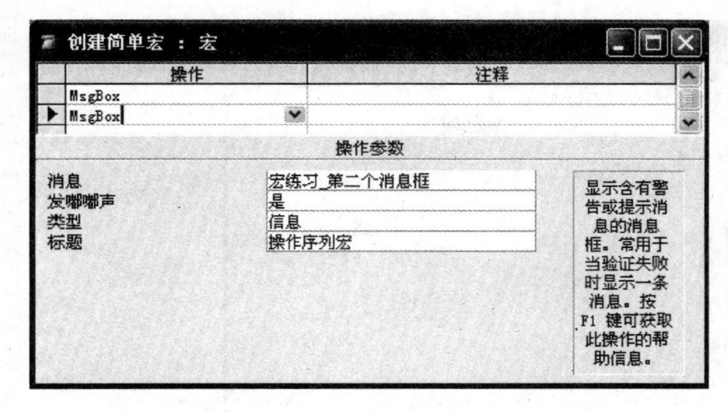

图 7-6　操作序列宏　设计窗口

图 7-7　操作序列宏　消息框

7.2.2　创建宏组

为便于管理，增强可读性，经常会将一些宏组成一个宏组，存储在一个宏对象中。保存宏组时，指定的名字是宏组的名字，也是显示在宏对象列表中的名字，调用时以"宏组名.宏名"形式实现宏组中具体宏的操作。

创建宏组需要首先使宏设计窗口中显示"宏名"列，通过在"宏名"列中宏名的标识把宏区分开来而不是被认作一整个操作序列宏。图 7-8 表示宏组"宏 1"中包含 3 个独立的宏，分别是"简单练习"、"输入数据"和"打印报表"。

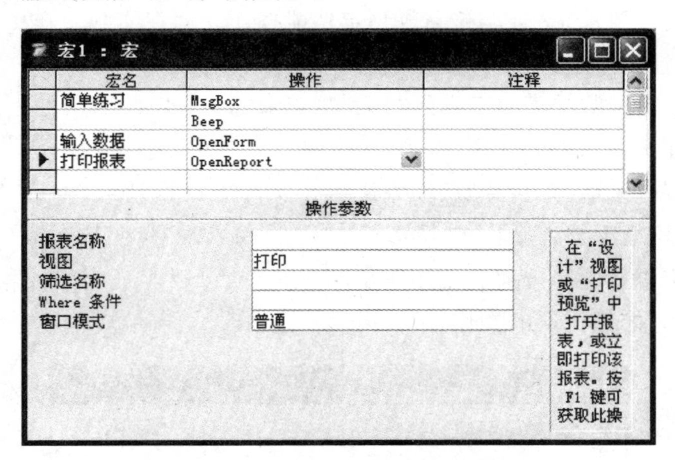

图 7-8　创建宏组

7.2.3　创建条件宏

创建条件宏需要首先使宏设计窗口中显示"条件"列，并将所需的条件表达式输入其中。在条件宏中输入条件表达式时，可通过 Reports! [报表名]! [控件名] 或者 Forms! [窗体名]! [控件名]的形式来引用报表或窗体上的控件值。图 7-9 所示的宏表示在"销售人员销售信息"报表中"总销售额"字段值大于 5000 时弹出"业绩考核"消息框，否则无操作。

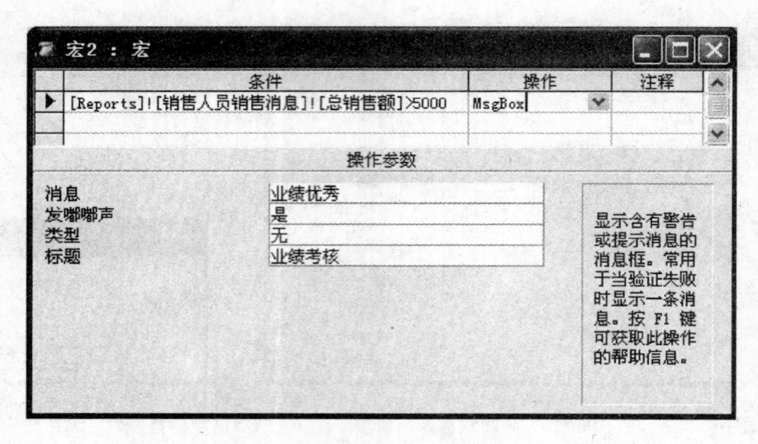

图 7-9　创建　条件宏

7.2.4　宏的运行和调试

宏的运行主要可以通过以下 3 种方式进行：

(1) 直接运行宏。

(2) 运行宏组中的宏。

(3) 通过相应窗体、报表或控件运行宏或事件过程。

通常情况下直接运行宏或运行宏组中的宏是在设计和调试宏的过程中进行，这是为了测试宏是否符合设计要求，是否能够完成预定功能操作。而在实际工作中，宏更多地是将服务于窗体、报表或控件中，对其事件作出响应，或用于自定义菜单命令。

如果需要宏在打开数据库时自动运行，要将宏命名为“AutoExec”，要想取消自动运行，打开数据库时按住 Shift 键即可。

对宏进行调试可采取“单步执行”的方法。在设计窗口打开宏，单击“宏设计”工具栏中“单步”按钮使其处于激活状态，然后运行宏，系统将出现“单步执行宏”对话框(图 7-10)，用于对操作序列宏进行逐步分解。使用单步跟踪执行，可以验证宏的流程和每个操作的结果，从中发现问题并修正错误的操作。

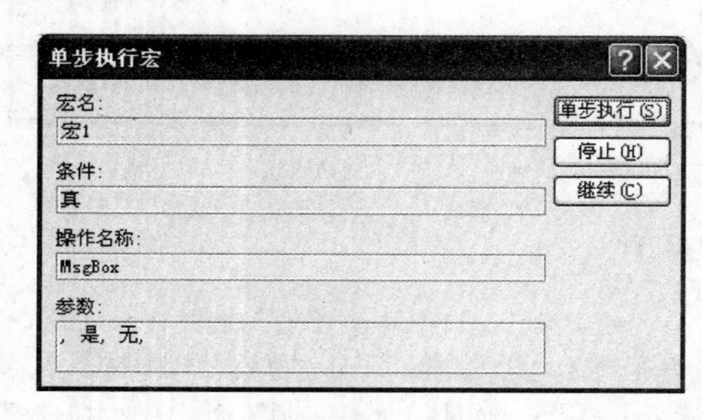

图 7-10　单步执行宏

7.3 宏的应用

7.3.1 通过事件触发宏

事件是在数据库中执行的一种特殊操作，是对象所能识别和检测的动作，当此动作发生于某一个对象上时，其对应的事件就会被触发。例如：单击窗体中的一个按钮时，会触发该按钮的“单击”事件，如果事先已经给这个“单击”事件联系了对应的宏，该宏就会被运行。

【操作案例】68：创建如图 7-11 所示的“商品管理(含宏示例)”窗体，要求为窗体中各命令按钮创建宏，当单击命令按钮时，实现相应的功能操作。

(1) 打开数据库，单击“窗体”对象，在设计视图中新建窗体(图 7-12)。其中，使用工具箱添加窗体标题“商品管理(含宏示例)” 标签控件；在不使用“控件向导”状态下，添加两个空的命令按钮，并分别更改其标题属性为“打开采购记录窗体”和“打开销售记录窗体”(图 7-13)，设置窗体属性为不显示“导航按钮”(图 7-14)。

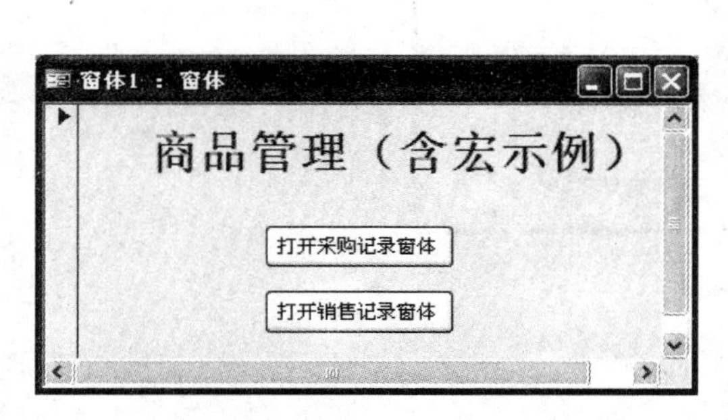

图 7-11　商品管理(含宏示例)　窗体

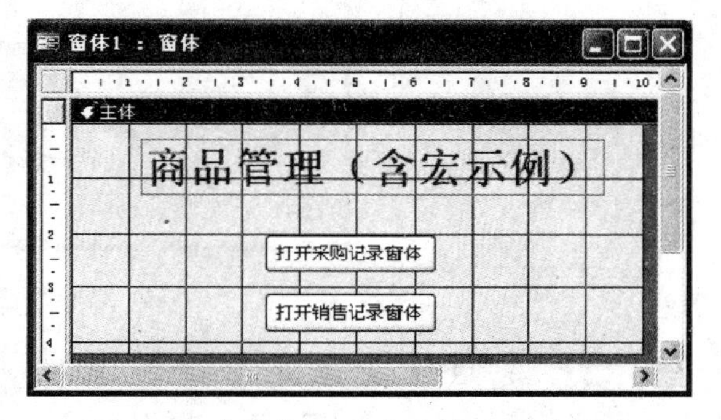

图 7-12　商品管理(含宏示例)　设计视图

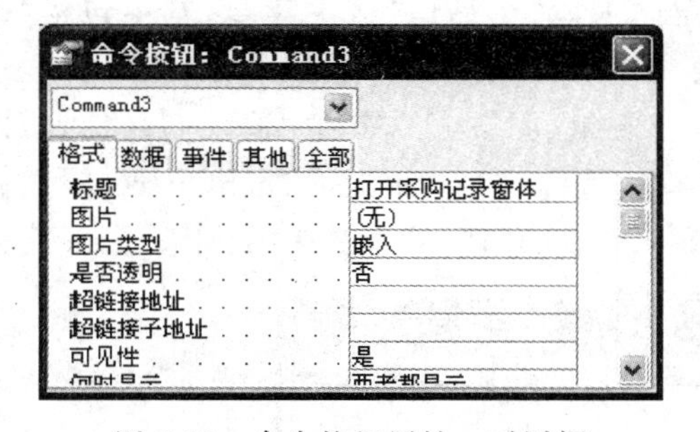

图 7-13　命令按钮属性　对话框

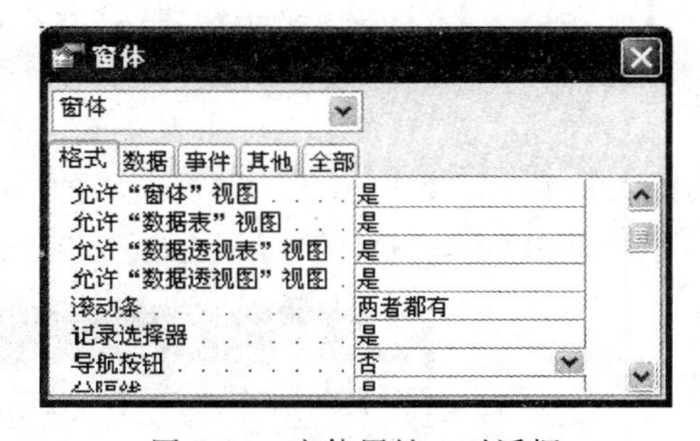

图 7-14　窗体属性　对话框

(2) 单击“宏”对象，创建“商品管理”宏组(图 7-15)，其中“打开采购记录窗体”宏操作为 OpenForm，对应窗体为“采购记录”，“打开销售记录窗体”宏操作为 OpenForm，对应窗体为“销售记录”。

(3) 打开“商品管理(含宏示例)”窗体设计视图，设置“打开采购记录窗体”按钮单击事件属性为“商品管理. 打开采购记录窗体”。用同样的方法设置“打开销售记录窗体”按钮单击事件属性为“商品管理. 打开销售记录窗体”(图 7-16)，实现窗体中空按钮和触发事件宏的关联。

(4) 切换到窗体视图，测试窗体中按钮所能实现的功能。

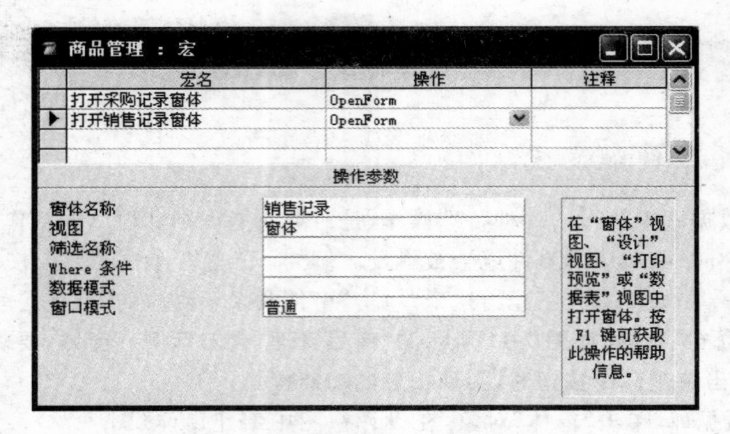

图 7-15　商品管理宏　设计窗口

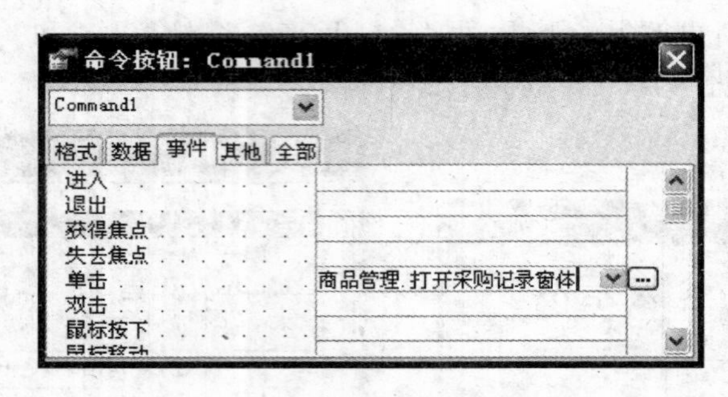

图 7-16　命令按钮属性　对话框

7.3.2　使用宏自定义窗体菜单

使用宏可以创建用来对数据库进行管理的自定义菜单。

【操作案例】69：为“商品管理(含宏示例)”窗体创建“商品信息”主菜单，其中包括“输入商品信息”、“按产地查询商品”、“打印商品信息报表”菜单选项。

(1) 单击“宏”对象，创建“商品管理_菜单选项”宏组(图 7-17)，其中“输入商品信息”宏操作 OpenForm“数据模式”参数为“增加”，“按产地查询商品”宏操作为 OpenQuery，对应查询为“产地参数”；“打印商品信息报表”宏操作 OpenReport“视图”参数为“打印”。

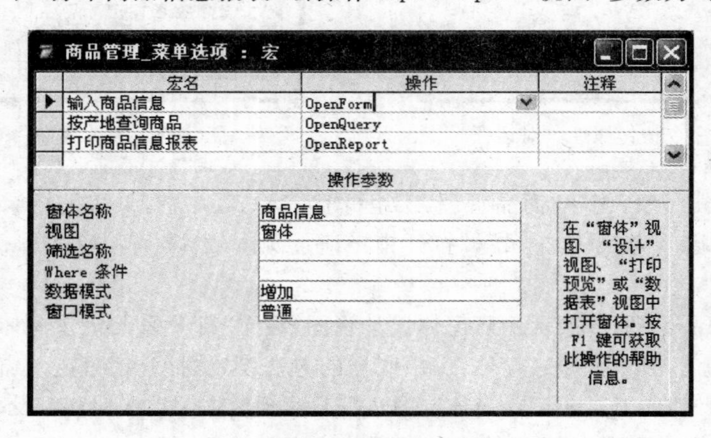

图 7-17　商品管理_菜单选项　宏组

(2) 单击“宏”对象，创建“商品管理_主菜单”宏(图 7-18)，关联主菜单与对应的菜单选项操作。

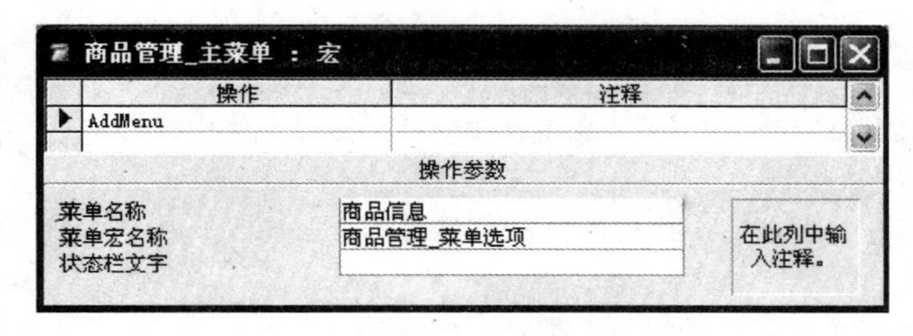

图 7-18 商品管理_主菜单 宏

(3) 打开“商品管理(含宏示例)”窗体设计视图，设置窗体属性“菜单栏”值为“商品管理_主菜单”(图 7-19)，表示该窗体打开时将出现“商品管理_主菜单”自定义菜单，不再出现 Access 提供的系统窗体菜单(图 7-20)。

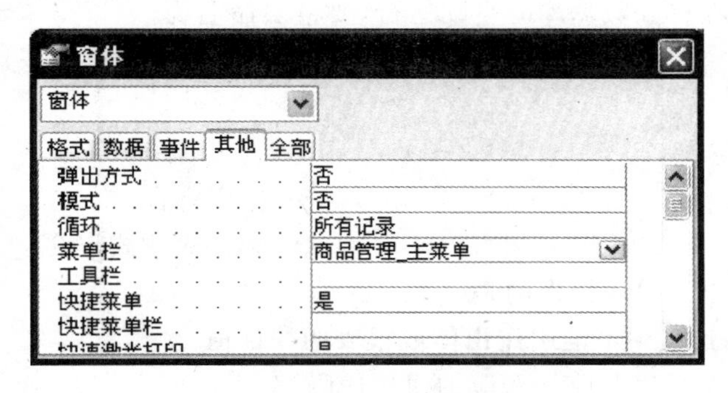

图 7-19 窗体属性 对话框

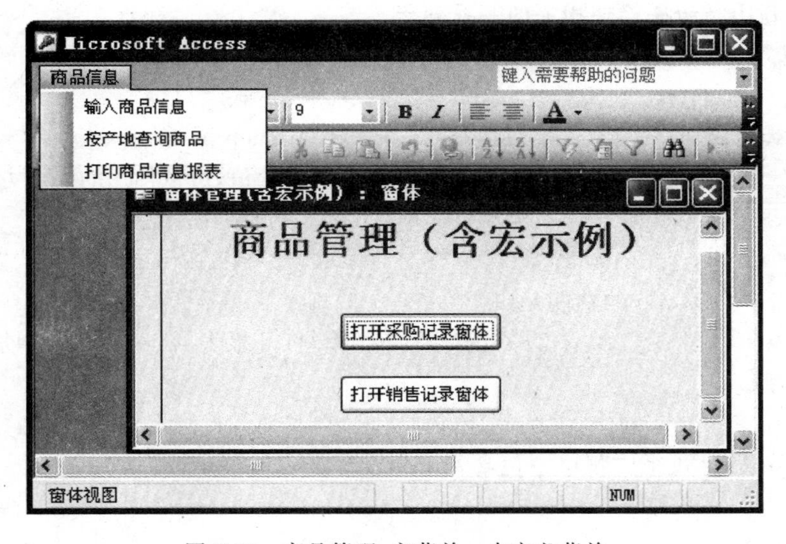

图 7-20 商品管理_主菜单 自定义菜单

习 题 7

一、填空题

1. Access提供了53个基本宏,这些宏命令可以通过窗体中控件的________来实现,或在数据库的运行过程中自动实现。

2. ________是在数据库中执行的一种特殊操作,是Access中对象所能识别和检测的动作。

3. Access中的宏可以分为以下3类:________、________和________。

4. 保存宏组时,指定的名字是宏组的名字,也是显示在宏对象列表中的名字,调用时以________形式实现宏组中具体宏的操作。

5. 使用________,可以验证宏的流程和每个操作的结果,从中发现问题并修正错误的操作。

6. 如果需要宏在打开数据库时自动运行,要将宏命名为________,要想取消自动运行,打开数据库时按住________键即可。

二、选择题

1. 宏是指一个或多个( )。

A. 命令集合　　B. 操作集合
C. 对象集合　　D. 条件表达式集合

2. 有关宏操作以下叙述错误的是( )。

A. 宏的条件表达式中不能引用由体或报表的控件值
B. 所有宏操作都可以转化为相应的模块代码
C. 使用宏可以启动其他应用程序
D. 可以利用宏组来管理相关的一系列宏

3. 使用( )可以决定某些特定情况下运行宏的某个操作是否执行。

A. 函数　　B. 表达式
C. 条件表达式　　D. If-then语句

4. 在宏的表达式中要引用报表test上控件txtname的值,可以使用的引用方式是( )。

A. txtName　　B. test! txtname
C. reports! test! txtname　　D. report! txtname

5. 宏命令AddMenu的功能是( )。

A. 打开窗体　　B. 打开查询　　C. 打开报表　　D. 增加菜单

三、操作题

参照【操作案例】69,创建"主菜单"窗体,要求包含"商品信息"、"员工信息"和"供应商信息"3个主菜单,并且每个主菜单中包含若干个设计合理的菜单选项。

第 8 章　模块与 VBA 程序设计基础

在 Access 中，通过把宏、窗体和报表等对象结合起来，不用编写程序代码就可以实现事件的响应处理，建立功能基本齐全的数据库管理系统。经过第 7 章的学习我们了解到，宏的功能是有局限性的，它只能处理一些简单的操作，如果要实现功能强大的数据管理，以及灵活的控制功能，就需要编写程序模块来完成。本章介绍 Access 数据库模块的概念和用来创建模块的 VBA 语言的程序设计基础知识。

8.1　模 块 概 述

模块是 Access7 个对象中一个重要的对象。模块和宏在使用上有类似的地方，但是宏是由系统自动生成的，而模块对象是用 VBA(Visual Basic for Applications)语言编写的。Access 中模块分为类模块和标准模块两种类型。模块以函数过程(Function)或子过程(Sub)为单元的集合方式进行存储。

类模块包括窗体模块和报表模块，它们从属于各自对应的窗体或报表。窗体模块中的事件过程的代码用于响应窗体或窗体上控件的触发事件。报表模块中的事件过程的代码用于响应报表或报表上控件的触发事件。为窗体或报表创建事件过程时，系统会自动打开模块代码编辑窗口。窗体模块和报表模块的作用范围在其所属窗体或报表内部，并随着窗体或报表的打开而开始，随着窗体或报表的关闭而结束。

标准模块通常用于存放供 Access 其他对象使用的公共过程。标准模块显示在数据库窗口的"模块"对象中，标准模块和类模块的主要区别在于其范围和生命周期。标准模块作用范围在整个应用程序里，生命周期是伴随着应用程序的运行而开始、关闭而结束。

函数过程(Function)可以执行一系列操作，有返回值。定义格式如下：

```
Function 过程名
    [程序代码]
End Function
```

调用函数过程时，需要直接引用函数过程的名称，而不能使用 Call 来调用执行。

子过程(Sub)可以执行一系列操作，无返回值。定义格式如下：

```
Sub  过程名
    [程序代码]
End Sub
```

可以引用子过程的名称来调用该子过程。在过程名前加上关键字 Call,可以调用一个子过程。

在 Access 中,可将设计好的宏转换为模块代码形式。在数据库窗口中选择"宏"对象,单击选中要转换的宏,然后选择执行"文件"菜单"宏"级联菜单中"将宏转换为 Visual Basic 代码"命令(图 8-1),实现宏到 VBA 代码的转换。

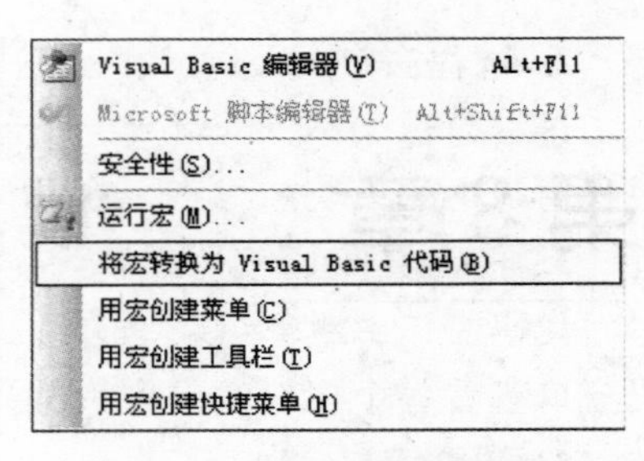

图 8-1 文件菜单宏级联菜单

8.2 VBA 程序设计基础

VBA 是 Office 组建的内置编程语言,语法与 Visual Basic 语言相互兼容。以下介绍 VBA 编程的一些基本概念及方法。

8.2.1 VBE 编程环境

VBE 是 Visual Basic Editor 的缩写,是 Access 提供的一个编程环境。VBE 以 VB 的编程环境为基础,提供了 Office 应用程序的集成编程环境。VBE 窗口主要由标准工具栏、过程窗口、属性窗口、代码窗口和立即窗口等部分组成,如图 8-2 所示。

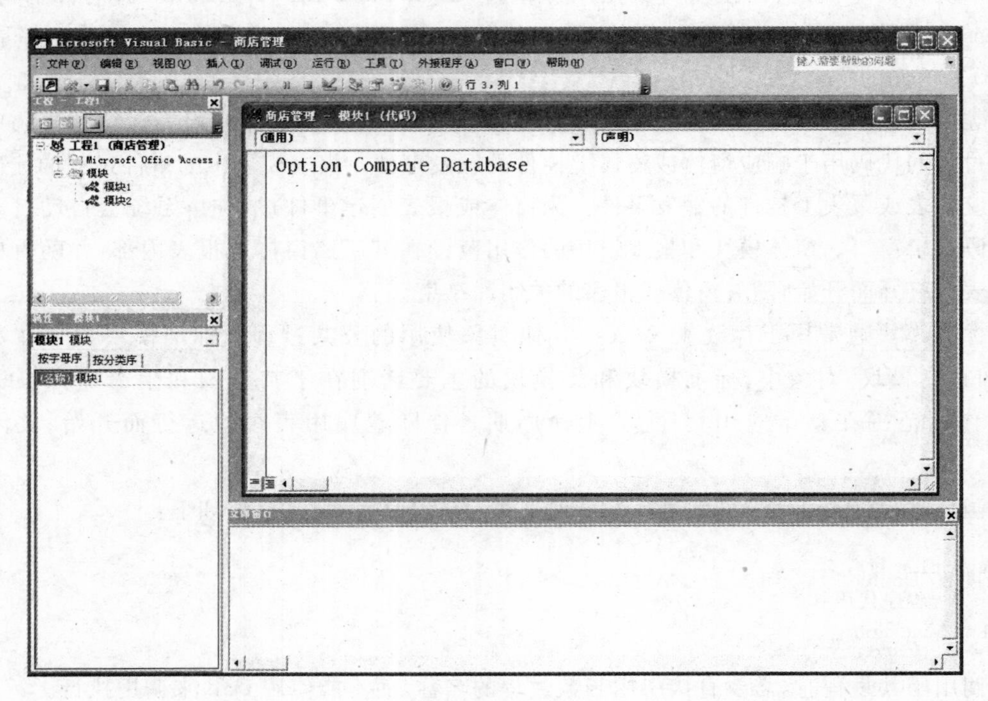

图 8-2 VBE 窗口

1. 标准工具栏

提供代码编辑过程中常用的功能按钮,主要包括运行模块、中断运行、终止运行及打开相应对话窗口等等。

2. 过程窗口

过程窗口又称工程资源管理器。在其列表框中列出了应用程序的所有模块文件,双击过程窗口中的模块名称,就会在代码窗口中显示对应的代码。

3. 代码窗口

代码窗口由对象组合框、事件组合框和代码编辑区3个部分构成。可同时打开多个代码窗口查看各个模块代码,并进行多个窗口间内容的复制和粘贴。

4. 属性窗口

属性窗口列出了所选对象的各个属性,并有“按字母序”和“按分类序”两种查看方式。可直接在属性窗口中设置对象的属性。

5. 立即窗口

它是用来进行表达式计算、简单方法的操作和测试程序的工作窗口。在编写代码时,可通过使用Debug.Print语句在立即窗口显现变量或表达式的值。立即窗口对于VB初学者来说是极为方便有效的测试工具,在调试程序时经常使用。

选择数据库“模块”对象,单击“新建”按钮,就可以进入VBE编程环境编写代码。按下Alt+F11组合键,可在数据库窗口和VBE之间进行切换。

8.2.2 数据类型

Access数据表中字段所涉及的数据类型,除了OLE对象和备注类型之外,在VBA中都有对应的数据类型。

1. 标准数据类型

VBA支持多种数据类型,可以使用“类型说明标点符号”来定义数据类型,还可以使用“类型标识字符”来定义数据类型,VBA的数据类型、类型标识、符号、字段类型及取值范围,如表8-1所示。

表8-1 VBA数据类型说明

数据类型	类型标识	标点符号	字段类型	取值范围
整数	Integer	%	字节/整数/是/否	-32 768~32 767
长整数	Long	&	长整数/自动编号	-2 147 483 648~2 147 483 647
单精度数	Single	!	单精度数	负数-3.402 823E38~-1.401 298E-45 正数1.401 298E-45~3.402 823E38
双精度数	Double	#	双精度数	负数-1.797 693 134 862 32E308~-4.940 656 458 412 47E-324, 正数1.797 693 134 862 32E308~4.940 656 458 412 47E-324
货币	Currency	@	货币	-922 337 203 685 477.580 8~922 337 203 685 477.580 7
字符串	String	$	文本	0~65 500字符
布尔型	Boolean		逻辑值	True或False
日期型	Date		日期/时间	100年1月1日~9999年12月31日
变体类型	Variant	无	任何	Variant数据类型可替换任何数据类型,且适应性更好。替换后的Variant数据类型取值范围与原数据类型一致

在使用数据类型时有些需要注意的问题列举如下。

• Boolean

布尔型数据只有两个值：True 和 False，布尔型数据转换为其他类型数据时，True 转换为－1，False 转换为 0。其他类型数据转换为布尔型数据时，0 转换为 False，其他值转换为 True。

• Date

任何可以识别的文本形式的日期数据都可以赋给日期变量，日期类型数据必须前后用“＃”号括住，例如，＃2005/11/18＃。

• Variant

变体类型是一种特殊的数据类型，除了定长字符串类型及用户自定义类型外，可以包含其他任何类型的数据。变体类型还可以包含 Empty、Error、Nothing 和 Null 特殊值。VBA 中规定，如果没有显式声明或使用符号来定义变量的数据类型，默认为变体类型。Variant 数据类型使用灵活，但使用这种数据类型缺乏可读性，无法通过查看代码来明确其数据类型。

2. 用户定义的数据类型

用户定义数据类型是指应用过程中建立的包含一个或多个 VBA 标准数据类型的数据类型。它不仅包含 VBA 的标准数据类型，还包含其他用户定义数据类型。当需要建立一个变量保存包含不同数据类型字段的数据表的一条或多条记录时，用户定义数据类型就显现出很大便利。

用户定义数据类型可以在 Type…End Type 关键字间定义，其格式如下：

```
Type  [数据类型名]
    <域名> As <数据类型>
    <域名> As <数据类型>
    …
End Type
```

例如：定义由 No，Name，Sex，Birthday 4 个分量组成的名为 Employees 的数据类型。

```
Type Employees
    No As String * 8
    Name As String
    Sex As String * 1
    Birthday As Date
End Type
```

并可以通过使用 Dim、Public 或 Static 关键字定义变量以使用此数据类型。

```
Dim NewEmp As Employees
    NewEmp.No = "05086"
    NewEmp.Name = "荀小明"
    NewEmp.Sex = "女"
    NewEmp.Birthday = #1970 - 1 - 12#
```

还可以用关键字 With 简化程序中重复的部分，上面 NewEmp 变量分量的赋值语句可简化为如下形式：

```
With NewEmp
     .No = "05086"
     .Name = "荀小明"
     .Sex = "女"
     .Birthday = #1970 - 1 - 12#
End With
```

3. 数据类型之间的转换

Access 提供了一些 C 开头的数据类型转换函数,可以将某种类型数据转换成另一种数据类型,具体描述见表 8-2。

表 8-2　数据类型转换函数(C-)

函数名称	类型	参数取值范围
CBool	Boolean	任何有效数值或字符串表达式
CByte	Byte	0～255
CCur	Currency	－922 337 203 685 477.580 8～922 337 203 685 477.580 7
CDate	Date	任何有效日期表达式
CDbl	Double	负数－4.946 564 584 124 7E-324～－1.797 693 134 862 32E308 正数 1.797 693 134 862 32E308～4.946 564 584 124 7E-324
CInt	Integer	－32 768～32 767 小数部分四舍五入
CLng	Long	－2 147 483 648～2 147 483 647,小数部分四舍五入
CSng	Single	负数－3.402 823E38～－1.401 298E-45,正数 1.401 298E-45～3.402 823E38
CVar	Variant	数值,范围与 Double 相同;文本,范围与 String 相同
CStr	String	CStr 的返回值依据表达式而定

8.2.3 变量与常量

1. 变量

变量是指程序运行时值会发生变化的数据。在程序运行时数据是在内存中存放的,内存中的位置是用不同的名字表示的,这个名字就是变量的名称,该内存位置上的数据就是该变量的值。

- 变量的命名规则
  - 变量名只能由字母、数字和下划线组成。
  - 变量名必须以字母开头。
  - 不能使用系统保留的关键字,例如 Sub,Function 等。长度不能超过 255 个字符。
  - 不区分英文大小写字母。
- 变量的定义(声明)

根据变量类型定义的方式,可以将变量分为隐含变量和显式变量两种形式。

隐含变量的定义可通过将一个值指定给变量名的方式来实现,在变量名后添加不同的类型说明符号表示变量的不同类型。

例如:`NewVar ! = 34`　　　　'建立了一个单精度数据类型的变量,并赋值

当在变量名称后没有附加类型说明符号来指明隐含变量的数据类型时,默认为 Variant 数据类型。

显式变量是指在使用变量时要先定义后使用。

定义显式变量的方法：Dim 变量名 As 类型名，在一条 Dim 语句中可以定义多个变量。

例如：
```
Dim Var1,Var2 as String         '定义 Var1 和 Var2 均为字符串变量
Dim Var1 % ,Var2!               '定义 Var1 为整型变量,Var2 为单精度型变量
```

在模块设计窗口的顶部说明区域中，可以加入 Option Explicit 语句来强制要求所有变量必须定义才能使用。

• 变量的作用域

变量定义的位置不同，则其作用的范围也不同，这就是变量的作用域。根据变量作用域的不同，可以将变量分为局部变量、模块变量和全局变量 3 种。

局部变量是指定义在模块过程内部的变量，在子过程或函数过程中用 Dim，Static，Private … As 关键字定义或者直接使用的变量，这些都是局部变量，其作用的范围是其所在的过程。

模块变量是在模块的起始位置、所有过程之外定义的变量。运行时在模块所包含的所有子过程和函数过程中都可见，在该模块的所有过程中都可以使用该变量，用 Dim，Static，Private …As 关键字定义的变量就是模块变量。

全局变量就是在标准模块的所有过程之外的起始位置定义的变量，运行时在所有类模块和标准模块的所有子过程与函数过程中都可见，在标准模块的变量定义区域，可使用语句定义全局变量：Public 全局变量名 As 数据类型。

• 变量的生命周期

定义变量的方法不同，变量的存在时间也不同，称为持续时间或生命周期。变量的持续时间是从变量定义语句所在的过程第一次运行到程序代码执行完毕并将控制权交回调用它的过程为止的时间。按照变量的生命周期，可以将局部变量分为动态局部变量和静态局部变量。

动态局部变量是以 Dim…As 语句说明的局部变量，每次子过程或函数过程被调用时，该变量会被设定为默认值。数值数据类型为 0，字符串变量则为空字符串（" "）。这些局部变量与子过程或函数过程持续的时间是相同的。

静态局部变量是用 Static 关键字代替 Dim 来定义的，该变量可以在过程的实例间保留局部变量的值。静态局部变量的持续时间是整个模块执行的时间，但它的作用范围是由其定义位置决定的。

• 数据库对象变量

Access 中的数据库对象及其属性，都可以作为 VBA 程序代码中的变量及其指定的值来加以引用。

Access 中窗体对象的引用格式为：

```
Forms ! 窗体名称 ! 控件名称 [.属性名称]
```

Access 中报表对象的引用格式为：

```
Reports ! 报表名称 ! 控件名称 [.属性名称]
```

关键字 Forms 或 Reports 分别表示窗体或报表对象集合。感叹号"!"分隔开对象名称和控件名称。如果省略了"属性名称"部分，则表示控件的基本属性。如果对象名称中含有

空格或标点符号，就要用方括号([ ])把名称括起来。

• 数组

数组是在有规则的结构中包含一种数据类型的一组数据，也叫数组元素变量。数组变量由变量名和数组下标组成，通常使用 Dim 语句来定义数组：

Dim 数组名([下标下限 to] 下标上限) [As 数据类型]

默认情况下，下标下限为 0，数组元素从“数组名(0)”至“数组名(下标上限)”。如果使用 to 选项，则可以使用非 0 下限。

例如：

```
Dim NewArray(3)As Integer          '定义一个有 4 个数组元素的整型数组，数组元素为 NewArray(0)至 NewArray(3)
Dim NewArray(1 To 3)As Integer     '定义一个有 3 个数组元素的整型数组，数组元素为 NewArray(1)至 NewArray(3)
```

除此之外，还可以定义多维数组，对于多维数组应该将多个下标用逗号分隔开，最多可以定义 60 维。

例如：

```
Dim NewArray(3,3,3) As Integer     '定义一个三维数组 NewArray，共含有  4×4×4(64)个数组元素。
```

VBA 中，还可以在模块的声明部分使用 OptionBase 语句，更改数组的默认下标下限。

例如：OptionBase 1　　　　　　'数组的默认下标下限设置为 1

2. 常量

常量是指在程序运行时其值不会发生变化的数据，是在程序中可以直接引用的实际值。VBA 中的常量有 3 种：直接常量、符号常量和系统常量。

直接常量就是直接表示的整数、单精度数和字符串，如 8848、77.37E+19、“北方民族大学”等。

符号常量就是用符号表示常量，符号常量用于表示在编程过程中频繁出现的常量，符号常量使用关键字 Const 定义：Const 符号常量名称 = 常量值

系统常量是指 Access 系统启动时建立的常量，有 True，False，Yes，No，On，Off 和 Null 等，编写代码时可以直接使用。

8.2.4 常用标准函数

VBA 中提供了大量的内置标准函数，标准函数一般用于表达式中，有的可以和语句一样被使用。函数的参数和返回值都有一定的数据类型与之对应。下面按照分类介绍一些常用的标准函数。

1. 算术函数

• Abs

绝对值函数：Abs(<数值表达式>)

返回数值表达式的绝对值。数字的绝对值是其无符号的数值大小。

例如：Abs(−1) = 1 。

• Int

向下取整函数：Int(<数值表达式>)

返回数值表达式的向下取整数结果，参数为负时返回小于等于参数值的第一个负数。

例如：Int(8.9)＝ 8，Int(－8.9)＝ －9

• Fix

取整函数：Fix(<数值表达式>)

返回数值表达式的整数部分(去尾)，参数为负时返回大于等于参数值的第一个负数。

例如：Fix(8.9)＝ 8，Fix(－8.9)＝ －8

• Round

四舍五入函数：Round(<数值表达式>[,<表达式>])

返回按指定位数进行四舍五入的数值。[,<表达式>]数字表明小数点右边有多少位进行四舍五入，如果省略，则 Round 函数返回整数。

例如：Round(8.912,2)＝8.91，Round(8.912)＝10

• Sqr

开平方函数：Sqr(<数值表达式>)

返回数值表达式的平方根。

例如：Sqr(16)＝4

• Rnd

产生随机数函数：Rnd(<数值表达式>)

产生一个[0,1)范围内的单精度随机数。数值表达式参数为随机数种子，决定产生随机数的方式。如果数值表达式值小于0，每次产生相同的随机数；如果数值表达式值大于0，每次产生新的随机数；如果数值表达式值等于0，产生最近生成的随机数，且生成的随机数序列相同；如果省略数值表达式参数，则默认参数值大于0。

例如：
```
Int(100 * Rnd)                '产生[0,99]的随机整数
Int(101 * Rnd)                '产生[0,100]的随机整数
```

2. 字符串函数

• InStr

字符串检索函数：InStr([Start,]<Str1>,<Str2>[,Compare])

检索子字符串 Str2 在字符串 Str1 中最早出现的位置，返回整型数。Start 参数为可选参数，设置检索的起始位置，默认从第一个字符开始检索。Compare 参数也为可选参数，指定字符串比较的方法，其值可以为0、1和2。其中，0为默认值，表示作二进制比较；1表示不区分大小写的文本比较；2表示基于数据库中包含信息的比较。如果 Str1 字符串的长度为0或 Str2 字符串检索不到，则函数返回0。如果 Str2 字符串长度为0，函数将返回 Start 值。

例如：
```
Str1 = "123456"
Str2 = "56"
s = InStr(str1,str2)            '返回 5
s = InStr(3,"aBCdAa","a",1)     '返回 5
s = InStr(3,"aBCdAa","a",0)     '返回 6
```

• Len

字符串长度检测函数：Len(<字符串表达式>或<变量名>)

返回字符串中所包含字符个数。对于定长字符串变量，其长度是定义时的长度，和字符串实际值无关。

例如：
```
Dim str As String * 8
str = "12345"
i = 12345
Len("12345")          '5
Len(12345)            '出错
Len(i)                '5
Len(str)              '8
```

• Left,Right,Mid

字符串截取函数：

Left(<字符串表达式>,<N>)，表示从字符串左边起截取 N 个字符。

Right(<字符串表达式>,<N>)，表示从字符串右边起截取 N 个字符。

Mid(<字符串表达式>,<N1>,[N2])，表示从字符串左边第 N1 个字符起截取 N2 个字符。

如果 N 值为 0，Left 函数和 Right 函数将返回零长度字符串。如果 N 大于等于字符串的字符数，则返回整个字符串。对于 Mid 函数，如果 N1 值大于字符串的字符数，返回零长度字符串。如果省略 N2，返回字符串中左边起第 N1 个字符开始的所有字符。

例如：
```
str = "北方民族大学"
Left(str,2)           '"北方"
Right(str,2)          '"大学"
Mid(str,3,2)          '"民族"
```

• Space

生成空格字符函数：Space(<数值表达式>)

返回数值表达式的值指定的空格字符数。

• Ucase、Lcase

大小写转换函数：

Ucase(<字符串表达式>)，将字符串中小写字母转成大写字母。

Lcase(<字符串表达式>)，将字符串中大写字母转成小写字母。

例如：
```
Ucase("aBcDefG")      '返回"ABCDEFG"
Lcase("aBcDefG")      '返回"abcdefg"
```

• Ltrim,Rtrim,Trim

删除空格函数：

Ltrim(<字符串表达式>)，用于删除字符串的开始空格。

Rtrim(<字符串表达式>)，用于删除字符串的尾部空格。

Trim(<字符串表达式>)，用于删除字符串的开始和尾部空格。

例如：
```
Str = "_ab_cde_"      '其中"_"表示空格
Ltrim(Str)            '返回"ab_cde_"
Rtrim(Str)            '返回"_ab_cde"
Trim(Str)             '返回"ab_cde"
```

3. 日期/时间函数

- Date,Time,Now

获取系统日期和时间函数：

Date() 返回当前系统日期，如 2005-11-18。

Time() 返回当前系统时间，如 0:18:28。

Now() 返回当前系统日期和时间，如 2005-11-18　0:18:28。

- Year,Month,Day,Weekday

截取日期分量函数：

Year(<日期表达式>)　返回日期表达式年份的整数。

Month(<日期表达式>)　返回日期表达式月份的整数。

Day(<日期表达式>)　返回日期表达式日期的整数。

Weekday(<日期表达式>[,W])　返回 1～7 的整数，表示星期几。参数 W 可以指定一个星期的第一天是星期几。默认周日是一个星期的第一天，W 的值为 vbSunday 或 1。W 参数的可用值如表 8-3 所示。

表 8-3　星期常量及值的表示

符号常量	值	描　述
VbSunday	1	星期日(默认值)
VbMonday	2	星期一
VbTuesday	3	星期二
VbWednesday	4	星期三
VbThursday	5	星期四
VbFriday	6	星期五
VbSaturday	7	星期六

例如：
```
Year(#2005-11-18#)        '返回 2005
Month(#2005-11-18#)       '返回 11
Day(#2005-11-18#)         '返回 18
Weekday(#2005-11-18#)     '返回 6,#2005-11-18#是星期五
Weekday(#2005-11-18#,2)   '返回 5,因为设置星期一是一周的第一天
```

- Hour,Minute,Second

截取时间分量函数：

Hour(时间表达式)，返回时间表达式的小时数(0～23)。

Minute(时间表达式)，返回时间表达式的分钟数(0～59)。

Second(时间表达式)，返回时间表达式的秒数(0～59)。

例如：
```
Hour(#22:17:58#)          '返回 22
Minute(#22:17:58#)        '返回 17
Second(#22:17:58#)        '返回 58
```

- DateAdd

按照间隔类型修改时间函数：DateAdd(<间隔类型>,<间隔值>,<日期表达式>)

对日期表达式按照间隔类型加减指定的时间间隔值。间隔类型参数表示时间间隔的单位，具体描述见表 8-4。间隔值参数表示加(值为正数)减(值为负数)的时间类型间隔数目。

表 8-4 间隔类型描述

类　型	描　述	类　型	描　述
yyyy	年	w	一周的日数
q	季度	ww	周
m	月	h	时
y	一年的日数	n	分
d	日	s	秒

DateAdd 函数将不返回无效日期。

例如：D = #1995 - 1 - 31#

```
DateAdd(m,1,D)              '返回 1995 年 2 月 28 日,而非 1995 年 2 月 31 日
```

- DateDiff

计算两个日期间隔值函数：

DateDiff(<间隔类型>,<日期表达式 1>,<日期表达式 2>[,W1][,W2])

返回日期 1 和日期 2 之间按照间隔类型所指定的时间间隔数目。参数 W1 指定一星期的第一天是星期几,其符号常量及值的表示见表 8-3,默认值为 vbSunday；参数 W2 指定一年的第一周的确认方式,其符号常量及值的表示见表 8-5,默认值为 vbFirstJan1。

表 8-5 一年第一周确认方式

符号常量	值	描　述
vbFirstJan1	1	包含 1 月 1 日的星期为一年的第一周(默认值)
vbFirstFourDays	2	第一个有大于等于 4 天的星期为一年的第一周
VbFirstFullWeek	3	一年中第一个完整星期为一年的第一周

例如：D1 = #1995 - 1 - 31 11:18:22#

```
D2 = #1996 - 3 - 22 01:08:17#
DateDiff("yyyy",D1,D2)        '返回 1,间隔 1 年
```

- DatePart

返回日期指定时间部分函数：DatePart(<间隔类型>,<日期表达式>,[,W1][,W2])

返回日期中按照间隔类型所指定的时间部分值。

参数 W1 指定一星期的第一天是星期几,其符号常量及值的表示见表 8-5,默认值为 vbSunday；参数 W2 指定一年的第一周的确认方式,其符号常量及值的表示见表 8-3,默认值为 vbFirstJan1。

例如：D = #1995 - 1 - 31 11:18:22#

```
DatePart("yyyy",D)          '返回 1995
```

4. 类型转换函数

类型转换函数可以将数据类型转换成指定类型。

- Asc

字符串转换字符代码函数：Asc(<字符串表达式>)

返回字符串首字符的 ASCII 值。

例如：Asc("abcdefg")   '返回 97

• Chr

字符代码转换字符函数：Chr(＜字符代码＞)

返回与字符代码相关的字符。

例如：Chr(97)　　　　　　　　'返回 a

• Str

数字转换成字符串函数：Str(＜数值表达式＞)

将数值表达式值转换成字符串。数值表达式的值为正时，返回的字符串将包含一个前导空格。

例如：Str(9)　　　　　　　　'返回"_9"(有一前导空格)

　　　Str(-7)　　　　　　　'返回"-7"

• Val

字符串转换成数字函数：Val(＜字符串表达式＞)

将数字字符串转换成数值型数字。数字字符串转换时可自动将字符串中的空格、制表符和换行符去掉，当遇到第一个不能识别的字符时，停止转换。

例如：Val("100")　　　　　　'返回 100

　　　Val("7_890")　　　　　'返回 7890

　　　Val("79zhang88")　　　'返回 7988

• DateValue

字符串转换为日期值函数：DateValue(＜字符串表达式＞)

将字符串转换为日期值。如果参数中省略了年这一部分，函数会自动使用由计算机系统日期设置的当前年份；如果参数包含时间信息，则函数不返回时间部分；如果参数包含无效时间信息(如 89:98)，则会导致错误发生。

例如：DateValue("11/18/2005")　　'返回#2005-11-18#

DateValue 函数也识别明确的英文月份名称，全名或缩写均可。例如，除了 12/30/1991 和 12/30/91 之外，也识别 December 30，1991 和 Dec 30，1991。

• Nz

Nz 函数：Nz(表达式或字段属性值 [,规定值])

当表达式或字段属性值为 NULL 时，函数可返回 0、零长度字符串(空字符串)或其他规定值。当规定值省略时，如果表达式或字段属性值为数值型且为 NULL，Nz 函数返回 0；如果表达式或字段属性值为字符型且为 NULL，Nz 函数返回空字符串。

5. 消息框函数和输入框函数

• MsgBox

消息框函数：MsgBox(Prompt[,Buttons][,Title][,Helpfile,Context])

用于弹出消息框，等待用户单击按钮，并返回一个整型值(Integer)表示用户单击了那一个按钮。

Prompt 参数用于显示消息框中的消息内容。

Buttons 参数用于指定消息框中按钮的数目及形式，使用的图标样式等内容。Buttons 参数的取值可以是单项符号常量或符号常量的对应值(表 8-6)，也可以是值的和。其中，第 1 组值描述了对话框中显示的按钮的类型与数目，第 2 组值描述了图标的样式，第 3 组值说明哪一个按钮是默认值，将这些数字相加以生成 Buttons 参数值的时候，只能由每组值取用一个数字。

Title 参数用于指定消息框窗口标题文字。

Helpfile 识别用来向信息框提供上下文相关帮助的帮助文件，如果提供了 Helpfile，则也必须提供 Context；Context 是由帮助文件的作者指定给适当的帮助主题的帮助上下文编号。在提供了 Helpfile 与 Context 的时候，用户可以通过按下 F1 键来查看与 Context 相应的帮助主题。

表 8-6 Buttons 参数符号常量及值的描述

组别	常　数	值	描　述
1	vbOKOnly	0	只显示 OK 按钮
	VbOKCancel	1	显示 OK 及 Cancel 按钮
	VbAbortRetryIgnore	2	显示 Abort、Retry 及 Ignore 按钮
	VbYesNoCancel	3	显示 Yes、No 及 Cancel 按钮
	VbYesNo	4	显示 Yes 及 No 按钮
	VbRetryCancel	5	显示 Retry 及 Cancel 按钮
2	VbCritical	16	显示 Critical Message 图标
	VbQuestion	32	显示 Warning Query 图标
	VbExclamation	48	显示 Warning Message 图标
	VbInformation	64	显示 Information Message 图标
3	vbDefaultButton1	0	第一个按钮是默认值
	vbDefaultButton2	256	第二个按钮是默认值
	vbDefaultButton3	512	第三个按钮是默认值

当以函数形式使用消息框时，消息框会有返回值，其值符号常量及描述如表 8-7 所示。

表 8-7 MsgBox 函数返回值

符号常量	值	描　述
VbOK	1	OK 按钮
VbCancel	2	Cancel 按钮
VbAbort	3	Abort 按钮
VbRetry	4	Retry 按钮
VbIgnore	5	Ignore 按钮
VbYes	6	Yes 按钮
VbNo	7	No 按钮

例如：

调用语句 MsgBox "MsgBox 函数练习", vbCritical, "MsgBox" ,会显示消息框(图 8-3)。

调用语句 MsgBox "MsgBox 函数练习", 2＋48＋256, "MsgBox" ，会显示消息框(图 8-4)，与调用语句 MsgBox "MsgBox 函数练习", 306, "MsgBox" 的效果完全相同。

- InputBox

输入框函数：InputBox(Prompt[, Title][, Default][, Xpos, Ypos][, Helpfile, Context])

图 8-3　MsgBox 函数练习　消息框-1

图 8-4　MsgBox 函数练习　消息框-2

用于在一个对话框中显示提示，等待用户输入正文并按下按钮、返回包含文本框内容的字符串数据信息。

Prompt 参数是输入框中显示的字符，起提示作用。

Title 参数用于指定输入框窗口标题文字。

Default 参数用于指定输入文本框中默认的显示内容。

Xpos 与 Ypos 参数决定了输入框在初始化显示出来时在应用程序界面或桌面上的坐标位置。

Helpfile 和 Context 参数用于指明此输入框的帮助文件，与 MsgBox 函数中用法相同，通常省略。

例如：

调用语句 InputBox "InputBox 函数练习","InputBox","文本框中默认值"，会显示消息框(图 8-5)。

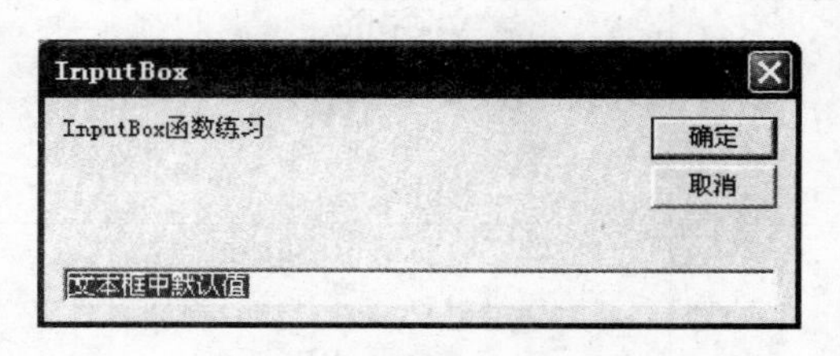

图 8-5　InputBox 函数练习　输入框

8.2.5　运算符和表达式

VBA 的运算符在第 3 章已经进行了详细介绍并在查询准则中加以运用。

将变量和常量用运算符连接在一起构成的算式就是表达式，表达式中运算的优先级见表 8-8。

运算符的优先级应遵循如下原则：

(1) 所有比较运算符优先级相同，连接运算符优先级相同，按表达式中从左至右顺序计算。

(2) 算术运算符和逻辑运算符按照表 8-8 中顺序计算。

(3) 如表达式中有括号，括号优先级最高。

表 8-8　运算符的优先级

优先级	低⇨⇨⇨⇨⇨⇨⇨⇨⇨⇨⇨⇨高			
高	逻辑运算符	比较运算符	连接运算符	算术运算符
⇧	Not	=	&	^
⇧	And	<>	+	-(负数)
⇧	Or	<		*、/
⇧		>		\
⇧		<=		Mod
低		>=		+、-

例如：算术表达式 10-20 * 4 Mod 4^ (5\2)的计算过程可细分为如下步骤：

(1) 计算(5\2)，结果为 2，表达式转化为 10-20 * 4 Mod 4^2

(2) 计算 4^2，结果为 16，表达式转化为 10-20 * 4 Mod 16

(3) 计算 20 * 4，结果为 80，表达式转化为 10-80 Mod 16

(4) 计算 80 Mod 16，结果为 0，表达式转化为 10-0

(5) 计算 10-0，结果为 10

在 VBA 中，如果有逻辑值在表达式中参与算术运算，True 为−1，False 为 0。

8.3 VBA 流程控制语句

VBA 程序由多条不同功能的语句组成，每条语句能够完成某个特定的操作。按照功能的不同将程序语句分为声明语句和执行语句两类。声明语句用于定义变量、常量或过程。执行语句用于执行赋值操作、调用过程和实现各种流程控制。执行语句可以根据流程的不同分为顺序结构、条件结构和循环结构 3 种。

8.3.1 赋值语句

赋值语句是为变量指定一个值或表达式。

语句格式：[Let] 变量名＝值或表达式

其中，Let 为可选项，在程序中通常省略。

例如：
```
Dim Name As String          '定义字符串变量 Name
Name = "荀小明"              '对 Name 赋值为荀小明
```

8.3.2 条件语句

当一个表达式在程序中被用于检验其真/假的值时，就被称为一个条件。条件语句是根据条件表达式的值来选择程序运行分支的语句结构。条件语句主要有以下结构：

1. If 语句

- 单分支结构

单分支 If 语句格式如下：

```
If <条件表达式> Then
    <语句序列>
End If
```

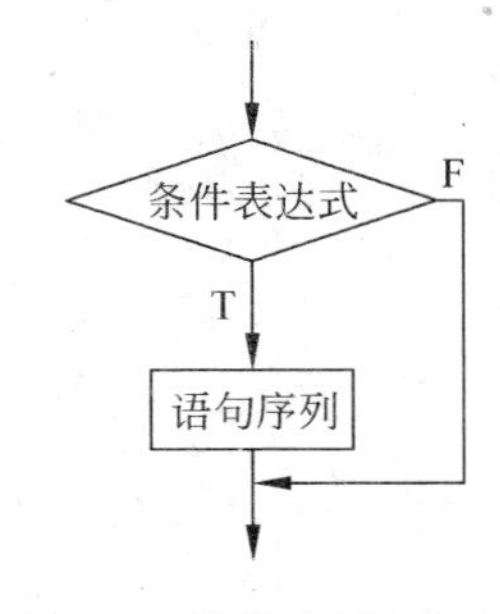

图 8-6 单分支语句结构流程图

如图 8-6 所示，单分支 If 语句结构将先行判断条件表达式，如果条件表达式为真，将执行 Then 后面的语句序列，如果条件表达式为假，程序将跳过语句序列直接执行 End If 后面的语句。

例如：自定义过程 test1，实现对当前系统时间的判断。如果系统时间小于 12 点，则在立即窗口显示“早上好”。

```
Sub test1()
    If Hour(Time())< 12 Then
        Debug.Print "早上好"
    End If
End Sub
```

可通过运行此段代码，在立即窗口查看结果验证。

- 双分支结构

双分支 If 语句的格式如下：

```
If 条件表达式 Then
    语句序列 1
Else
    语句序列 2
End If
```

如图 8-7 所示，双分支 If 语句结构将先行判断条件表达式，如果条件表达式为真，将执行 Then 后的语句序列 1，如果条件表达式为假，将执行 Else 后的语句序列 2。

例如：自定义过程 test2，实现对当前系统时间的判断。如果系统时间小于 12 点，则在立即窗口显示"早上好"，否则显示"下午好"。

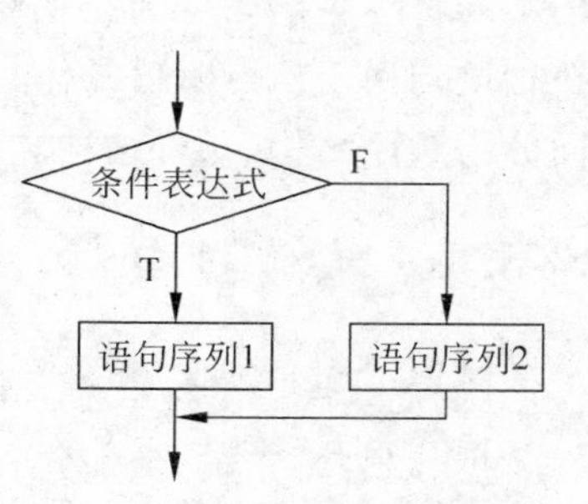

图 8-7　双分支语句结构流程图

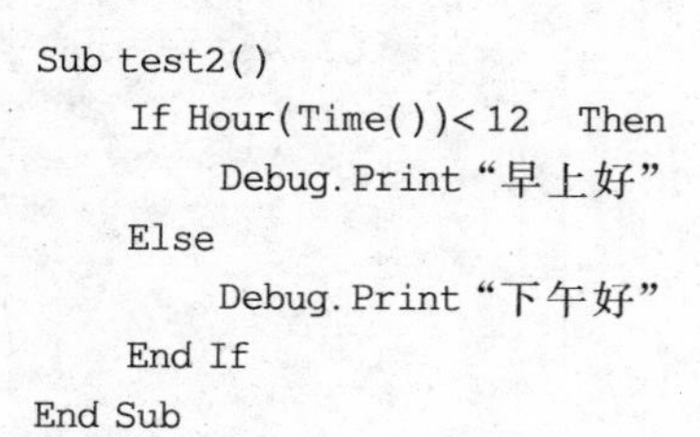

```
Sub test2()
    If Hour(Time())< 12  Then
        Debug.Print "早上好"
    Else
        Debug.Print "下午好"
    End If
End Sub
```

- 多分支结构

编程时，经常会遇到不单只对一个条件进行判断的情况，需要考虑使用对 If 语句结构进行嵌套来实现多个条件的判断的多分支结构。

If 语句嵌套的多分支格式如下：

```
If 条件表达式 1 Then
    语句序列 1
ElseIf 条件表达式 2 Then
    语句序列 2
…
ElseIf 条件表达式 n Then
    语句序列 n
[Else
    语句序列 n + 1]
End If
```

如图 8-8 所示，多分支 If 语句结构将先行判断条件表达式 1，如果条件表达式 1 为真，将执行语句序列 1；如果条件表达式 1 为假，将判断条件表达式 2；如果条件表达式 2 为真，将执行语句序列 2；如果条件表达式 2 为假，将顺序继续判断条件表达式 3；并依次进行根据条件表达式返回值的判断执行直至条件表达式 n。

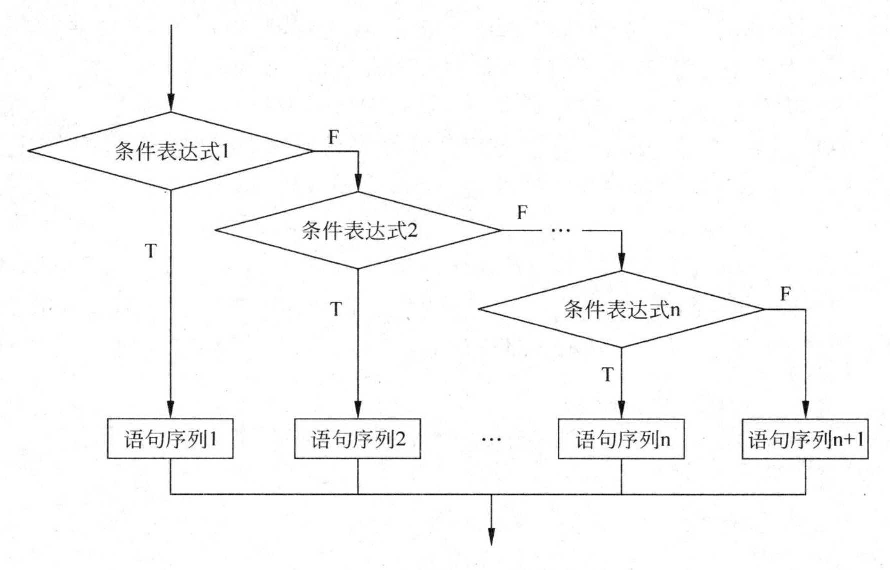

图 8-8 多分支语句结构流程图

例如：自定义过程 test3，实现对当前系统时间的判断。如果系统时间为 8 点至 12 点，则在立即窗口显示“早上好”；如果系统时间为 14 点至 18 点，则在立即窗口显示“下午好”；否则显示“非工作时间”。

```
Sub test3()
    If Hour(Time())>= 8 And Hour(Time())< 12 Then
        Debug.Print "早上好"
    ElseIf Hour(Time())>= 14 And Hour(Time())< 18 Then
        Debug.Print "下午好"
    Else
        Debug.Print "非工作时间"
    End If
End Sub
```

2. Select 语句

当需要进行较多条件判断时，使用 If 语句的嵌套可能会使程序变得很复杂，而 Select 语句就可以方便地解决这类问题。Select 语句格式如下：

```
Select Case 表达式
    Case     表达式 1
        语句序列 1
    Case     表达式 2
        语句序列 2
    …
    Case 表达式 n
        语句序列 n
    [Case Else
```

```
        语句序列 n+1]
End Select
```


Select Case 结构运行时，首先计算表达式的值，它可以是字符串，可以是数值变量，也可以是表达式。然后依次测试比较每个 Case 表达式的值，遇到匹配值时，程序会转入执行相应的 Case 语句序列，执行完该匹配语句序列后，Select 语句结束。注意：Case 语句是依次测试的，仅执行第一个符合 Case 条件的相关的程序代码，即使再有其他符合条件的分支也不会再执行。如果没有找到符合条件的，并且有 Case Else 语句，就会执行该语句后面的程序代码。

例如：自定义过程 test4，实现对当前系统时间的判断。如果系统时间为 8 点至 12 点，则在立即窗口显示"早上好"；如果系统时间为 14 点至 18 点，则在立即窗口显示"下午好"；如果系统时间为 20 点至 22 点，则在立即窗口显示"晚上好"；否则显示"非工作时间"。

```
Select Case Hour(Time())
    Case 8 To 11
        Debug.Print "早上好"
    Case 14 To 17
        Debug.Print "下午好"
    Case 20 To 21
        Debug.Print "晚上好"
    Case Else
        Debug.Print "非工作时间"
End Select
```

3. 具有条件判断功能的函数

VBA 中，除了 If 和 Select 两种条件语句外，还有 3 个函数可以实现分支选择操作。

- IIf 函数

IIf(条件式，表达式 1，表达式 2)

IIf 函数根据"条件式"的值来决定函数返回值。如果"条件式"的值为真，函数返回"表达式 1"的值，如果"条件式"的值为假，函数返回"表达式 2"的值。

- Switch 函数

Switch(条件式 1，表达式 1[，条件式 2，表达式 2 … [，条件式 n，表达式 n]])

Switch 函数根据"条件式 1"、"条件式 2"…"条件式 n"的值来决定函数返回值。条件式是由左至右依次进行计算判断的，在遇到第一个相关的条件式为真时，将对应表达式作为函数返回值。

- Choose 函数

Choose(索引式，选项 1[，选项 2，…[，选项 n]])

Choose 函数根据"索引式"的值来返回选项列表中的某个值。如果"索引式"值为 1，函数返回"选项 1"值。如果"索引式"值为 2，函数返回"选项 2"值，依此类推。只有"索引式"的值在 1 和可选择的项目数 n 之间时，函数才返回其后对应的选项值；如果"索引式"的值不在这个范围，函数返回无效值(Null)。

8.3.3 循环语句

在进行程序设计时，可以通过使用循环语句在满足条件的前提下重复执行一段语句代码。这段被重复执行的语句代码被称之为循环体，能否继续重复，取决于循环的终止条件。因此，编写循环语句的关键是要确认循环体及循环的终止条件这两部分内容。在 VBA 中，循环语句有 3 种结构。

1. For…Next 循环

For…Next 语句能够重复执行程序代码区域特定次数。其语句格式：

```
For 循环变量 = 初值 To 终值  [Step 步长]
    循环体
    [条件语句序列
    Exit For
    结束条件语句序列]
Next [循环变量]
```

如图 8-9 所示，For…Next 循环语句的执行流程如下：

(1) 循环变量取初值。

(2) 循环变量与终值比较，确定循环是否进行。

(3) 执行循环体。

(4) 循环变量＝循环变量＋步长值，程序跳转至第 2 步骤，再次进行循环变量与终值的比较，直至循环变量超出终值范围，循环结束。

例如：使用 For…Next 循环，求 1～100 间的整数和。

```
Sub test5()
    Dim i As Integer
    Dim Sum As Integer
    For i = 1 To 100 step 1
        Sum = Sum + i
    Next i
    Debug.Print Sum
End Sub
```

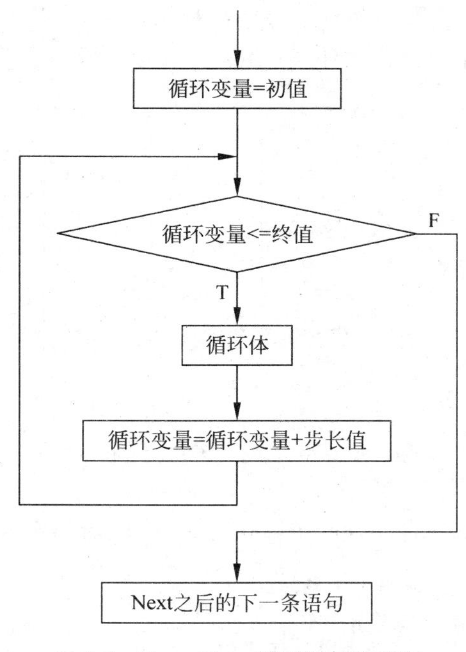

图 8-9 For…Next 循环语句流程图

2. Do…Loop 循环

Do…Loop 循环在使用时有以下 4 种语句结构：

- Do While…Loop

Do While…Loop 循环结构首先进行对条件表达式的判断，当条件表达式结果为真时，重复执行循环体；当条件式结果为假或执行到 Exit Do 时，结束循环。Do While…Loop 循环结构流程见图 8-10，其语句格式为：

```
Do While 条件式
    循环体
    [条件语句序列
        Exit Do
    结束条件语句序列]
Loop
```

例如：使用 Do While…Loop 循环，求 1～100 间的整数和。

```
Sub test6()
    Dim i As Integer
    Dim Sum As Integer
    i = 1
    Do While i <= 100
        Sum = Sum + i
        i = i + 1
    Loop
    Debug.Print Sum
End Sub
```

- Do Until…Loop

Do Until…Loop 循环结构与 Do While…Loop 循环结构相反，是当条件表达式值为假时，重复执行循环体；当条件表达式值为真，结束循环。Do Until…Loop 循环结构流程见图 8-11。

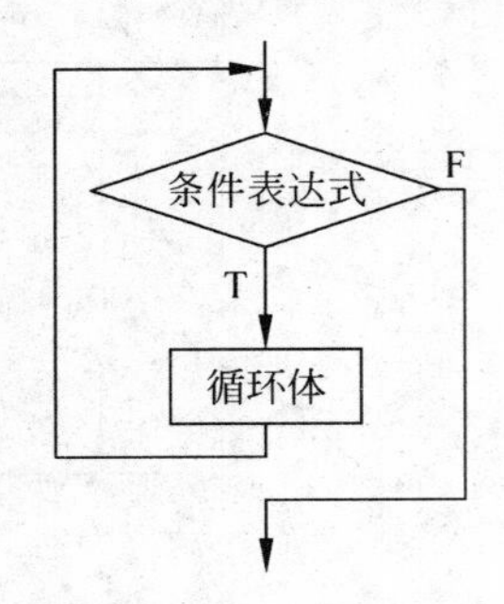

图 8-10　Do While…Loop 循环语句流程图

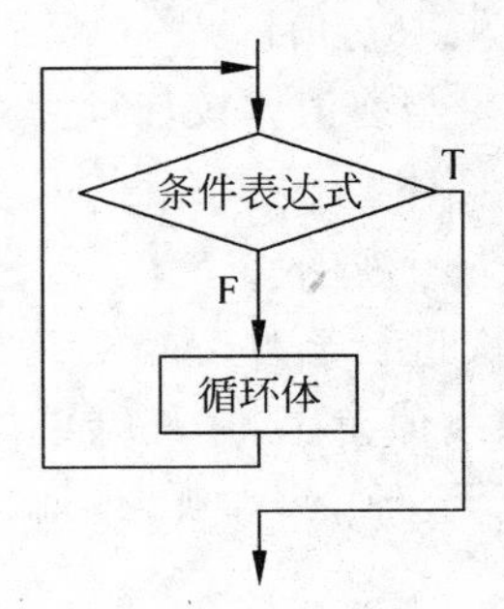

图 8-11　Do Until…Loop 循环语句流程图

Do Until…Loop 循环结构语句格式为：

```
Do Until 条件式
    循环体
    [条件语句序列
    Exit Do
    结束条件语句序列]
Loop
```

例如：使用 Do Until…Loop 语句，计算 1～100 之间整数的和。

```
Sub test7()
    Dim i As Integer
    Dim Sum As Integer
    i = 1
    Do Until i > 100
        Sum = Sum + i
        i = i + 1
    Loop
    Debug.Print Sum
End Sub
```

• Do…Loop While

Do…Loop While 循环结构的条件式出现在循环体之后，同样可以实现对循环体执行次数的控制。其语句格式为：

```
Do
    循环体
    [条件语句序列
      Exit Do
    结束条件语句序列]
Loop While 条件式
```

• Do…Loop Until

与 Do…Loop While 循环结构对条件判断后的选择相反，因此对于条件式的描述也会发生相应变化，其语句格式为：

```
Do
    循环体
    [条件语句序列
      Exit Do
    结束条件语句序列]
Loop Until 条件式
```

3. While…Wend 循环

While…Wend 循环与 Do While…Loop 结构类似，但在 While…Wend 循环中不能使用 Exit Do 语句。其语句格式为：

```
While 条件式
    循环体
Wend
```

8.4 VBA 程序调试

VBE 编程环境提供了完整的一套调试工具和调试方法。使用这些调试工具和调试方法可以快速、准确地找到问题所在，并对程序加以修改和完善。

8.4.1 调试工具的使用

在 VBE 中，单击"视图"菜单的级联菜单"工具栏"中的"调试"命令，可以打开"调试"工具栏；或用鼠标右击菜单空白位置，在弹出快捷菜单中选择"调试"选项也可以打开"调试"工具栏（图 8-12）。调试工具主要与"断点"配合使用进行各种调试操作。

图 8-12 调试工具栏

8.4.2 设置断点

断点就是在过程的某个特定语句上设置一个位置点以中断程序的执行。设置和使用断点是程序调试的重要手段。

选择语句行，单击"调试"工具栏中的"切换断点"按钮可以设置和取消"断点"。一个程序中可以设置多个断点。在 VBE 环境里，设置好的"断点"行以深棕色亮条显示。

8.4.3 使用调试窗口

在 VBE 中,用于调试的窗口包括本地窗口、立即窗口、监视窗口和快速监视窗口。

1. 本地窗口

单击调试工具栏上的“本地窗口”按钮,可以打开本地窗口,该窗口内部自动显示出所有在当前过程中的变量声明及变量值。

2. 立即窗口

单击调试工具栏上的“立即窗口”按钮,可以打开立即窗口。立即窗口可以快速显示一些程序运行的结果,在程序调试中经常使用。

3. 监视窗口

单击调试工具栏上的“监视窗口”按钮,可以打开监视窗口。在中断模式下,右击监视窗口将弹出快捷菜单,选择“编辑监视…”或“添加监视…”菜单项,打开“编辑(或添加)窗口”,在表达式位置监视表达式的修改或添加,选择“删除监视…”项则会删除存在的监视表达式。

通过在监视窗口增添监视表达式的方法,程序可以动态了解一些变量或表达式的值的变化情况,进而对代码的正确与否有清楚的判断。

4. 快速监视窗口

在中断模式下,先在程序代码区选定某个变量或表达式,然后单击“快速监视”工具按钮,打开“快速监视”窗口。从中可以快速观察到该变量或表达式的当前值,达到了快速监视的效果。

习 题 8

一、填空题

1. Access 中模块分为________和________两种类型。模块以________或________为单元的集合方式进行存储。

2. Access 数据表中字段所涉及的数据类型,除了________和________之外,在 VBA 中都有对应的数据类型。

3. 布尔型数据转换为其他类型数据时,True 转换为________,False 转换为________。其他类型数据转换为布尔型数据时,0 转换为________,其他值转换为________。

4. 根据变量类型定义的方式,可以将变量分为________和________两种形式。根据变量的作用域不同,可以将变量分为________、________和________ 3 种。

5. VBA 中按照语句功能的不同将程序语句分为声明语句和执行语句两类,执行语句可以根据流程分为________、________和________ 3 种。

6. VBA 中,除了 If 和 Select 两种条件语句外,还有________、________和________ 3 个函数可以实现分支选择操作。

二、选择题

1. 以下关于模块的叙述不正确的是(　　)。

A. 窗体模块和报表模块属于类模块,它们从属于各自的窗体或报表

B. 窗体模块和报表模块具有局部特性，其作用范围局限在所属窗体或报表内部

C. 窗体模块和报表模块中的过程可以调用标准模块中已经定义好的过程

D. 窗口模块和报表模块生命周期是伴随着应用程序的打开而开始、关闭结束

2. 以下关于模块的叙述不正确的是(　　)。

A. 模块是 Access 系统中的一个重要对象

B. 模块以 VBA 语言为基础，以函数和子过程为存储单元

C. 模块包括全局模块和局部模块

D. 模块能够完成宏所不能完成的复杂操作

3. 以下关于变量的叙述错误的是(　　)。

A. 变量名的命名同字段命名一样，但变量命名不能包含有空格或除了下划线符号外的任何其他的标点符号

B. 变量名不能使用 VBA 的关键字

C. VBA 中对变量名的大小写敏感，变量名“Newyear”和“newyear”代表的是两个不同的变量

D. 根据变量直接定义与否，将变量划分为隐含型变量和显式变量

4. 在 VBA 代码调试过程中，能够显示出所有在当前过程中变量声明及变量信息的是(　　)。

A. 快速监视窗口　　B. 监视窗口　　C. 立即窗日　　D. 本地窗口

5. 在模块中执行宏“macro”的格式是(　　)。

A. Functio. RunMacro　　B. DoCmd. RunMacro

C. Sub. RunMacro macro　　D. RunMacro macro

6. 以下有关优先级的比较，正确的是(　　)。

A. 算术运算符＞关系运算符＞连接运算符

B. 算术运算符＞连接运算符＞逻辑运算符

C. 连接运算符＞算术运算符＞关系运算符

D. 逻辑运算符＞关系运算符＞算术运算符

7. 以下内容中不属于 VBA 提供的数据验证函数是(　　)。

A. IsText　　B. IsDate　　C. IsNumeric　　D. IsNull

8. 在“NewVar＝528”语句中，变量 NewVar 的类型默认为(　　)。

A. Boolean　　B. Variant　　C. Double　　D. Integer

9. 将变量 NewVar 定义为 Integer 型正确的语法是(　　)。

A. Integer NewVar　　B. Dim NewVar Of Integer

C. Dim　NewVar　As　Integer　　D. Dim　Integer　NewVar

10. 定义了二维数组 A(2 to　5,5)，则该数组的元素个数为(　　)。

A. 25　　B. 36　　C. 20　　D. 24

11. 以下(　　)选项定义了 10 个整型数构成的数组，数组元素为 NewArray(1)至 NewArray(10)。

A. Dim NewArray(10)As Integer　　B. Dim NewArray(1 to 10)As Integer

C. Dim NewArray(10)Integer　　D. Dim NewArray(1 to 10)Integer

12. 以下循环的循环次数为(　　)。

```
For S = 5 TO S = 10 Step 1
S = 2 * S
Next S
```

A. 1　　B. 2　　C. 3　　D. 4

13. 运行下面程序段,P 的返回值是(　　)。

```
Dim M As Single
Dim N As Single
Dim P As Single
M = AbS( - 7)
N = Int( - 2.4)
P = M + N
```

A. 9　　B. −9　　C. 5　　D. 4

14. 当下面循环结束后,变量 i 的值为(　　)。

```
x = 0
For i = 1 to 10 step 2
  X = X + i
  i = i * 2
Next i
```

A. 22　　B. 10　　C. 11　　D. 16

15. 当下面循环结束后,变量 I 的值为(　　)。

```
S = 0
For I = 1 to 10 Step  2
  S = S + 1
  I = I * 2
Next  I
```

A. 10　　B. 11　　C. 22　　D. 16

16. 以下循环的循环次数为(　　)。

```
For  k = 5  to  10  Step  2
  k = k * 2
Next k
```

A. 1　　B. 2　　C. 3　　D. 5

17. 下面程序段执行的结果是(　　)。

```
Dim  i  As  Integer,S  As Integer
S = 0
For i = 1 to 10 Step
  S = S + i
Next i
```

A. S=0　　B. S=10　　C. 死循环　　D. S=55

18. 下面过程运行之后,则变量 J 的值为(　　)。

```
Private Sub Fun()
  Dim As Integer
  J = 5
  DO
    J = J + 2
  LooP  While  J>10
End Sub
```

A. 5　　　　B. 7　　　　C. 9　　　　D. 11

三、操作题

1. 使用 For…Next 循环,求 1～100 间的奇数和。

2. 使用 Do While…Loop 循环,求 1～100 间的奇数和。

3. 使用 Do Until…Loop 循环,求 1～100 之间奇数的和。

4. 使用 Do…Loop While 循环,求 1～100 之间奇数的和。

5. 使用 Do…Loop Until 循环,求 1～100 之间奇数的和。

6. 编写代码,接收任意输入的整数,求其绝对值。

7. 编写代码,接收任意输入的整数,判断该数是奇数还是偶数,奇数返回 FALSE,偶数返回 TRUE。

8. 编写代码,接收任意输入的整数,求其绝对值。

9. 编写代码,接收任意输入的正整数,判断该数是不是质数,质数返回 TRUE,非质数返回 FALSE。

附录 A 书中操作案例索引

参考文献

1. 教育部考试中心.全国计算机等级考试二级教程——Access数据库程序设计(2010年版).北京：高等教育出版社,2009.
2. 罗朝晖.Access数据库应用技术.北京：高等教育出版社,2008.
3. 张玲,刘玉枚.Access数据库技术实训教程.北京：清华大学出版社,2008.
4. 纪淑琴,刘威,王宏志.Access数据库应用基础教程.北京：北京邮电大学出版社,2009.